W0379802

Lehrbuch Jägerprüfung

Ein Lehrbuch in fünf Bänden

1 Sepp Bauer / Günter Claußen · Der Jäger und sein Revier
Ökologische Grundlagen der Jagd und Hege des Wildes

2 Günter Claußen · Der Jäger und sein Wild
Wildkunde und Wildkrankheiten. Unter Mitwirkung von Karl Schaich

3 Friedrich Karl v. Eggeling / Heinrich Uhde
Der Jäger und der Jagdbetrieb
Jagdarten, Wildpretverwertung und Hundeführung

4 Helmut Kinsky / Wolfgang Krüper / Claus-Henning Strube
Der Jäger und seine Waffen
Waffen, Munition, Optik – Funktion und Handhabung

5 Mark G. v. Pückler · Der Jäger und sein Recht
Ein Leitfaden für Prüfung und Praxis in Grundfällen

Verlag Paul Parey · Hamburg und Berlin

Der Jäger und sein Revier

Ökologische Grundlagen der Jagd und Hege des Wildes

Von

Dr. rer. nat. Sepp Bauer

Wildbiologe und wissenschaftlicher Mitarbeiter
des Landesjagdverbandes Baden-Württemberg

und

Wildmeister Günter Claußen

Leiter des „Wild und Hund"-Versuchs- und Lehrreviers

Mit 193 Abbildungen, davon 117 farbig, und 15 Tabellen

Verlag Paul Parey · Hamburg und Berlin

CIP-Kurztitelaufnahme der Deutschen Bibliothek

Lehrbuch Jägerprüfung : e. Lehrbuch in 5 Bd. – Hamburg ; Berlin : Parey
ISBN 3-490-33912-6
1. Bauer, Sepp: Der Jäger und sein Revier. – 1986

Bauer, Sepp:
Der Jäger und sein Revier : ökol. Grundlagen d. Jagd u. Hege d. Wildes / von Sepp Bauer u. Günter Claussen. – Hamburg ; Berlin : Parey, 1986.
(Lehrbuch Jägerprüfung : 1)
ISBN 3-490-22612-7
NE: Claussen, Günter

Das Werk ist urheberrechtlich geschützt. Die dadurch begründeten Rechte, insbesondere die der Übersetzung, des Nachdruckes, des Vortrages, der Entnahme von Abbildungen und Tabellen, der Funksendung, der Mikroverfilmung oder der Vervielfältigung auf anderen Wegen und der Speicherung in Datenverarbeitungsanlagen, bleiben, auch bei nur auszugsweiser Verwertung, vorbehalten. Eine Vervielfältigung des Werkes oder von Teilen dieses Werkes ist auch im Einzelfall nur in den Grenzen der gesetzlichen Bestimmungen des Urheberrechtsgesetzes der Bundesrepublik Deutschland vom 9. September 1965 in der Fassung vom 24. Juni 1985 zulässig. Sie ist grundsätzlich vergütungspflichtig. Zuwiderhandlungen unterliegen den Strafbestimmungen des Urheberrechtsgesetzes.

© 1986 Verlag Paul Parey, Hamburg und Berlin
Anschriften: Spitalerstraße 12, D-2000 Hamburg 1
Lindenstraße 44–47, D-1000 Berlin 61.
Printed in Germany.

Satz: Hubert & Co., D-3400 Göttingen.

Lithographie: Druckformdienst Carl Kruse GmbH, D-2000 Norderstedt

Druck: Rasch Druckerei und Verlag GmbH & Co. KG, D-4550 Bramsche.

Buchbinderei: Buchbinderei Klemme GmbH & Co. KG, D-4800 Bielefeld 1

Umschlaggestaltung: Jan Buchholz und Reni Hinsch, D-2000 Hamburg 73

Gesamtwerk ISBN 3-490-33912-6
Band 1 ISBN 3-490-22612-7

Zum Geleit

In der öffentlichen Diskussion über Umweltschutz, Naturschutz, Landeskultur und Landespflege, über Waldsterben und Gewässerschutz, die das Problembewußtsein vieler Menschen für alle Fragen der Natur und des Überlebens von Pflanzen und Tieren in der durch menschliche Eingriffe bedrohten Welt geweckt hat, ist auch die Jagd mehr ins allgemeine Bewußtsein gerückt worden. Nur die wenigsten Nichtjäger, die sich an dieser Diskussion beteiligen – häufig mit nicht zu Ende gedachten oder nicht fundierten Patentrezepten –, wissen, daß wir in der Bundesrepublik Deutschland in der organisierten Jägerschaft über ein flächendeckendes Netz von Menschen verfügen, die nicht nur über das unerläßliche fachliche Wissen und die notwendigen praktischen Erfahrungen verfügen, sondern sich auch hinsichtlich ihres Engagements für die Erhaltung unserer natürlichen Umwelt von niemandem übertreffen lassen. Sie tun dies alles nicht nur freiwillig und ohne Bezahlung, sondern wenden im Gegenteil sogar aus eigener Tasche erhebliche finanzielle Mittel dafür auf.

Um diese Aufgabe im Interesse der Allgemeinheit erfüllen zu können, muß jeder, der Jäger werden, also einen Jagdschein erwerben will, die Jägerprüfung ablegen. Sie verlangt von jedem Prüfling ein erhebliches Wissen auf vielen Gebieten. Dieser umfangreiche Wissensstoff wird ihm in dem neuen fünfbändigen „Lehrbuch Jägerprüfung" ausführlich, didaktisch modern und folgerichtig gegliedert dargeboten.

Seine Autoren sind natürlich praktische Jäger, aber sie sind vor allem auch maßgeblich in entscheidenden Arbeitsbereichen des Jagdwesens in den einzelnen Ländern tätig: Dr. Sepp Bauer in der ökologisch richtigen Reviergestaltung und Biotoppflege beim Landesjagdverband Baden-Württemberg, Wildmeister Günter Claußen als Berufsjäger im Lehr- und Versuchsrevier von „Wild und Hund", Friedrich Karl von Eggeling als Vorsitzender des Niederwildausschusses in Bayern, die Herren Kinsky, Krüper und Strube als Ingenieure bei der DEVA, der einzigen deutschen Versuchs- und Prüf-Anstalt für Jagd- und Sportwaffen, Heinrich Uhde als kynologischer Sachverständiger und langjähriger Präsident des Jagdgebrauchshundverbandes, Mark G. von Pückler als Vorsitzender Richter bei einem Verwaltungsgericht und Mitglied einer Prüfungs-Kommission und Dr. med. vet. Karl Schaich, Mitherausgeber der Raesfeldschen Rehwildmonographie, als Jägerlehrgangsleiter des BJV, München. Bei ihnen spiegelt sich das jagdliche Geschehen unserer Tage in all seiner Vielfalt, mit seinen Erfolgen und seinen Problemen wider. In Zusammenarbeit mit dem Jagdlektorat des Verlages Paul Parey sind sie auf diese Weise kompetent wie kaum ein anderes Gremium auf jagdlichem Gebiet.

Die kurze und präzise Darstellung der natürlichen Verhältnisse und Zusammenhänge ist durch eine großzügige, wo erforderlich auch farbige Bebilderung ergänzt. Spezielle Zeichnungen erläutern den Text und erleichtern das Lernen. Was dieses „Lehrbuch Jägerprüfung" aussagt und vorgibt, wird für lange Zeit Richtschnur für Niveau und Ausmaß des notwendigen Wissens und damit für die Jägerprüfungen in den deutschen Bundesländern sein. – Möge es zur Gesundung unserer Umwelt, zum Gedeihen des Wildes und zur Freude der Jäger eine weite Verbreitung finden.

Dr. G. Frank

Dr. Gerhard Frank, MdL
Präsident des Deutschen Jagdschutzverbandes

Inhalt

Zur Einführung

Der allgemeine Trend zur Spezialisierung macht es heute fast zur Regel, Teile statt das Ganze zu betrachten. Dem Orchideenfreund beschränkt sich „Natur“ auf seine Orchideen, dem Herpetologen auf Frosch und Molch und ihren Lebensraum, dem Fischer und Angler auf Wasser und Fisch. Es wäre eigentlich normal, wenn „Natur“ dem Jäger „sein“ jagdbares Wild bedeuten würde.

Je eingehender er sich allerdings mit einzelnen Wildarten beschäftigt, desto schneller wird ihm klar werden, daß es unmöglich ist, diese isoliert zu betrachten. Vielmehr sind sie als Einzelglieder einer großen Zahl von Arten zu verstehen, die zusammen Lebensgemeinschaften bilden. Mit den komplexen Zusammenhängen und Wechselwirkungen zwischen Arten und Lebensgemeinschaften einerseits und zwischen ihnen und den jeweiligen Lebensräumen andererseits beschäftigt sich die Ökologie.

Sowenig es aber möglich ist, einer Art durch deren isolierte Betrachtung gerecht zu werden, sowenig ist es möglich, die Komplexität der für jagdbare Tierarten und Jagd besonders wichtigen Bereiche der Ökologie ohne Kenntnisse ihrer allgemeinen Grundlagen zu begreifen. Erst aus dem breiten Verständnis wird die Verantwortung des Jägers klar, die er mit der Ausübung seiner Jagd für das Ganze, für Lebensgemeinschaften wie für Lebensräume tatsächlich übernommen hat.

Diese allgemeinen Grundlagen zu vermitteln soll im folgenden versucht werden.

In Kapitel 1 wird die beträchtliche Stoffmenge, die das Gebiet der Ökologie heute umfaßt, in gedrängter Form wiedergegeben. Das Schwergewicht ist dabei auf Dinge gelegt, die zum Rüstzeug des zukünftigen Jägers gehören sollten. Auch wenn nicht immer der Bezug zur Jagd „expressis verbis“ hergestellt wird, werden in den folgenden Kapiteln und später bei der Arbeit des Jägers immer wieder Erklärungen aus diesen Materialien hervorgehen.

Das zweite Kapitel befaßt sich mit einigen wichtigen Lebensräumen unserer Landschaften, ihren Veränderungen und den Folgen, die daraus erwachsen. Das Verständnis der Lebensräume ist sicher ein wichtiger Schlüssel auch zum Verständnis der Wildarten. Einige Anregungen für Aktivitäten des Jägers sind jedem Abschnitt angefügt.

Kapitel 3 untersucht das Verhältnis der vielfältigen Nutzungsansprüche, die von seiten des Menschen an die Landschaften gestellt werden. Die Vielfalt dieser mit großer Absolutheit gestellten Ansprüche belastet die Umwelt in einem Maße, das ganz wesentlich in die Gefüge der Ökosysteme eingreift und die Existenz einer sich rasch vergrößernden Zahl von Arten gefährdet.

Das vierte Kapitel des ersten Teiles rundet die Ausführungen ab mit einer Betrachtung über die ökologischen Aspekte der Jagd selbst. Hier wird noch einmal deutlich, daß der Jäger weniger denn je nur der „lustigen Jagd auf Reh und Hirsch“ frönen kann und darf, sondern eine wichtige und verantwortungsvolle Aufgabe bei der Erhaltung der Natur übernehmen muß.

Diese vielzähligen Aufgaben werden im zweiten Teil des Buches ausführlich behandelt. An vielen praktischen Beispielen wird deutlich gemacht, daß sich die Lebensmöglichkeiten des Wildes und der übrigen freilebenden Tierwelt mit zum Teil sehr einfachen Mitteln verbessern lassen. Die Durchführung dieser Hegemaßnahmen ist gesetzliche Aufgabe und Verpflichtung eines jeden Jägers, denn nur so wird es gelingen, Wild und Waidwerk auch in der Zukunft zu bewahren.

Im Frühjahr 1986

Immenried — Sepp Bauer
Lanze — Günter Claußen

Teil 1

Ökologische Grundlagen der Jagd

Von Dr. Sepp Bauer

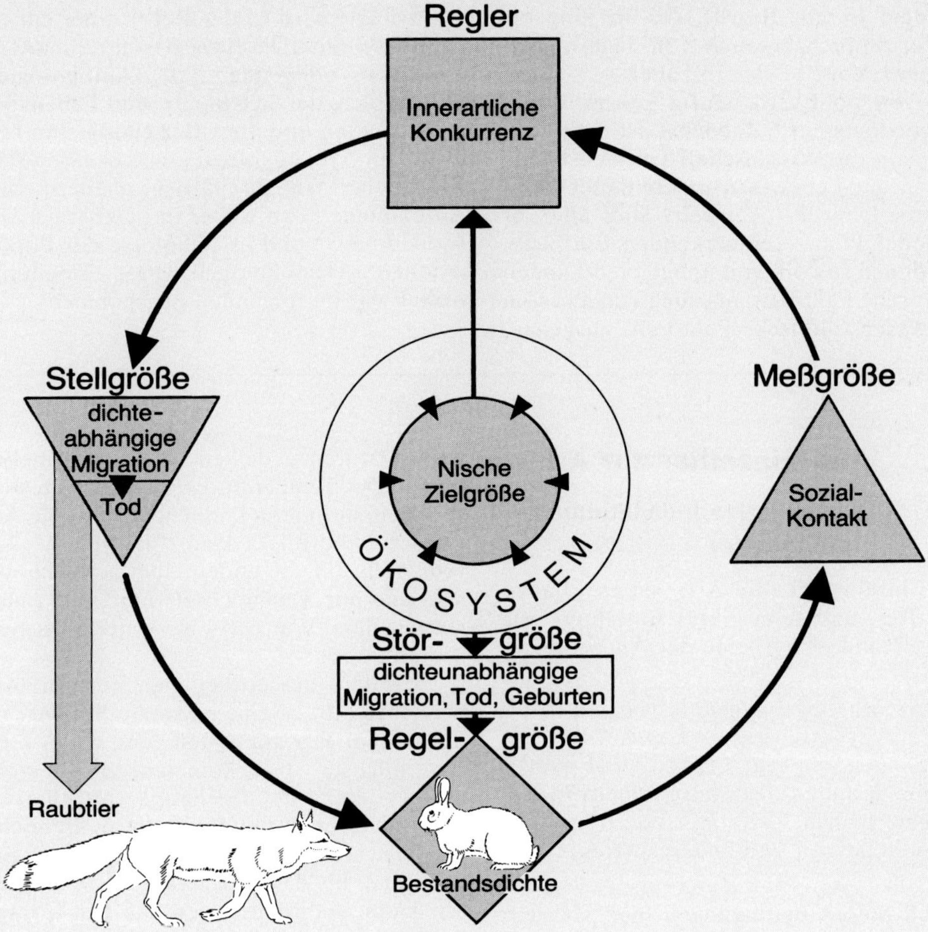

1

Ökologische Zusammenhänge und Begriffe

Ökologie ist ein Begriff, der in jüngerer Zeit im Sprachgebrauch von Jägern, Natur- und Vogelschützern, aber vor allem auch von Politikern häufig geworden ist. Was bedeutet er? Zunächst ist Ökologie allgemein die Wissenschaft von den Beziehungen der Lebewesen untereinander und zu ihrer Umwelt. „Umwelt“ sind alle auf Tier oder Pflanze einwirkenden Einflüsse. Sie können sowohl von unbelebten Dingen (abiotische Faktoren) als auch von anderen Lebewesen (biotische Faktoren) ausgehen.

Ökologie wird in der Regel unterteilt in den Abschnitt „Ökologie des einzelnen Individuums oder einer Art“ (Autökologie) und in den der „Ökologie der Lebensgemeinschaften und ihrer Beziehung zum Lebensraum“ (Synökologie).

Manche Wissenschaftler gliedern die Autökologie noch weiter in „Ökologie des Individuums“ und in „Ökologie der Populationen“ (Demökologie). Diese Einteilung wollen wir im folgenden übernehmen.

1.1 Vom Einzeltier zur Art

1.1.1 Ökologie des Individuums (Autökologie)

Das Einzelwesen (die Art), sei es Pflanze oder Tier, und seine (ihre) Beziehung zur Umwelt sind also Thema der Autökologie.

Unbelebte Gegebenheiten, wie z. B. die Bodenbeschaffenheit, Landschaftsgestalt, Feuchtigkeit, Trockenheit und Klima gestalten die Umwelt ebenso wie belebte Dinge (Nahrung, andere Individuen derselben und anderer Arten).

Mit all diesen Bedingungen muß sich ein Lebewesen auseinandersetzen. In seinem Erbgut sind für jeden Faktor die Grenzen abgesteckt, innerhalb derer das Lebewesen existieren kann. Dort wo Gegebenheiten der Umwelt den im Erbgut festgelegten Ansprüchen weitgehend entsprechen, hat das Wesen seinen Lebensraum. Die meisten beweglichen Tiere finden diesen Platz aktiv. Pflanzen streuen ihren Samen dagegen wahllos. Nur jene entwickeln sich wieder zu Pflanzen, die an geeigneten Orten niedergegangen sind.

1.1.1.1 Temperatur und Klima, zwei unbelebte Umweltbedingungen

Es ist uns selbstverständlich, daß es Arten gibt, die sich bei niedrigen Temperaturen wohlfühlen, und solche, die bei höheren Temperaturen gedeihen (kälte-, wärmeliebend). Der Temperaturbereich, in dem sich die Tiere aufhalten können, ist für jede Art typisch (Abb. 2). Er kann für die eine Art sehr breit, für die andere aber sehr schmal sein und nur wenige Grade umfassen (man spricht dann von eury- bzw. stenothermen Tieren).

Innerhalb des erträglichen Temperaturbereiches gibt es eine optimale Spanne, in der es dem Tier am besten geht, wo es z. B. die höchste Nachkommenzahl hervorbringt bzw. sich überhaupt fortpflanzen kann. Ober- wie unterhalb dieses Bereichs verschlechtern sich die Bedingungen zunehmend, bis das Tier gerade noch existieren kann, während es jenseits der Erträglichkeitsgrenze zugrunde geht.

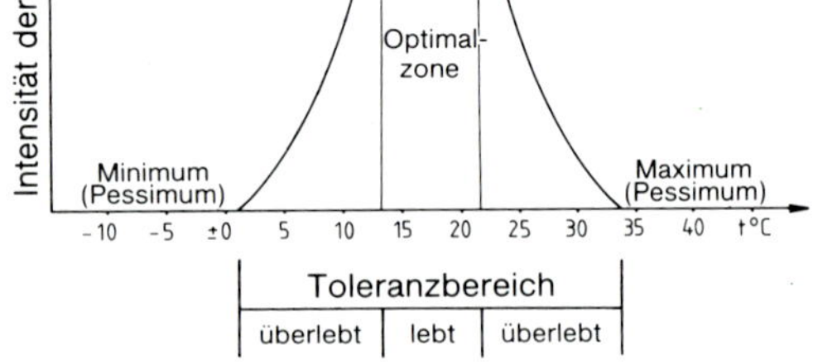

Abb. 2. Toleranzbereich einer Art im Umweltfaktor Temperatur.

Als Beispiel könnten viele der als Haustiere gehaltenen Landschildkröten dienen. Sie gehören zu den wechselwarmen Tieren, deren Körpertemperatur in hohem Maß von der Außentemperatur abhängt. Da Schildkröten aus dem warmen Mittelmeergebiet eingeführt werden, müssen sie in unseren Breiten unterhalb ihres optimalen Temperaturbereiches leben. Sie pflanzen sich deshalb nicht fort. Viele vegetieren nur dahin und sterben früh.

Vögel und Säugetiere sind gleichwarme Tiere. Sie haben die Fähigkeit erworben, ihre Körpertemperatur weitgehend konstant zu halten und sich vor Auskühlung oder Überhitzung zu schützen. Damit können sie noch bei Temperaturen leben, die ohne diese Anpassungen tödlich wären.

Eine Anpassung zur Reduktion von Wärmeverlusten wurde in der sogenannten „Bergmann'schen Regel" formuliert. Danach nimmt die Körpergröße von gleichwarmen Tieren einer Art oder von nahe verwandten Arten mit abnehmender Temperatur zu. Eine andere Regel, die „Allen'sche Regel" besagt, daß hervorspringende Körperteile mit abnehmender Temperatur kleiner werden.

Ein klassisches Beispiel hierfür sind die Füchse:
Beim *Wüstenfuchs (Fenek)* müssen die Ohren möglichst groß sein, da sie als Verdunstungsinstrument für Abkühlung sorgen, beim Polarfuchs sind sie entsprechend klein, um Wärmeverluste zu vermeiden.

Eine weitere Anpassung an niedrige Temperaturen ist der *Winterschlaf*. Wir finden ihn bei *Murmeltier, Igel, Fledermaus*, mit Unterbrechungen auch beim *Dachs*.

In der Regel wird im Herbst ein Fettpolster angelegt. Für gleichwarme Tiere stellt sich im Winter das Problem, niedrige Temperaturen zu überdauern, obwohl in dieser Zeit kaum ausreichend Nahrung zur Wärmeproduktion zu finden ist. Ein großer Teil der insektenfressenden Vögel nutzt das Fettdepot als Eniergievorrat für den Zug in den nahrungsreichen warmen Süden.

Das Klima spielt für das Vorkommen vieler Tierarten eine große Rolle.

Zahlreiche Veränderungen von Häufigkeit und Verbreitung einzelner Arten können nur durch Klimaschwankungen erklärt werden.

Von der *Wachtel* wissen wir, daß günstiges Frühjahrswetter zu Masseneinflügen der Art in das nördliche Mitteleuropa geführt hat. Die Jagdstatistiken lassen solche Phasen erkennen.

Rauhfußhühner sowie ursprüngliche „Steppentiere" unter unseren Niederwildarten (z. B. *Hase* und *Rebhuhn*) oder Arten mit südlicher Hauptverbreitung (z. B. *Wiedehopf*) benötigen trockenwarme bzw. kontinentale Witterung während der Fortpflanzungszeit. Naßkalten Wetterperioden im Mai und Juni kann ihr Nachwuchs fast gänzlich zum Opfer fallen, ohne daß diese Witterungsunbill in den langfristigen Temperatur- und Niederschlagsmittelwerten sonderlich erkennbar wird. Wiederholt sich dies über eine Reihe von Jahren hinweg, dann können sich daraus beträchtliche Bestandsschwankungen ergeben. Das Bestandstief bei Auer- und Birkwild Mitte des letzten Jahrhunderts und die anschließende allgemeine Erholung (fast überall in Mitteleuropa) um die Jahrhundertwende sind nur so erklärbar (Abb. 3).

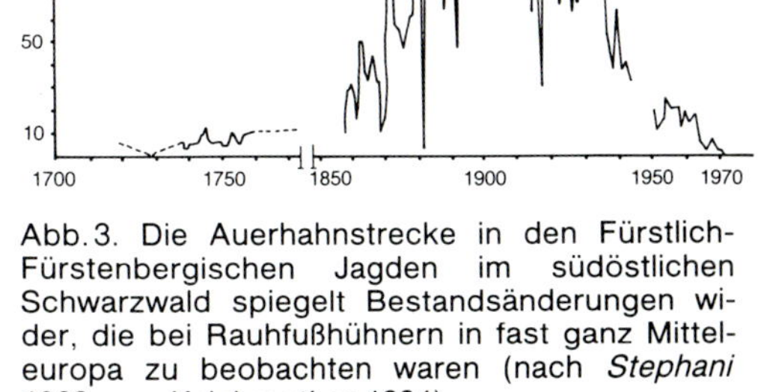

Abb. 3. Die Auerhahnstrecke in den Fürstlich-Fürstenbergischen Jagden im südöstlichen Schwarzwald spiegelt Bestandsänderungen wider, die bei Rauhfußhühnern in fast ganz Mitteleuropa zu beobachten waren (nach *Stephani* 1938 aus *Kalchreuther* 1984).

1.1.1.2 Nahrung ist Teil der belebten Umwelt

Aus den aufgenommenen Stoffen muß der Energiebedarf eines Organismus gedeckt werden.

Nur Pflanzen sind fähig, Sonnenenergie direkt zu verwerten, indem sie mit ihrer Hilfe aus Wasser und Kohlendioxid Nährstoffe aufbauen, wie z. B. Zucker und Kohlenhydrate. Die darin gespeicherte Energie liefert die Betriebsquelle für alles tierische Leben auf der Erde.

Energie wird durch Abbau (Veratmung, Verbrennung) der Kohlenhydrate und Fette sowie von Eiweiß in den Zellen frei und ermöglicht Vorgänge wie Bewegung und die Produktion von soviel Wärme, daß die gleichwarmen Tiere eine von der Umwelt weitgehend unabhängige Körpertemperatur halten können.

Vor allem Eiweiße werden zur Erneuerung von Geweben, zum Wachstum des eigenen Körpers, für die Entwicklung der Nachkommen usw. in *körpereigene Substanz* umgebaut.

Schließlich müssen die Tiere ihrer Nahrung lebenswichtige *Spurenstoffe* wie Vitamine, Minerale, Spurenelemente und sogenannte „essentielle Amino- und Fettsäuren" entnehmen. Diese Stoffe sind für den Ablauf chemischer Reaktionen des Stoffwechsels, die Nerventätigkeit, die Vererbung usw. verantwortlich.

Wenn ein Tier seinen Energiebedarf nicht voll durch Nahrungsaufnahme decken kann, so braucht sein Organismus zunächst die körpereigenen Vorratsstoffe auf und zehrt dann von der Körpersubstanz. Das Tier schwächt sich selbst, und auch die Fortpflanzungsfähigkeit wird eingeschränkt.

Fehlen ein oder mehrere Spurenstoffe oder sind sie in zu geringem Maße vorhanden, so treten mehr oder weniger schwere Mangelerkrankungen auf. Die Widerstandskraft gegen Krankheiten aller Art wird geschwächt, die Sterblichkeit erhöht.

Der Nahrungsbedarf ist u. a. abhängig von Verwertbarkeit, Energieverbrauch und Körpergröße

Die Verwertbarkeit oder Ausnutzung einer Nahrung messen wir als Differenz zwischen der Menge der aufgenommenen Nahrung und dem ausgeschiedenen Kot.

Tierische Nahrung und die Nährstoffe Zucker und Fett werden dabei fast vollständig verwertet.

Pflanzenzellen sind dagegen von festen, gegen Verdauungsfermente sehr widerstandsfähigen Zellulosewänden umschlossen.

In Teilen des Verdauungstraktes (Pansen, Blinddarm) besitzen Pflanzenfresser deshalb Mikroorganismen, die die Zellwände aufschließen und den Zellinhalt verfügbar machen. Je älter und verholzter die Pflanzennahrung ist, desto schwieriger ist dies. Wie wichtig aber die ausreichende Verwertbarkeit der Nahrung ist, das wurde durch Fütterungsversuche belegt.

Während sich *Hirsche* mit hochwertigem Heu ohne weiteres in gutem Ernährungszustand halten lassen, magerten Rehe bei gleicher Fütterung allmählich ab und starben sogar. Ihr Pansen und die darin befindlichen Mikroorganismen sind nicht in der Lage, die Zellinhalte einer einseitigen Nahrung in ausreichendem Maß verfügbar zu machen. Rehwild benötigt deshalb auch „leichtere Kost" in Form von Knospen, Trieben, Blüten und zarten Blättern (Abb. 4).

Sehr stark hängt die benötigte Nahrungsmenge auch vom herrschenden Energieverbrauch ab.

Aus eigener Erfahrung wissen wir, daß der Körper reichliche *Bewegung* und körperliche Arbeit mit gesteigertem Appetit quittiert. Welche ökologische Bedeutung dieser einfache und selbstverständliche Zusammenhang aber für unsere Wildtiere erlangen kann, das zeigen unlängst in der Schweiz veröffentlichte Untersuchungen (Abb. 5).

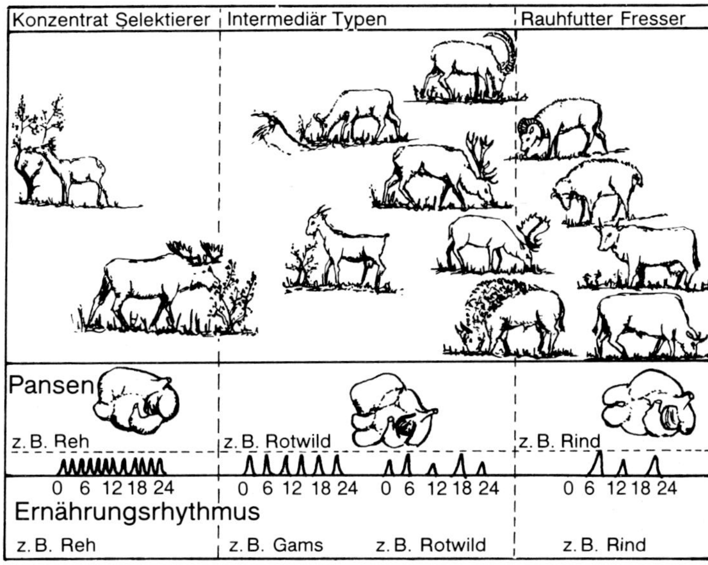

Abb. 4. Ernährungstypen der Wiederkäuer Europas (nach *Hofmann*).

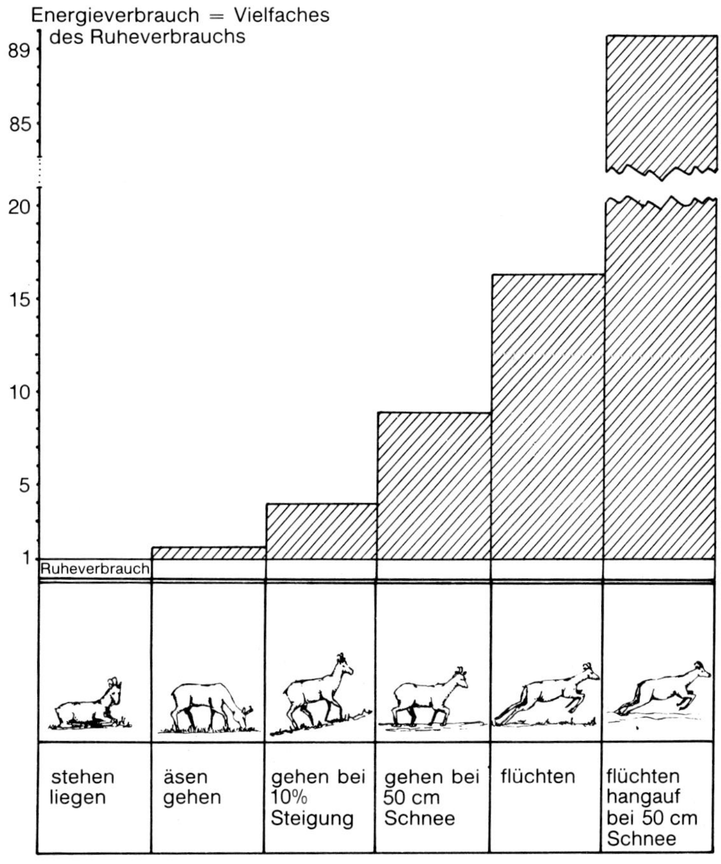

Abb. 5. Energieverbrauch im Vielfachen des Ruheverbrauchs unter verschiedenen Bedingungen der Fortbewegung (nach *Moen* und *Mattfeld*).

Eine normal konstituierte Gams hat im allgemeinen keine Probleme, mit der verfügbaren Nahrung und ihrem Fettvorrat auch strenge Winter zu überleben, wenn sie ihren Energieverbrauch möglichst klein hält. Ihr Energiehaushalt, der ja an die Witterungs- und Nahrungsbedingungen angepaßt ist, gerät aber sofort durcheinander, wenn sie durch Wintersportler zur Flucht, d.h. zur „Energieverschwendung" gezwungen wird. Mit der Schneehöhe steigt ihr Energiebedarf für die Fortbewegung sehr steil an. Das heißt, sie verbraucht im Winter für dieselben Reaktionen ein Vielfaches der Energie, die sie im Sommer dazu benötigen würde. Der dadurch stark erhöhte Nahrungsbedarf kann bei der herrschenden Nahrungsknappheit kaum gedeckt werden. Zudem ist ihr Körper aus physiologischen Gründen auch gar nicht fähig, soviel mehr Nahrung zu verdauen als im Sommer. Die Folge ist, daß die verbrauchte Energie nicht mehr ersetzt werden kann. Sind die Fettreserven aufgebraucht, verschlechtern sich Kondition und Konstitution so sehr, daß sie Mühe hat, den Winter zu überleben. Die Forpflanzungsleistung sinkt, die Anfälligkeit gegen Krankheiten dagegen steigt.

Um seine Körpertemperatur konstant halten zu können, muß ein gleichwarmer Organismus bei wachsender Kälte immer mehr Energie „verheizen". Kleine Körper sind dabei gegenüber großen benachteiligt. Im Verhältnis zum Körpervolumen ist ihre Oberfläche größer und strahlt entsprechend mehr Wärme ab.

Außentemperatur und Körpergröße sind also weitere Punkte, die den Energieverbrauch und damit die notwendige Nahrungsmenge bestimmen.

Die Anpassung von Tieren an niedrige Temperaturen versucht sinnvollerweise den Wärmeverlust zu verringern.

Das ist z.B. durch Fettanlagerungen, ein gut isolierendes Feder- oder Haarkleid oder durch entsprechende Verhaltensweisen möglich.

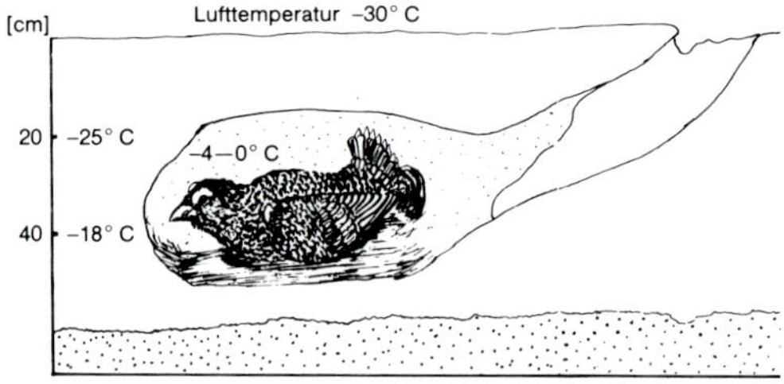

Abb. 6. Birkhahn in seiner Schneehöhle. Selbst bei einer Außentemperatur von –30° C wird die Höhle auf Temperaturen um 0° C erwärmt.

Das Birkhuhn kann sehr tiefe Temperaturwerte leicht überstehen, indem es in Schneehöhlen „Energie spart" (Abb. 6). Es verläßt sie in der Regel nur für wenige Stunden zur wärmsten Tageszeit, um die während der Ruhe verbrauchte Energie durch Nahrungsaufnahme zu ersetzen. Wie schnell hat ein gedankenloser Skiwanderer auch diese Überlebensstrategie in Frage gestellt, indem er das Huhn aus seiner Schneehöhle hochmacht und zur Energieverschwendung zwingt.

Tiergruppen mit unterschiedlicher Nahrungsauswahl

Viele Parasiten sind auf eine einzige Pflanzen- oder Tierart oder wenige nahe verwandte Arten spezialisiert. Auch bei vielen Insektengruppen, so etwa bei unseren Tagfaltern, ist eine solche Spezialisierung fast die Regel.

Diese Tiere (*Monophage, Oligophage*) sind fähig, alle für den Lebensunterhalt notwendigen Stoffe aus einem sehr kleinen Nahrungsspektrum zu gewinnen.

Von 357 Tagfalterarten ernähren sich 37% der Raupen an nur einer einzigen Pflanzenart, 15% an zwei, 16% an drei, 11% an vier, 6% an fünf Pflanzenarten. 85% dieser Schmetterlingsarten leben als Raupe also an maximal fünf verschiedenen Pflanzenarten. Daß eine solche Spezialisierung für Raupe und Pflanze nur dann von Vorteil ist, wenn sich nicht mehrere Schmetterlinge auf die gleiche Pflanzenart spezialisieren, ist naheliegend.

Eine zweite Gruppe (*Polyphage, Omnivore*) besitzt die Fähigkeit, ein sehr breites Nahrungsspektrum zu nutzen.

So erbeutet der *Rotfuchs* alle erreichbaren Tiere vom Wurm über Insekten bis hin zum *Rehkitz* oder *Auerhuhn.* Daneben nimmt er Aas und pflanzliche Kost wie auch Früchte und Gras auf. Er nimmt eben, was sich gerade bietet. Bei entsprechendem Nahrungsangebot (Mäusegradation) kann er sich aber auch recht einseitig ernähren.

Im Gegensatz zum Fuchs brauchen eine Reihe von Arten die Vielfalt, da sie nur aus einer vielfältigen Nahrung alle lebensnotwendigen Stoffe gewinnen können.

Zu dieser Gruppe gehören z. B. *Hase, Rebhuhn, Birk-* und *Auerwild, Reh-* und *Gamswild.*

*Hühner*küken benötigen dringend das Eiweiß der Insekten. Birkhennen sind auf ein reiches Pflanzen-Nahrungsspektrum angewiesen, um überhaupt Eier produzieren zu können.

Der Hase benötigt große Pflanzenvielfalt, wie er sie in extensiv genutztem Grünland oder in unkrautreichen Äckern findet.

Dieser Bedarf ist zudem jahreszeitlich verschieden, wie der untersuchte „Weidekalender" des *Gams*wildes zeigt:
Im Mai äst es bevorzugt wurzelnahe Blätter von krautigen Pflanzen (Wegerich, Anemonen, Frauenmantel), im Juni junge Triebe, Blätter oder Blütenstände (Kuhschelle, Kümmel, Kälberkropf, Alant, Läusekraut), im Juli Blütenstände oder Knospen (z. B. Roßampfer, Akelei, Läusekraut, Baldrian, Glockenblume), im August überwiegend Blütenstände und Fruchtknoten von Korbblütlern, im September vor allem Samen (Leinkraut, Anemonen, Trollblumen, Läusekraut), im Winter grüne oder trockene Gräser, Zweige und Triebe, Nadeln von Kiefern und Tannen.

1.1.1.3. Arten verraten Umweltveränderungen

Die Wechselbeziehungen zwischen Individuum (bzw. Art) und seiner Umwelt zeigen, daß die Toleranzbreite mancher Tiere für einzelne Umweltfaktoren sehr schmal ist. Bereits bei geringen Änderungen eines solchen Faktors kann die Existenz des Lebewesens in Frage gestellt werden. Wegen ihrer empfindlichen Reaktion auf Umweltänderungen spricht man deshalb von *Zeigerarten.*
Das Verschwinden einer Falterart, deren Raupe nur von einer Pflanzenart leben kann, ist leichter und früher erkennbar als die Schädigung der Nahrungspflanze durch Bewirtschaftung oder andere Umweltveränderungen.

Vor allem solche Indikatorarten sind heute in die „Roten Listen" der gefährdeten Arten aufgenommen.

1.1.2 Ökologie der Populationen (Demökologie)

Widmete sich das erste Kapitel dem Verhältnis von Einzelwesen bzw. Art zu deren Umwelt, so soll nun das Beziehungsgefüge innerhalb der Individuengemeinschaft einer Art im Vordergrund stehen.

Die Zahl der Tiere (Pflanzen), die eine beliebige Fläche (Revier, Versuchsfläche) besiedeln, wird allgemein als *Bestand* bezeichnet. Im Jagdwesen wird sprachlich zwischen *Besatz* (Niederwild) und *Bestand* (Schalenwild) unterschieden.

1.1.2.1 Über Populationen, Rassen und Arten

Die Population ist wichtigste Einheit einer Art

Populationen sind Fortpflanzungsgemeinschaften mit mehr oder weniger einheitlichem Erbgut. Sie besiedeln ökologisch oder geländemäßig abgegrenzte Räume.

Das Verbreitungsgebiet einer Teichmuschelpopulation endet an den Ufern des Teiches. Viel schwieriger lassen sich die Grenzen einer Erdkrötenpopulation fassen. Die jeweilige Fortpflanzungsgemeinschaft des Teiches besiedelt auch umliegende Felder und Wälder, in denen sich ihr Lebensraum mit dem anderer Populationen überschneiden kann.

Es ist eine Frage der Definition, ob man z.B. von der Hasenpopulation eines großen Moorgebietes sprechen kann, auch wenn diese „Moorhasen" öfter umliegende Wiesen und Felder zur Nahrungsaufnahme aufsuchen (müssen). Obwohl mit der Schwierigkeit der Abgrenzung dem Populationsbegriff ein etwas theoretischer Beigeschmack anhaftet, ist er für die ökologische Betrachtung von Tieren und Pflanzen von großer Bedeutung.

Nicht das Einzelwesen, sondern die Population ist der Grundbaustein einer Art. In der Natur besitzt deshalb nicht das vermenschlichende Prinzip von der „Erhaltung eines Individuums", sondern vielmehr das Prinzip von der „Erhaltung der Population" Gültigkeit.

Rassen oder Unterarten

Gruppen von Populationen, die durch mindestens einen reinerbigen Unterschied von anderen Gruppen unterschieden sind, nennt man *Rassen* oder *Unterarten*.

Meist sind die Rassen einer Art als *„geographische Rasse"* räumlich getrennt.

So sind beim *Feldhasen* (*Lepus europaeus*) allein 22 verschiedene Unterarten beschrieben, die in lokal z.T. sehr eng begrenzten Räumen vorkommen.

Beispiele sind: *Lepus europaeus niethammeri*, der im Peloponnes (Griechenland) bis in 1000 m Höhe vorkommt und sich durch „besonders große Ohren" auszeichnet; *Lepus europaeus cyrensium*, eine kleine Form der Ost-Transkaukasischen Steppen, die den Wald meidet; *Lepus europaeus cyprius*, eine kleine, auf Zypern beschränkte Inselform. Die bei uns bekannte Rasse des Hasen gilt als die „Normal-" oder Nominatform *Lepus europaeus europaeus*.

Von dieser Einteilung ist eine weitere in *„ökologische Rassen"* oder *Ökotypen* nicht immer scharf zu trennen.

Die großen Ohren des *Lepus europaeus niethammeri* sind eine ökologische Anpassung. Ähnlich wie beim Fennek dienen sie in einem besonders warmen Landstrich als etwas überdimensional entwickeltes Instrument zur Wärmeabgabe.

Solche Ökotypen müssen aber nicht immer räumlich getrennt leben. Sie können durch ihre unterschiedliche Anpassung auch zwei verschiedene ökologische Bedingungen im gleichen geographischen Gebiet nutzen. So gelten Kuckucke, deren Eier verschiedenen Farb- und Zeichnungstypen angehören, als Ökotypen. Der eine kann insbesondere in Sumpf- und Schilfgebieten bei Rohrsängern und Piepern erfolgreich seine Eier unterbringen, der andere Typ ist in besiedelten Gebieten oder Wäldern bei Rotschwänzen, Rotkehlchen usw. erfolgreich.

Arten und ihre Entstehung

Zurück zum Feldhasen:

Die *Art* (Feldhase) ist also keine Gruppe von Einzeltieren, die weitgehend identisch sind, sondern vielmehr ist sie eine Gruppe mehr oder weniger deutlich unterscheidbarer Populationen, die sich aber kreuzen können.

Diese Bemerkung ist wichtig. Bedenken wir, wie viele Kreuzungen von Tieren verschiedener Arten in Gefangenschaft meist unter besonderem Triebstau möglich sind. Die Definition der Art (als Fortpflanzungsgemeinschaft, die sich mit anderen Arten nicht kreuzen kann) und die darauf aufbauende Systematik werden dadurch dennoch nicht in Frage gestellt.

Die Fortpflanzungssperre zwischen Arten betrifft nämlich nicht Individuen, sondern Populationen als Ganzes; ihr Erbmaterial (Genpool) kann seine Eigenart bewahren.

Eine Reihe von Mechanismen hilft, die Vermischung von Arten zu verhindern (*Isolationsmechanismen*). Zu ihnen gehören neben jahreszeitlich etwas abweichenden Fortpflanzungszeiten auch Verhaltensschranken (ein normaler Ablauf des Paarungsspiels ist meist nur möglich, wenn ähnlich wie bei einem Pingpongspiel eine arteigene Verhaltensweise des einen Partners die nächste des anderen auslöst usw.), mechanische Kopulationsschranken (wie ein Schlüssel zu einem Schloß müssen die Genitalien passen), Sterblichkeit oder Unfruchtbarkeit eventueller Bastarde usw. Entwickeln sich solche Schranken zwischen einer und den übrigen Rassen einer Art, so ist aus dieser Rasse eine neue Art entstanden. Die wirksamste Voraussetzung dafür ist natürlich eine *geographische Isolation*. Sie läßt keinen Austausch von Erbgut mehr zu, eine Rasse entwickelt sich von den anderen völlig isoliert zur Art weiter.

So hat der zyprische Feldhase als Inselbewohner sehr viel mehr Chancen, sich von der Art Feldhase weg und zu einer eigenen Art zu entwickeln als etwa der Ost-Transkaukasische Steppen-Feldhase.

In Mitteleuropa wirkte die letzte Eiszeit als Motor für die Entstehung zahlreicher Arten. Kaltes Klima und Vergletscherung drängten die hier lebenden Tierarten in Rückzugsgebiete im Südosten bzw. Südwesten zurück und wirkten als Isolationsfaktor; mit dem Ende der Eiszeit eroberten die getrennten Teile der Arten das verlorene Gelände wieder zurück. Ihre Entwicklung war bei vielen Arten jedoch schon soweit fortgeschritten, daß sich z. B. aus nur einer Laubsängerart *Fitis* und *Zilp Zalp* entwikkelt hatten, aus nur einer Baumläuferart *Wald-* und *Gartenbaumläufer*, aus nur einer Goldhähnchenart *Sommer-* und *Wintergoldhähnchen* als eigenständige Arten. Trotz der inzwischen wieder gemeinsamen Lebensräume können sich zwar einzelne Individuen, nicht aber die Populationen vermischen.

Der *Weißstorch* ist seither in zwei Rassen geteilt, die getreu ihrem nacheiszeitlichen Einwanderungsweg ihre Route von und nach Afrika als Westzieher über Gibraltar oder als Ostzieher über den Bosporus wählen. Andere Arten hatten während oder nach der Eiszeit ihre maximale Ausbreitung und sind heute auf isolierte Reliktgebiete zurückgedrängt. Eine Isolation von Rassen kann allerdings in seltenen Fällen auch durch einen sehr stark verzögerten Austausch von Erbgut durch eine sehr lange Reihe von Populationen erfolgen.

Ein Beispiel hierfür bieten die Heringsund die Silbermöwe. Während der Eiszeit bewohnte die Ausgangsart *Heringsmöwe* ein Rückzugsgebiet in der kaspischen Region. Von hier breitete sie sich nach der Eiszeit wieder aus, besiedelte die europäischen Nordmeerküsten (Population: Skandinavische Heringsmöwe). An den Küsten von Sibirien und Alaska bildete sie als Sibirische Silbermöwe eine neue Population. In Nordamerika wurde sie zur Amerikanischen Silbermöwe. Schließlich gelangte sie wieder nach Europa und bildete als Britische Silbermöwe in Nordwesteuropa eine neue Population. Obwohl sie hier wieder auf die Britische Heringsmöwe traf, mit der sie ja rund um den Pol eine gemeinsame Erbmasse hat, konnte sie sich mit ihr nicht mehr vermischen. Der lange Ausbreitungsweg behindert den Austausch von Erbgut so stark, daß die Britische Heringsmöwe und die Britische Silbermöwe als getrennte Arten gelten.

1.1.2.2 Geographische Begriffe – vom Areal zum Rehbock-Revier

Areal – das Verbreitungsgebiet der Art

Das Areal einer Art ist im Idealfall mehr oder weniger geschlossen wie beim *Rotfuchs, Dachs* oder *Marder.*

Sehr anpassungsfähige Arten sind als sogenannte Kosmopoliten fast weltweit verbreitet. Andere, sehr eng an bestimmte Bedingungen angepaßte Arten sind auf kleine Räume beschränkt.

Im Zentrum des Areals werden die Ansprüche einer Art optimal und gleichmäßig erfüllt. Die Fortpflanzungsrate ist in der Regel größer als benötigt. In der Nähe der Arealgrenzen werden die Verhältnisse immer kritischer. Jenseits der Arealgrenze ist eine regelmäßige Fortpflanzung nicht mehr möglich. Herrscht im Inneren des Areals Bevölkerungsüberschuß und sind die Bedingungen im Bereich der Arealgrenze günstig, kann eine Art ihr Verbreitungsgebiet ausdehnen. Unter ungünstigen Bedingungen muß sie hier Gebiete aufgeben und ihren Arealrand gegen das Zentrum zurücknehmen.

Starke Schwankungen am Arealrand und stabile Verhältnisse im Arealinneren sind also normal. Das muß sinnvollerweise berücksichtigt werden, wenn wir etwa Bestandsänderungen oder Rückgangserscheinungen von Arten zu deuten versuchen.

So erkennen wir aus Abb. 7, daß neun von zehn teils als gefährdet geltenden „heimischen“ Entenarten Mitteleuropa tatsächlich nur mit dem Rand ihres Verbreitungsgebietes erreichen. Häufigkeitsänderungen sind bei ihnen also normal und anders zu betrachten als etwa bei der Stockente. Wenn wir uns zudem die Siedlungsgeschichte der einzelnen Arten ansehen, wird dies deutlich erkennbar:

Die *Krickente* ist ein häufiger Brutvogel der Wald- und Waldsteppenzone, etwas seltener der Wald- und Strauchtundra. Sie ist in Mitteleuropa trotz Lage am Rand des Verbreitungsgebietes relativ geringen Schwankungen unterworfen, zeigt aber in jüngerer Vergangenheit gebietsweise Rückgang.

Die *Löffelente* ist rund um die Arktis verbreitet und besiedelt vorwiegend kalt

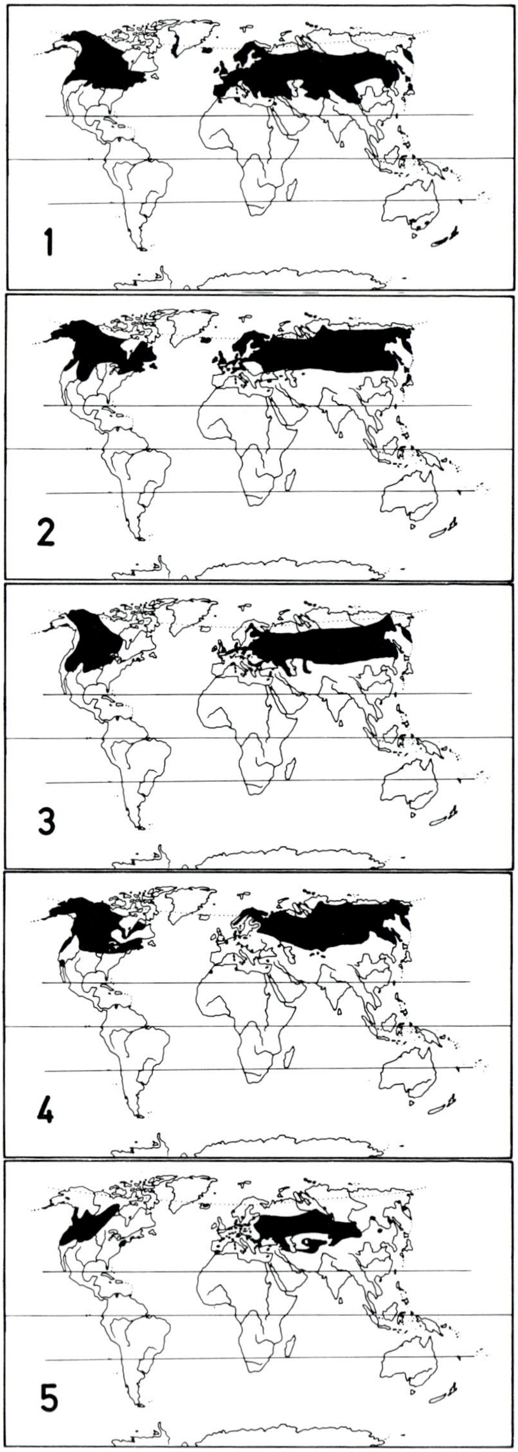

Abb. 7. Verbreitungsareale von 10 europäischen Entenarten: 1 = Stockente, 2 = Krickente, 3 = Löffelente, 4 = Spießente, 5 = Schnatterente, 6 = Tafelente, 7 = Reiherente, 8 = Moorente, 9 = Kolbenente, 10 = Knäkente.

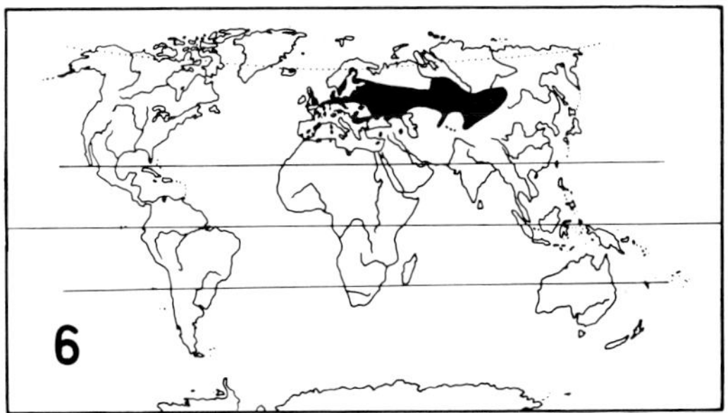

6

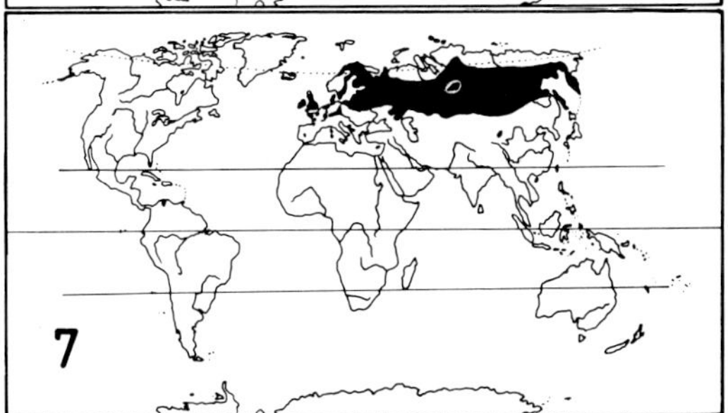

7

8

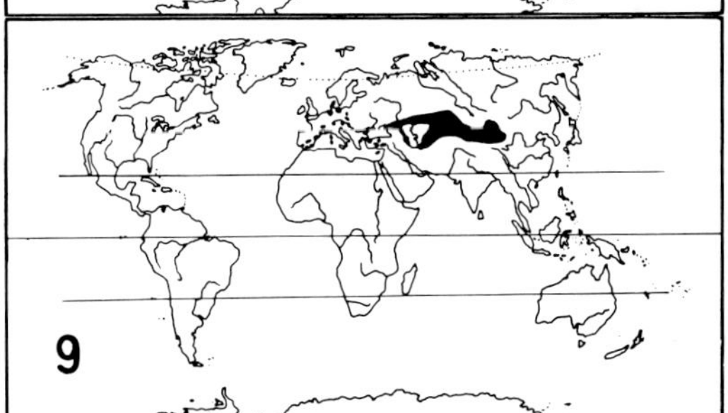

9

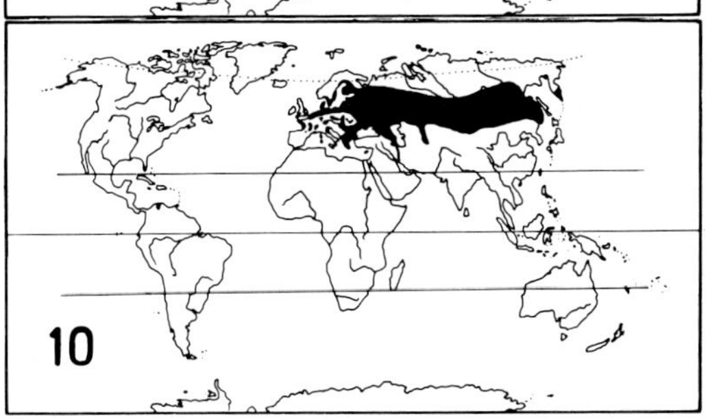

10

gemäßigte und gemäßigte Steppen- und Wüstenzonen. Sie zeigte seit der Jahrhundertwende bis in die 1950er Jahre Zunahme und Ausbreitungstendenz mit einer sehr ausgeprägten Ausdehnungswelle in den 1930er Jahren, in jüngerer Zeit lokale Rückgänge und lokale Zunahmen.

Die *Tafelente* besiedelt den südlichen Teil der Westpaläarktis (Europa) und hier vor allem die Steppenzone. In Mitteleuropa breitet sie sich langsam seit etwa 1850, in stärkerem Maß seit den 1950er Jahren aus. Ihre Entwicklung ist der der *Reiherente* vergleichbar. Diese ist hauptsächlich im nördlichen Teil des eurasischen Kontinents verbreitet, von der Waldtundra bis zum Südrand der Steppenzone. Sie breitet sich im Gebiet der Bundesrepublik Deutschland seit den 1930er Jahren und sehr stark seit den 1960er Jahren aus. Heute ist sie lokal die zweithäufigste Ente neben der *Stockente.*

Ähnliche Schwankungen lassen *Moorente, Kolbenente* und *Knäkente* erkennen, die alle drei vorwiegend in den asiatischen Halbwüsten und Steppen, die *Knäkente* in Waldsteppen und Steppen mit mittleren Juli-Temperaturen zwischen 16,1 und 27,8° C vorkommen. Die Schwankungen dieser Arten hängen offenbar wesentlich von Klimaereignissen im Hauptverbreitungsgebiet ab (bspw. Austrocknen der flachen Brutgewässer in Trockenzeiten); in bezug auf unser Gebiet verhalten sie sich fast wie Invasionsvögel. *Die Moorente* breitete sich Mitte des 19. Jahrhunderts sehr stark und lokal um die Jahrhundertwende aus; danach war eine rückläufige Tendenz selbst in geschlossenen Siedlungsgebieten zu erkennen. Inzwischen ist sie aus dem Gebiet der Bundesrepublik Deutschland weitgehend verschwunden. Die *Kolbenente* verschwand aus vielen Gebieten Ende des 19. Jahrhunderts, seit der Jahrhundertwende breitet sie sich wieder aus; diese Tendenz verstärkte sich in jüngster Zeit. Die *Knäkente* breitete sich Mitte des 19. Jahrhunderts vor allem im Norden aus; es wurde ein Rückgang bis zur Jahrhundertwende, ab etwa 1900 eine Zunahme mit verstärkter Ausbreitung in den

1920–1930er Jahren und seit den 1950er Jahren wieder eine rückläufige Tendenz beobachtet.

Der mitteleuropäische Arealrand der betrachteten Entenarten ist von zahlreichen Siedlungsinseln geprägt. Solche Verbreitungsgebilde können entstehen, wenn eine Art ihre Verbreitungsgrenze infolge sich verschlechternder Umweltbedingungen zurückverlegen muß. Dabei werden zunächst die nun weniger guten Räume aufgegeben. In besonders begünstigten Inselbereichen kann sich die Art länger halten, bis sie auch diese räumen muß.

Bei sich ausbreitenden Arten bietet sich allerdings dasselbe Bild. Jetzt werden besonders geeignete Flächen zuerst besetzt. Von ihnen aus erfolgt die flächige Verbreitung.

Eine andere Arealform zeigen Arten, die etwa nach der Eiszeit ihr geschlossenes Areal bis auf eine Reihe von Reliktflächen (Refugien) aufgeben mußten. Diese sind teilweise so weit voneinander getrennt, daß kein Genaustausch mehr stattfindet (*disjunkte Verbreitung*). Alle Voraussetzungen für die Bildung neuer Rassen oder Arten sind in derart isolierten Populationen gegeben.

Ein schönes Beispiel für disjunkte Verbreitung finden wir bei der Gams (Abb. 8). Ihr Areal ist in fast 100 Teilareale untergliedert, die mehr oder weniger voneinander isoliert sind und in denen bisher 10 Rassen unterschieden werden.

Habitate, Aktionsräume und *Reviere*

In einem geschlossenen Artareal sind die Verbreitungsgebiete von *Populationen* nicht gleichmäßig besiedelt. Vielmehr gliedern sie sich in Bereiche mit optimalen und solche mit weniger optimalen Umweltbedingungen sowie in Flächen, die eine Besiedlung nicht mehr zulassen.

Gebiete mit optimalen Umweltbedingungen für eine Art nennen wir Lebensraum (*Habitat*). Hier kommt sie in maximaler *Dichte* vor.

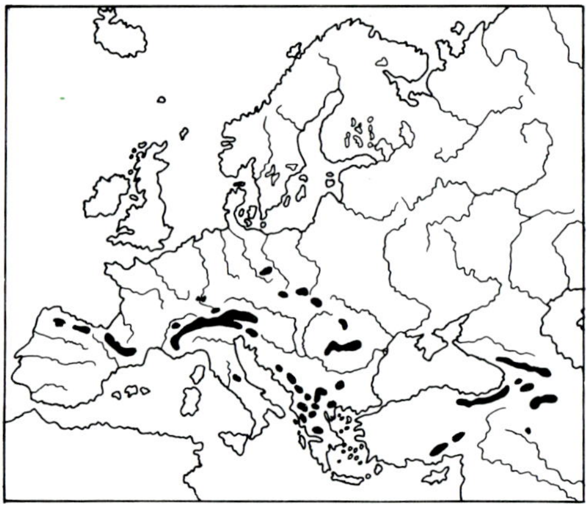

Abb. 8. Disjunktes Verbreitungsareal beim Gamswild.

Im Lauf des Jahres, bei manchen Arten im Lauf des Lebens, können auch unterschiedliche Habitate besiedelt werden.

So ziehen *Rothirsche*, die im Sommerhalbjahr bis zur Brunft im Gebirge die Region der Hochalmen und der Waldgrenze bewohnen, im Winter in weniger rauhe Talregionen.

Reiherenten, die zur Brutzeit selbst kleine Teiche besiedeln, versammeln sich im Winter in großer Zahl etwa am Bodensee, wo sie sich im Auslaufbereich des Rheins von Dreikantmuscheln usw. ernähren.

Libellen, Eintagsfliegen und andere Insekten leben ebenso wie *Lurche* (z. B. Frösche) als Larven in verschiedenen, für die einzelnen Arten typischen Gewässerformen, während sie als geschlechtsreife Tiere „ihre" Landhabitate besiedeln.

Innerhalb des Lebensraumes sind die einzelnen Tiere einer Art nicht beliebig verteilt.

Sie bewohnen einen bestimmten Heimbereich oder *Aktionsraum*. Teile dieses Gebietes werden von verschiedenen Individuen gemeinsam genutzt. Andere werden als Reviere oder Territorien gegen Artgenossen verteidigt.

Territoriales Verhalten ist jedem Naturfreund bei zahlreichen Tierarten geläufig.

Wer kennt nicht den *Amsel*hahn, der auf dem Hausdach jeden Morgen und jeden

Abend durch seinen Gesang sein Territorium bekannt macht, der alles um sich her zu vergessen scheint, wenn er mitten auf der Straße sich mit einem Eindringling erbitterte Raufereien liefert?

Der *Birkhahn* hat nicht das Problem des *Amselhahnes*, für sich, sein Weibchen und eine Brut hungriger Jungvögel ein für die Ernährung ausreichend großes Gebiet verteidigen zu müssen. Ihm reichen wenige Quadratmeter auf dem Balzplatz als Balzterritorium aus. Hat er den günstigsten Platz erobert und sich als der dominierende Hahn in Szene gesetzt, so kann er des Interesses der einfliegenden Henne sicher sein.

Nicht nur Männchen in Fortpflanzungsstimmung können gegen Artgenossen unverträglich sein.

So beanspruchen beim *Reh*wild neben den Böcken auch Geißen ein Territorium, z. B. den Bereich, in dem sie ihre Kitze setzen. Wenn überhaupt, dulden sie hier höchstens nahe verwandte Geißen und Schmalrehe. Häufig decken sich solche Gebiete allerdings mit denen territorialer Böcke, was ihnen die Anwesenheit anderer Böcke erspart.

Nun ist die Zahl der Reviere, die in einem Habitat besetzt werden können, naturgemäß begrenzt. Bei geringer Bevölkerungsdichte[1] können solche Territorien größer sein als unbedingt lebensnotwendig. Wenn die Dichte zunimmt, werden sie kleiner und enger. Irgendwann ist aber die Grenze erreicht.

Dann wird der Widerstand der Reviereigner gegen eine weitere Einengung größer als der Ansiedlungsdruck zuwandernder Tiere. Spätestens jetzt wird die Rolle der Territorialität für die Begrenzung der Bevölkerungsdichte deutlich.

Überzählige Tiere werden durch sie in weniger gute Bereiche abgedrängt oder zum Abwandern veranlaßt. Die abgedrängten Tiere spielen eine nicht geringe Rolle als „Bevölkerung in Abwartestellung“. Sie können als „Nachrücker“ allfällige Verluste sofort ausgleichen.

Als z. B. in Nordamerika in einem Birkwildbestand alle Balzhähne erlegt worden waren, verringerte sich im darauffolgenden Jahr die Zahl der balzenden Hähne nicht. Die Plätze der Erlegten wurden sofort aus dem Potential der Tiere in Abwartestellung aufgefüllt, von Hähnen also, die unter normalen Bedingungen noch keine Chance auf ein Revier gehabt hätten.

Ein solcher Verlustausgleich ist natürlich nur in „gesunden“ Populationen möglich.

Schließlich ist der Umfang der Territorien hauptsächlich von der Qualität des Lebensraumes abhängig: guter Lebensraum – kleinere Reviere – große Dichte! Territorialität und Lebensraumqualität beeinflussen die Populationsdichte einer Art also ganz wesentlich. Neben ihnen gibt es aber noch andere wichtige Einflüsse.

1.1.2.3 Änderungen von Individuendichte und deren Gründe (Populationsdynamik)

Die Vermehrungsrate

In der Fachliteratur werden im allgemeinen zwei Ziffern angegeben, zwischen denen sich die Jungenzahlen pro Aufzucht normalerweise bewegen:

Stockente	8–14 Eier,	1 Brut, bei Verlust Nachgelege
Birkhuhn	6–10 Eier,	1 Brut
Hase	2– 4 Junge,	setzt 3–4mal pro Jahr
Reh	1– 3 Junge,	setzt 1mal pro Jahr

Tatsächlich ist das Ganze meist etwas komplizierter. Die *Stockente*, die ein erstes oder gar ein zweites Nachgelege zeitigen muß, legt nicht 14, meist auch nicht 8, sondern vielleicht nur noch 4 Eier. Die Küken

[1] Diese Bezeichnung entspricht etwa den Begriffen *Abundanz* und *Individuendichte*, die für die Individuenzahl pro Einheit (z. B. ha) der Habitatfläche gebraucht werden.

aus einem späteren Nachgelege haben möglicherweise noch keine ausreichende Kondition, um einen frühen Wintereinbruch zu überstehen. Die Gelegegröße eines jungen Weibchens ist meist geringer als die eines älteren. Seine Unerfahrenheit führt zu höheren Verlusten, die Zahl der Nachgelege könnte bei jungen Weibchen größer sein. Nahrungsangebot und Siedlungsdichte spielen eine große Rolle.

So wird bei vielen Arten die Jungenzahl vom vorhandenen Nahrungsangebot bestimmt.

Ein drastisches Beispiel hierfür sind unsere Eulen.

Der männliche *Raufußkauz* etwa sammelt in Baumhöhlen einen Vorrat von Mäusen an. Das Weibchen legt überhaupt nur Eier, wenn ein entsprechend großer Mausvorrat zusammenkommt. Ist das Mäuseangebot so gering, daß sich die Altvögel gerade selbst ernähren können, dann ist eine Vorratshaltung nicht möglich. In diesem Fall könnten sicher keine Jungen ernährt werden. Deshalb werden auch gar nicht erst Eier gelegt. Ein Versuch dem Nahrungsmangel zum Trotz würde ja unnötig Energie kosten und Nährstoffe verschwenden.

Andererseits kann die Ausdünnung der Siedlungsdichte zu ungeahnten Fortpflanzungsleistungen führen.

In strengen Wintern kann der *Eisvogel* Verluste erleiden. Es ist bekannt, daß diese in verhältnismäßig wenigen Jahren wieder wettgemacht werden. Dies ist möglich, indem er die für die Jungenaufzucht geeignete Jahreszeit maximal ausnutzt und nicht nur einmal, sondern gleich mehrmals brütet und Junge aufzieht. Die Eier für die nächste Brut werden in diesem Fall schon wieder gelegt, solange die vorherige noch in der Höhle versorgt werden muß.

Eine nordeuropäische *Meise* legt im Durchschnitt mehr Eier ins Nest als ihre Artgenossin im Süden. Auch das ist eine Anpassung an höhere Verluste. Sie ist möglich, weil hier im Sommer die Tage länger sind und das Insektenangebot größer ist. Das erlaubt die Ernährung eines zahlreicheren Nachwuchses.

Die am Beispiel von Vögeln beschriebene Veränderlichkeit der Fortpflanzungsrate ist auch bei unserem jagdbaren Wild zu beobachten. In einer stärker bejagten Rehwildpopulation erreichen Jungtiere die Geschlechtsreife früher und es werden im Durchschnitt pro Satz mehr Kitze gesetzt.

Theoretische Formen des Populationswachstums und Biotopkapazität

Wie hoch die Fortpflanzungsleistung der meisten Tierarten ist, läßt sich aus der Konstruktion eines ungestörten Populationswachstums (*exponentielles Wachstum*) erkennen. Ihm soll nur eine mittlere Fortpflanzungsleistung zugrunde gelegt werden (Abb. 9).

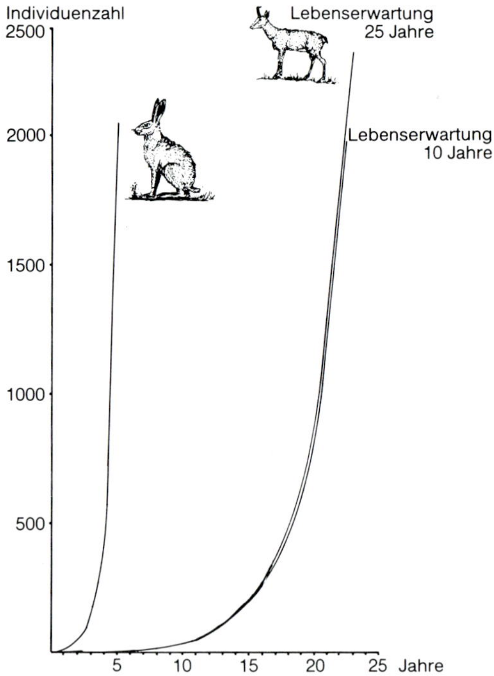

Abb. 9. Ungestörtes (exponentielles) Wachstum bei Feldhase und Gams. Auch wenn man der Gams nur eine Lebenserwartung von 10 statt 25 Jahren zubilligt, ändert sich der Kurvenverlauf kaum.

Wenn wir z. B. beim *Feldhasen* pro Jahr auch nur 2 Sätze mit je 3 Jungen annehmen, würde sich der Bestand aus einem Hasen„paar" in nur 5 Jahren vertausendfachen:

Tabelle 1: Theoretisches exponentielles Wachstum beim Feldhasen

Jahr	Fortpflanzungsfähige Hasen	Junghasen	Bestand
1.	2	6	8
2.	8	24	32
3.	32	96	128
4.	128	384	512
5.	512	1536	2048

Bei einer Wildart mit geringer Fortpflanzungsrate würde diese Entwicklung mit einiger Verzögerung in der Anlaufphase gleich verlaufen.

Nehmen wir als Beispiel die *Gams*, die nur ein Junges pro Jahr setzt, das zudem erst im dritten Jahr geschlechtsreif wird. In diesem Fall würde es fünf Jahre dauern, bis der Bestand auch nur auf die vierfache Größe angewachsen wäre. Nach weiteren fünf Jahren wäre er 20mal so groß, und nach 23 Jahren hätte er sich vertausendfacht. Da die *Gams* 15 bis 20, maximal 25 Jahre alt werden kann, läge dieser Zeitraum im Rahmen einer Lebensdauer des ersten Paares. Selbst wenn wir nur von einem erreichbaren Alter von 10 Jahren ausgehen, verliefe diese Entwicklung annähernd gleich.

Dieser theoretisch berechnete Wachstumsverlauf kann allerdings in Ausnahmefällen tatsächlich vorkommen – die menschliche Population ist ein Beispiel hierfür.

Da aber diese Entwicklung sehr rasch ins Unendliche führen würde, die Ressourcen in jedem Lebensraum hingegen begrenzt sind, kann ein solches Wachstum nicht lange anhalten, ohne daß es zur Katastrophe führt.

Unter normalen Umständen wird es soweit gar nicht erst kommen.

Die Grenze des Fassungsvermögens eines Lebensraumes (Biotopkapazität) wird nicht unvermittelt erreicht.

Wesentlich früher beginnt es immer schwieriger zu werden, optimale Nahrung zu finden; auch ist es mit viel Aufwand verbunden, ein Territorium in einem optimalen Lebensraumabschnitt zu erkämpfen. Das weniger starke Individuum gibt sich mit weniger geeigneten Räumen zufrieden. All diese Erschwernisse, die sich mit zunehmender Dichte und Annäherung an die Kapazitätsgrenze verstärken, führen dazu, daß einzelne Tiere früher sterben, leichter von Räubern erbeutet werden, daß die Vermehrungsrate herabgesetzt wird.

Tabelle 2: Theoretisches exponentielles Wachstum bei der Gams ohne Verluste durch Alterssterblichkeit und bei angenommener Lebensdauer von 10 Jahren

Jahr	Fortpflanzungsfähige Gemsen	Junggemsen		Gesamtbestand	Bestand bei Lebensdauer 10 Jahre
		1. Jahr	2. Jahr		
1.	2	1	–	3	3
2.	2	1	1	4	4
3.	3	1	1	5	5
4.	4	2	1	7	7
5.	5	2	2	9	9
10.	22	11	8	41	41
15.	104	52	38	194	189
20.	494	247	181	922	900
23.	1259	629	461	2394	2293

Erinnern wir uns an das Beispiel des Birkwildbestandes, in dem nach dem Erlegen aller Balzhähne im nächsten Jahr trotzdem alle Balzreviere durch Junghähne besetzt waren. Dieselbe Untersuchung wies auch nach, daß die besten Balzterritorien jeweils von dominierenden älteren Hähnen, weniger gute Reviere von etwas schwächeren Hähnen besetzt waren. Junghähne mußten sich, soweit sie überhaupt in Erscheinung traten, mit randlichen, wenig geeigneten Territorien zufrieden geben. Die Hennen wandten sich zudem ganz überwiegend den Hähnen in optimalen Territorien zu. Unter den randlichen Hähnen war die Verlustquote sehr viel größer als unter den Hähnen in guten Territorien.

Da im Bereich der Biotopkapazität der Gegendruck schnell zunimmt, wird das Wachstum abgebremst.

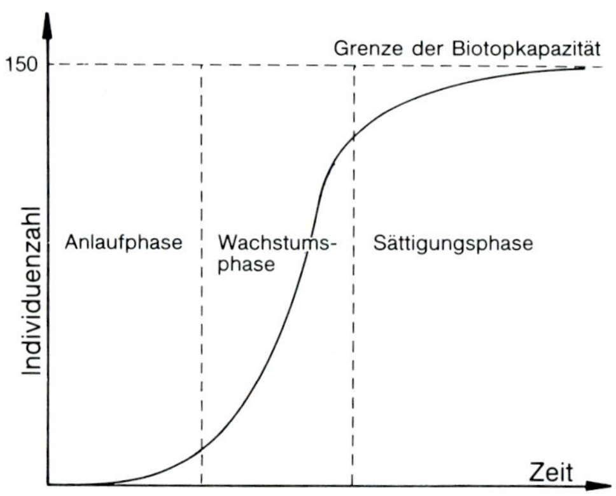

Abb. 10. S-Kurve eines „gebremsten" Wachstums (logistisches Wachstum). Die Populationsgröße wird durch die Biotopkapazität begrenzt.

Die Kurvendarstellung einer solchen Bestandsentwicklung nimmt einen S-fömigen Verlauf (*logistisches Wachstum*) (Abb. 10). Wie beim exponentiellen Wachstum lassen sich hier eine flache, d.h. langsame Anlaufphase, eine immer steiler werdende Phase starker Vermehrung, dann aber im Gegensatz dazu eine sich abflachende und der Kapazitätsgrenze sich langsam nähernde Sättigungsphase unterscheiden.

Sterblichkeit (Mortalität) verhindert ein unbegrenztes Wachstum

Das Beispiel der *Gams* (Abb. 9) zeigte, daß das Wachstum durch die altersbedingte Sterblichkeit praktisch nicht gebremst wird.

Wesentlich wirksamer ist die Sterblichkeit, die durch Krankheiten, Räuber, Konkurrenz, Nahrungsmangel und Witterungseinflüsse verursacht wird.

Sie läßt die allermeisten Tiere auch nicht annähernd das mögliche Höchstalter erreichen.

In der Regel schlägt der Tod sehr viel früher zu. Das ist tagtäglich leicht zu beobachten. Wer hat noch keine Meise dabei beobachtet, wie sie eine Schmetterlingsraupe aus dem Blattwerk pickte, aus der dann kein Schmetterling werden konnte? Wer hat noch nie registriert, daß in der Zeit, in der die meisten Jungvögel flugfähig werden, die Vogelleichen entlang von Straßen zunehmen?

Die Sterblichkeit in einer Population kann sehr verschiedene Gründe haben.

Unterschiedliche „*Mortalitätsfaktoren*" brauchen sich in ihrer Wirkung dennoch nicht zu verstärken. Diese können sich sogar gegenseitig aufheben (*Kompensatorische Sterblichkeit*).

Wird die Dichte einer Population z. B. durch Räuber verringert, so wird dadurch möglicherweise der Ausbruch einer Krankheit mit ähnlich hohem Verlust vermieden. Die Dezimierung einer Population durch Räuber oder Krankheit im Herbst kann für die überlebenden Tiere bedeuten, daß das Nahrungsangebot für sie im Winter ausreicht und Verluste wegen Nahrungsmangel ausbleiben.

Ausmaß und Zeitpunkt besonders hoher Sterblichkeit können durchaus zum Problem für eine Population werden. Das erleben wir gerade heute oft genug.

In einer ohnehin stark angeschlagenen Birkwildpopulation etwa, die über keine Populationsreserve mehr verfügt, wiegt der Verlust jedes alten, erfahrenen Tieres schwer und kann kaum ausgeglichen werden. Bei der Birkhenne liegt die „verletzlichste" Zeit in der Brut. Der Fuchs kann sie dann auf den Eiern überraschen. In den kurzen Spannen, in denen sie das Gelege verläßt, um schnell die nötigste Nahrung aufzunehmen, ist sie vielleicht nicht aufmerksam genug, um dem Habicht zu entgehen. Diese Sterblichkeit betrifft bei hohem Räuberdruck auch die erfahreneren fortpflanzungsfähigen Tiere der Population. Ein solcher Verlust ist wesentlich schlimmer, als wenn während der Abwesenheit der Henne eine Rabenkrähe das Gelege ausstechen würde; er ist auch folgenreicher als der Verlust einer jungen Henne in ihrem ersten Herbst. Die erfahrene Henne könnte im nächsten Jahr vielleicht unter relativ ungünstigen Bedingungen noch Junge aufziehen, was einer Junghenne mangels Erfahrung nicht gelingen würde.

Die Altersstruktur – ein wichtiger Zeiger für den Zustand von Populationen

Durch Markierung von vielerlei Tierarten etwa durch Vogelringe und entsprechende Rückmeldung war es möglich, den *Altersaufbau* von Populationen sowie die Zeiten größter Sterblichkeit genauer zu umreißen. Die Ergebnisse sind in verschiedener Hinsicht ökologisch bedeutsam.

Aus der „Alterskurve" einer Art (Abb. 11) ergibt sich, daß die Sterblichkeit unter Jungtieren am höchsten ist. Bei vielen Tierarten wird nicht einmal die Hälfte der Neugeborenen 1 Jahr alt.

Sie sterben also, ohne sich fortgepflanzt zu haben. Das ist nun aber keine Katastrophe, sondern unbedingt sinnvoll.

Fortpflanzung bedeutet ja nicht etwa „Vermehrung", sondern vielmehr Neukombination des vorhandenen Erbmaterials.

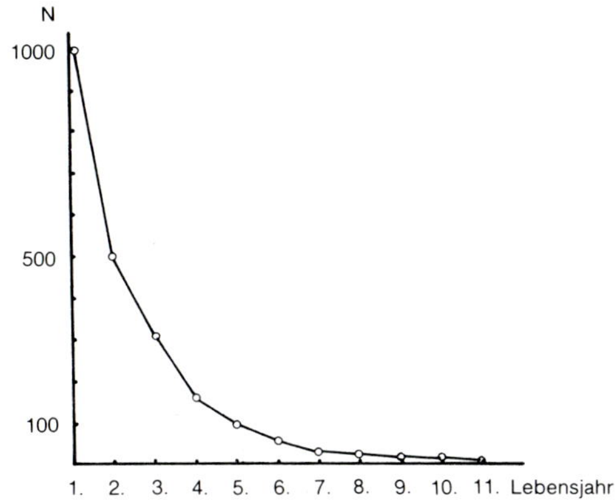

Abb. 11. Altersaufbau einer Rabenkrähenpopulation; nur 50% der Tiere vollenden das 1. Lebensjahr und sehr wenige erreichen das physiologische Höchstalter (aus *Kalchreuther* 1984).

Durch diese immerwährende Neukombination werden Formen hervorgebracht, die die Lebensnische ebenso gut wie die Eltern ausfüllen können. Andere haben eine größere Fähigkeit, sich an inzwischen etwas veränderte Bedingungen anzupassen. Wieder andere sind für die herrschenden Bedingungen ungeeignet. Die am besten angepaßten Nachkommen werden überleben. Die meisten anderen werden früher oder später sterben.

Bei einer sehr hohen Fortpflanzungsrate ist nicht nur die Anpassungsfähigkeit der Art, sondern auch die „Frühsterblichkeit" am höchsten. Die *Gams,* die im Jahr nur ein Junges zur Welt bringt, das zudem behütet aufwächst, bevor es erst im dritten Jahr wieder selbst ein Junges zur Welt bringen kann, ist mehr auf dessen Überleben zur Erhaltung der Art angewiesen als der Hase auf das Überleben eines seiner Jungen aus je drei Sätzen pro Jahr. Aber während sich zwei der nur 39 Nachkommen, die eine Gams im Lauf eines zehnjährigen Lebens zur Welt bringt, fortpflanzen müssen, wenn der Bestand gleichbleiben soll, sind es ebenfalls nur zwei der 2046 Nachkommen einer fünfjährigen Häsin.

Diese „Verschwendung" darf nicht nur unter dem Aspekt des Verlustes zahlreicher Individuen gesehen werden. Tatsächlich ist sie ja Voraussetzung für die Bildung von Lebensgemeinschaften, für die Nutzung von Pflanzen und Tieren durch Tier und Mensch (Bsp. Jagd).

Das normale *Geschlechterverhältnis* liegt bei den meisten Arten bei 1 : 1.

Dieses Verhältnis kann sich durch eine für die beiden Geschlechter unterschiedliche Sterblichkeit verschieben. Oft geht dies zu Lasten der Männchen. Aber eine höhere Männchensterblichkeit ist dadurch auszugleichen, daß die verbleibenden mehrere Weibchen begatten können.

Die Verringerung des Weibchenanteiles ist dagegen häufig ein erstes Alarmzeichen für den Zustand der Population.

Die *Altersstruktur* einer Population ergibt sich aus der Unterscheidung von drei Altersstadien, der Entwicklungsphase (bis zum Erreichen der sexuellen Reife), der Fortpflanzungsphase (bis zur letzten Fortpflanzung) und der Altersphase (endet mit dem Tod). Aus dem Zahlenverhältnis, in dem Tiere dieser drei Stadien in der Population vorhanden sind, kann ihr Zustand abgelesen werden (Abb. 12).

Eine pyramidenförmige Altersverteilung bedeutet also einen hohen Anteil an jungen Individuen und ist charakteristisch für eine stark wachsende Population. In einer stationären Population ist die Altersverteilung ziemlich gleichmäßig. Ein hoher Anteil alter Individuen ist dagegen in schrumpfenden Populationen festzustellen.

Populationsschwankungen und ihre Gründe

Die in Abb. 10 dargestellte gleichmäßige Annäherung des Kurvenverlaufs an die Kapazitätsgrenze des Lebensraumes kommt in der Natur kaum vor. Tatsächlich schwingt die Population um diesen Grenzwert. Die Schwingungen können im jahreszeitlichen Wechsel erfolgen (*Oszillation*). So erreicht die Population zu Beginn der

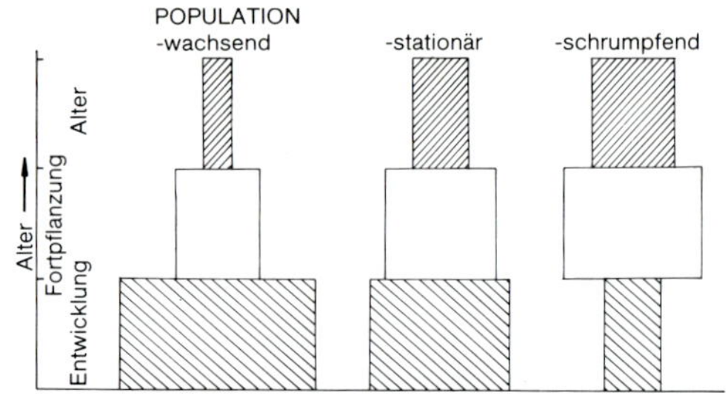

Abb. 12. Grundformen des Altersaufbaus in Populationen.

Fortpflanzungsperiode einen Tiefpunkt, Ende des Sommers mit dem erfolgreich aufgezogenen Nachwuchs dagegen ein Maximum. In regelmäßigen oder unregelmäßigen Abständen können auch starke Schwankungen auftreten, wie sie vor allem bei vielen nordischen Tieren bekannt sind (Fluktuation). Birkhühner, Schneehühner und Auerwild zeigen im Norden stärkere Fluktuationen als etwa in Mitteleuropa. Geradezu legendär sind die Bestandsschwankungen des Lemmings, mit ihnen verknüpft sind die der Schnee-Eule. Extreme Massenvermehrungen (Gradationen) wie die beim Lemming erleben wir in unseren Breiten in geringerem Maß etwa bei der Feldmaus.

Aber auch die Höhe der Kapazität eines Lebensraumes ist nicht starr, sondern kann sich von Jahr zu Jahr oder auch innerhalb eines Jahres verändern. Wie sich Tiere darauf einstellen können, erfuhren wir am Beispiel des Rauhfußkauzes. Häufig ergibt sich aber die Situation, daß Populationen die vorhandene Kapazität übersteigen. Je drastischer dies geschieht, desto drastischer erfolgt auch der Rückgang unter diese Grenze. Im Fall der Massenvermehrung von Lemming oder Feldmaus brechen die hohen Populationsdichten schlagartig innerhalb kurzer Zeit zusammen. Mehrere Gründe sind für dieses „Zurückholen" unter die ökologisch sinnvolle Grenze verantwortlich. Es gibt zwei Gruppen:

Eine umfaßt Faktoren, die unabhängig von der herrschenden Populationsdichte wirken (*dichteunabhängige Faktoren*).

Zu ihnen gehören z. B. Witterungseinflüsse und die Nahrungsqualität (beeinflußt auch die Fruchtbarkeit). Auch Räuber, die nicht auf eine oder wenige Beutetierarten spezialisiert sind und von deren Dichte abhängen, wirken so.

Die zweite Gruppe wirkt dagegen um so stärker, je höher die Dichte einer Population ist (*dichteabhängige Faktoren*).

Einer dieser Gründe ist die innerartliche Konkurrenz (*intraspezifische Konkurrenz*), ein anderer der sogenannte *Kollisionseffekt*. Er ergibt sich, wenn bei zunehmender Dichte territoriale Tiere immer häufiger aufeinandertreffen, bis sie sich, vermenschlichend ausgedrückt, ununterbrochen „auf die Nerven" gehen. Das bewirkt Aggressivität, Stress und in der Folge Verschlechterung der Konstitution, höhere Anfälligkeit gegen Krankheiten und Ausbleiben der Fortpflanzung. Ein weiterer Faktor ist die wegen zu hoher Dichte *selbst bewirkte Umweltveränderung*. Denken wir dabei nur an die zwangsläufige Übernutzung des Nahrungsangebotes und nennen das Reizwort „Verbißbelastung". Ein wichtiger Grund ist auch die Dichte von *spezialisierten Räubern*, ebenso die Wirkung übertragbarer *Parasiten* oder die von *Kontaktkrankheiten*. Erst in sehr dichten Populationen können sie zur Epidemie werden.

Konkurrenz und Kollisionseffekt wirken sich nicht nur durch eine erhöhte Sterblichkeit (und verringerte Fortpflanzung) aus. Sie sind vor allem Motor für die Ortsveränderung von Tieren.

Aus der Streß-Situation etwa von Lemmingen ergibt sich die „verständliche" Reaktion „nur weg von hier", die zu den berühmten Massenwanderungen führt. Aber auch jugendliche Ausbreitungsphasen werden letztlich durch erhöhten *Populationsdruck* bewirkt. Sie ermöglichen die Ausdehnung des Arealrandes, mitunter auch das Halten von Gebieten, die unter normalen Fortpflanzungsbedingungen nicht besiedelt würden. Schließlich hat auch das Wander- und Zugverhalten von Säugern und Vögeln in diesen Zusammenhängen seinen „Beweg"grund. Die im Sommer mögliche Dichte vor allem der Insektenfresser unter den Vögeln weicht letztendlich nur dem Nahrungstief (starkes Herabsetzen der Kapazitätsgrenze) im Winter nach Afrika aus.

1.2 Von der Art zur Lebensgemeinschaft

Aus dem bisher Gesagten geht hervor, daß man eine Art nicht isoliert betrachten kann. Dazu sind die Wechselbeziehungen zwischen den verschiedenen Arten einer Lebensgemeinschaft einfach zu eng. Mit den Verflechtungen innerhalb der Lebensgemeinschaften (Biozönosen) und der Lebensgemeinschaften mit ihrer Umwelt befaßt sich die Ökologie der Lebensgemeinschaften (Synökologie).

1.2.1 Fressen und gefressen werden – das Prinzip der Nahrungsketten

Uns allen ist das Prinzip des Fressens und Gefressen-Werdens in der Natur bekannt. Die Pflanze wird vom Hasen, der Hase vom Fuchs gefressen und der wiederum kann vom Steinadler geschlagen werden. Wir können in Lebensgemeinschaften zahlreiche Ernährungsreihen dieser Art entdekken.

Am Beginn jeder *Nahrungskette* stehen die grünen Pflanzen (Abb. 13). Ihnen allein ist es möglich, die Energie des Sonnenlichtes zu nutzen und verfügbar zu machen, indem sie aus Kohlendioxid (Co_2) und Wasser energiereiche Verbindungen (Traubenzucker) aufbauen und dabei Sauerstoff abgeben. Wir können sie deshalb als die „*Produzenten*" der Lebensgemeinschaft bezeichnen. Einen Teil der energiereichen Stoffe verbrauchen die Pflanzen wieder, um Energie für die eigenen Lebensvorgänge zu gewinnen. Einen anderen Teil bauen sie beispielsweise in arttypische or-

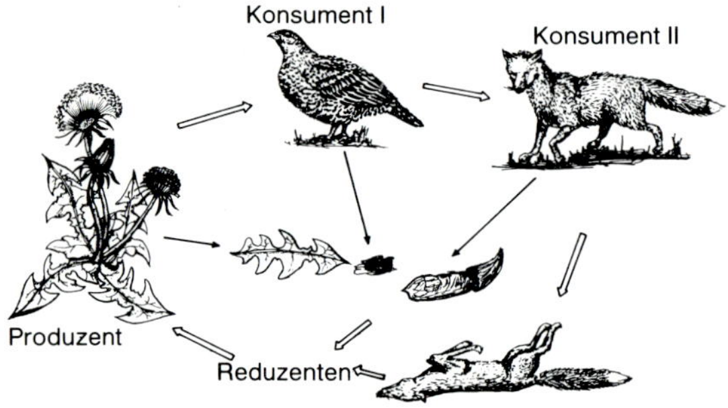

Abb. 13. Beispiel einer Nahrungskette. Die Abbauorganismen schließen den Kreislauf der Stoffe.

ganische Verbindungen um, die sie für ihr Wachstum und die Erneuerung ihrer Zellen benötigen und aus denen sie Samen bilden. Diese Gewebe dienen den *Pflanzenfressern* (*Konsumenten I. Ordnung*) als Nahrung. Pflanzenfresser setzen mit Hilfe von Sauerstoff und unter Abgabe von Kohlendioxid wiederum einen Teil der Energie für die Lebensvorgänge frei und bauen einen anderen Teil der Stoffe in körpereigene Substanz um. Sie können von *Fleischfressern* (*Konsumenten II. Ordnung*) und diese von Fleischfressern höherer Ordnung (*Konsumenten III. Ordnung*) verspeist werden, die jeweils einen Teil der Energie für ihre Lebensvorgänge verbrauchen und einen Teil der Stoffe zum Aufbau von Gewebe usw. benötigen.

Die letzten Glieder solcher Nahrungsketten sind meist sehr kleine Abbauorganismen wie Bakterien und Pilze (Destruenten, Reduzenten). Sie verwerten sowohl Ausscheidungen wie auch abgestorbene Lebewesen. Diese werden dabei vollends zu den Ausgangsstoffen abgebaut; die gebundene Energiemenge ist damit aufgebraucht (Abb. 14).

1.2.1.1 Vom Energiefluß durch die Nahrungsketten

Pflanzen produzieren mit Hilfe des Sonnenlichts energiereiche organische Stoffe. Diese werden im Verlauf der Nahrungskette weitergegeben und umgebaut, die Energie wird teils verbraucht, teils weitergegeben.

Energie fließt also auf einem *Einbahnweg* durch die Glieder von Nahrungsketten hindurch.

Bei jeder Weitergabe geht allerdings ein großer Teil (80–90%) als Wärme verloren (Abb. 15). Die mögliche Anzahl der Glieder von Nahrungsketten ist deshalb begrenzt.

In Ausnahmefällen werden abgestorbene Lebewesen nicht völlig abgebaut. Der Energiefluß wird dann unterbrochen, die Energie nicht aufgebraucht. Sie wird heute teilweise vom Menschen als Energie aus fossilen Brennstoffen ausgenutzt.

Alle Energie, die wir aus Torf, Kohle, Öl wie auch aus Holz gewinnen, ist letzten Endes von Pflanzen verfügbar gemachte Strahlungsenergie der Sonne.

Einige uns eigentlich geläufige Eigenschaften von Nahrungsketten lassen sich aus dem Einbahnweg der Energie erklären:

1. Anzahl und Gesamtgewicht der Lebewesen nehmen in einer Nahrungskette von Stufe zu Stufe ab (Abb. 16).

In gleicher Richtung wird der Energiestrom spärlicher. Jede Stufe einer Nahrungskette gründet auf der Nahrungsbasis, die die vorhergehende bieten kann. Diese Basis muß zwangsläufig breiter sein als die nachfolgende Stufe. Eine Maus benötigt eine beträchtliche Pflanzenmasse, um leben und sich fortpflanzen zu können. Der Bussard, der pro Tag 10 Mäuse frißt, setzt also schon die 10fache Pflanzenmasse voraus, um seinen Stoff- und Energiehaushalt decken zu können. Gipfelraubtiere von Nahrungsketten sind in Lebensgemeinschaften nur noch in sehr geringer Zahl tragbar.

Die größten Landtiere wie etwa Elefant, Nashorn, Nilpferd sind bekanntlich Pflanzenfresser. Solche Körpergrößen sind nur bei Tieren denkbar, die den „Energietopf" dort nutzen, wo er am größten ist, also auf der Stufe der „Produzenten".

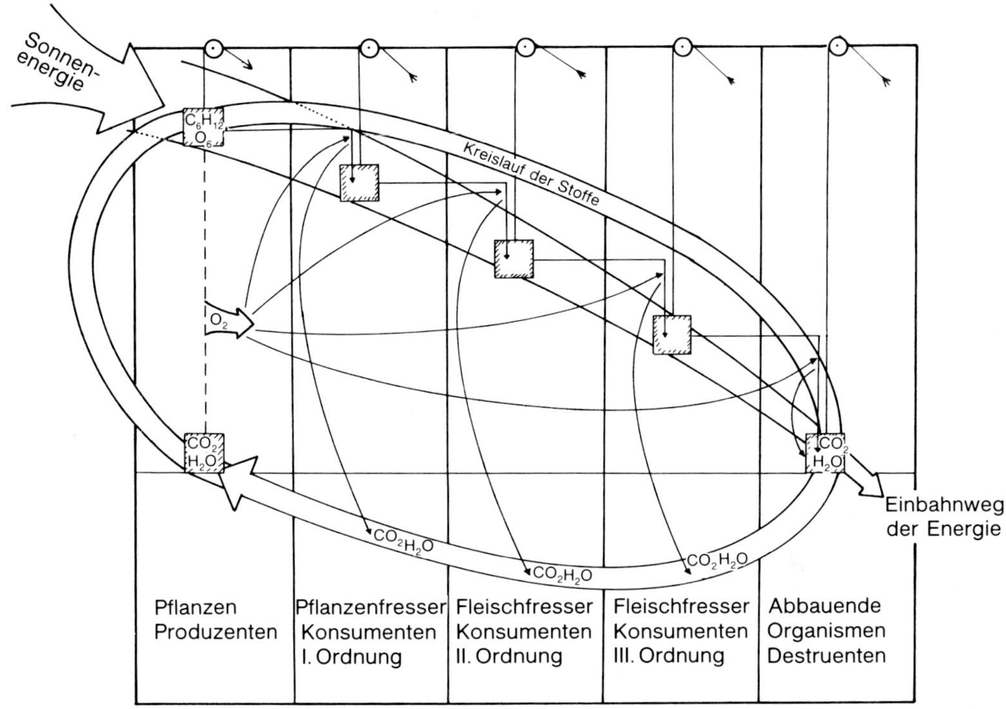

Abb. 14. Prinzip von Stoffkreislauf und Energie-Einbahnweg in einer Nahrungskette. Der Vergleich mit einer Standuhr drängt sich auf. Mit dem Hochziehen der Gewichte wird verfügbare Energie gespeichert, die nach und nach durch den Kreislauf des Uhrwerkes aufgebraucht wird. Das „Aufziehen" indessen besorgt in der Natur die Pflanze, indem sie Sonnenenergie verfügbar macht.

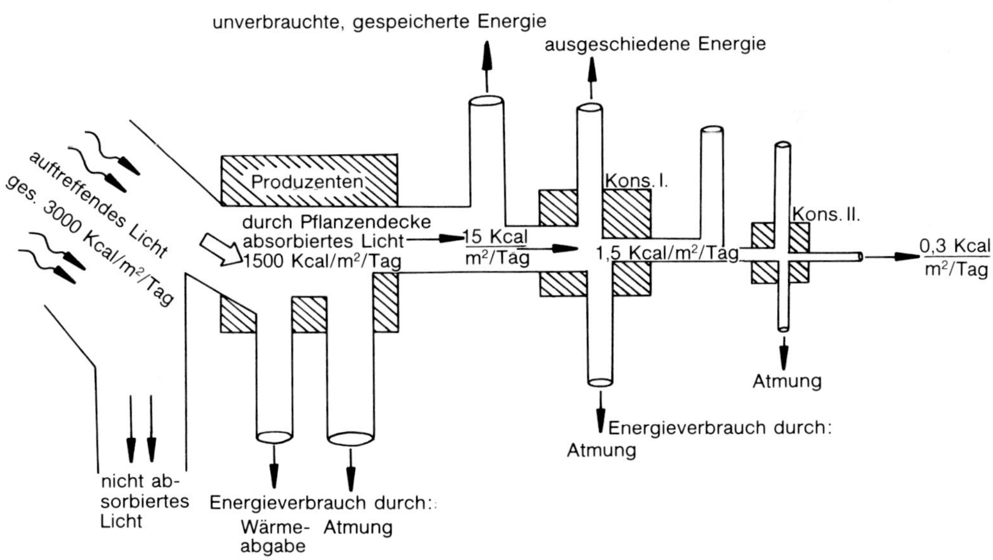

Abb. 15. Vereinfachtes Energieflußdiagramm in einer dreigliedrigen Nahrungskette. Die Zahlen geben an, wieviel Energie an den Übergangsstellen zwischen den einzelnen Gliedern verloren geht (nach *Odum* 1980).

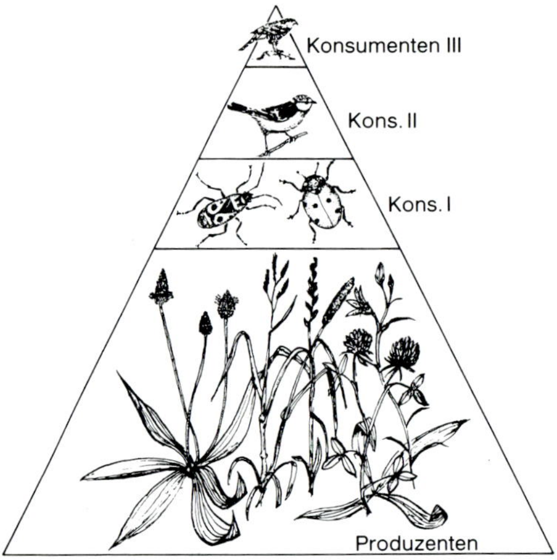

Abb. 16. Die Zahlenpyramide einer Nahrungskette besagt, daß Individuenmenge und wohl auch Biomasse von Stufe zu Stufe abnehmen müssen (*Elton* 1927).

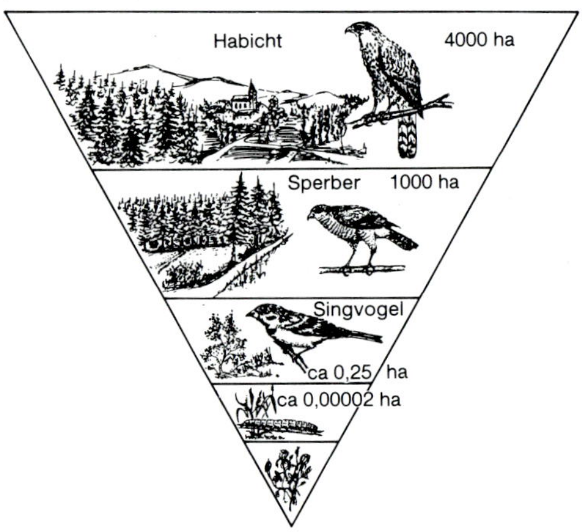

Abb. 17. Verkehrte Biotoppyramide; je höher die Ernährungsstufe in der Nahrungs- (Zahlen-)pyramide, desto größer sind der von den Gliedern eingenommene Raum und die Zahl der besuchten Biotope (nach *Elton* 1927).

2. Fläche und Zahl der Biotope, die beansprucht werden, nehmen bei Gliedern von Nahrungsketten von Stufe zu Stufe zu (Abb. 17).

Bis der Lebensunterhalt eines Steinmarders sichergestellt ist, müssen sehr viel mehr Pflanzen verzehrt werden als von einem Bisam vergleichbarer Größe, der sich direkt von Pflanzen ernährt. Der Marder muß deshalb seinen Nahrungserwerb auf eine viel größere Fläche verteilen.

3. Die Körpergröße nimmt im allgemeinen von Stufe zu Stufe einer Nahrungskette zu (Abb. 18).

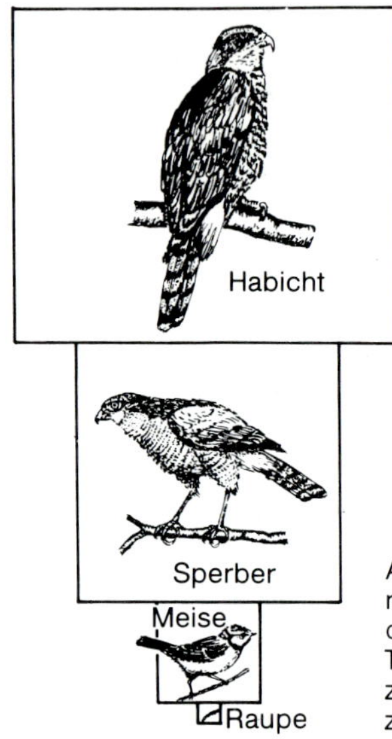

Abb. 18. In Nahrungsketten nimmt die Körpergröße der Tiere vom ersten bis zum letzten Glied zu.

Eine Meise ist größer als die Schmetterlingsraupe, der Sperber größer als die Meise, der Habicht größer als der Sperber. Jedes von ihnen muß mit möglichst geringem Energieaufwand die von Stufe zu Stufe größer werdenden Räume bejagen und die Beute bewältigen können.

1.2.1.2 Über den Kreislauf der Stoffe

Energie ist in Form von Sonnenstrahlung täglich verfügbar. Lebenswichtige Stoffe sind dagegen nur begrenzt vorhanden. Sie werden deshalb in Form eines *Stoffkreislaufs* immer wieder verwendet (Abb. 14).

Pflanzen bauen mit Hilfe der Sonnenenergie aus bestimmten Ausgangsstoffen energiereiche Verbindungen auf. Wenn in Pflanzen und Tieren daraus wieder Energie freigesetzt und verbraucht wird, läuft die Reaktion in entgegengesetzter Richtung. Die Ausgangsstoffe werden wieder frei und sind den Pflanzen erneut verfügbar.

Anders verhält es sich mit manchen Fremdstoffen. Auch sie werden von Pflanzen aufgenommen, ohne daß diese oder die nachfolgenden Organismen etwas mit ihnen anfangen könnten.

Sie werden teilweise im Körper deponiert (meist in Vorrats-/Fettgewebe). Solche Stoffe können ganz einfach Ballast darstellen. Es kann sich aber auch um Giftstoffe handeln.

In dem Maß, wie Tiere der aufeinanderfolgenden Ernährungsstufen immer größere Mengen an Pflanzenmasse benötigen, reichern sich in der Pflanze enthaltene Giftstoffe immer mehr an.

Wie gefährlich und folgenschwer solche Anreicherungen sein können, wissen wir seit langer Zeit.

Bereits in den 1950er Jahren entdeckte man in den USA ein Massensterben unter einer Lappentaucherart. Als Grund wurde die Verwendung von DDT (einem Insektenvertilgungsmittel) festgestellt. Bereits im pflanzlichen Plankton hatte es sich auf die 250fache der im Wasser festgestellten Höchstmenge konzentriert. In planktonfressenden Fischen wurde die 2000–15 000fache Menge, in fischfressenden Fischen die bis zu 125 000fache Konzentration festgestellt. Die Taucherart, die sich als Endkonsument von diesen Fischen ernährte, starb an akuter Vergiftung. Ähnliche Beispiele wurden seither in Fülle untersucht.

1.2.2 Ein verwirrendes Gefüge von Wechselbeziehungen

Bisher wurden die Nahrungsketten stark vereinfacht dargestellt. Tatsächlich ist das Beziehungsgefüge der Arten einer Lebensgemeinschaft um ein Vielfaches komplizierter. Es stellt ein verwirrendes Netzwerk sich gegenseitig fördernder und hemmender Einflüsse zwischen den Arten dar. Die detaillierte Beschreibung würde den Rahmen dieses Buches sprengen. Dennoch wollen wir wenigstens den Versuch machen, ein noch immer vereinfachtes Beziehungsschema näher zu untersuchen (Abb. 19).

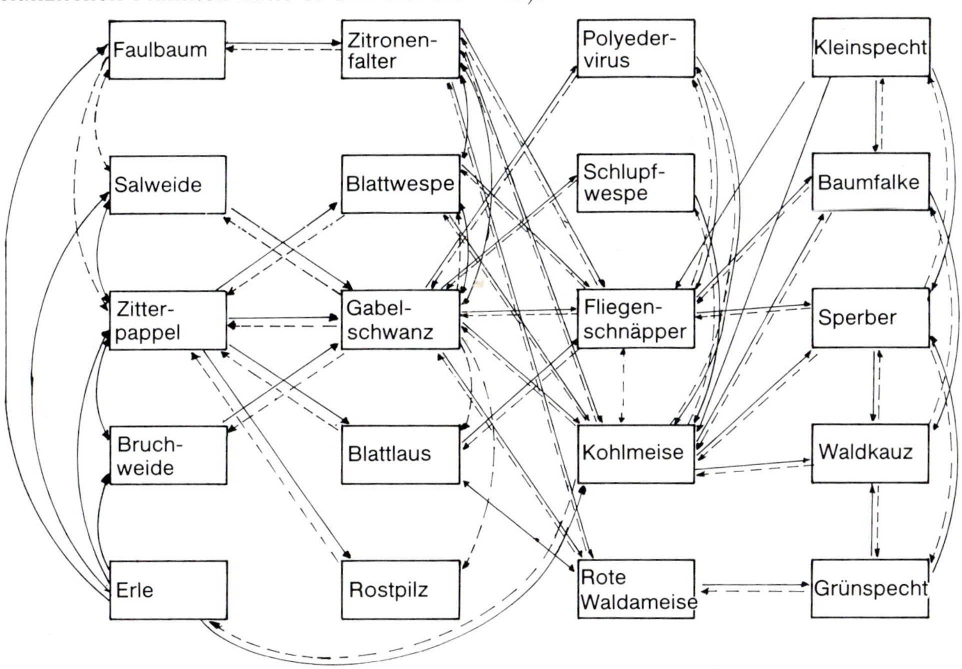

Abb. 19. Beziehungsgefüge in einer Lebensgemeinschaft (nach *Dylla* und *Krätzner* 1972). → fördert, - - → hemmt.

Gehen wir dabei von einer geradlinigen Nahrungskette aus (Silberpappel – Gabelschwanzraupe (Schmetterlingsraupe) – Kohlmeise – Sperber). In dieser Nahrungskette ernährt sich der Pflanzenfresser Gabelschwanzraupe vom Produzenten Silberpappel; er kann sie bei Massenentwicklung sogar beträchtlich schädigen. Die Kohlmeise entlastet die Pappel, indem sie sich von der Raupe ernährt. Der Sperber benachteiligt die Pappel, indem er die Kohlmeise schlägt und so die Insektenart fördert. Nun legen die Weibchen des Gabelschwanzes ihre Eier aber nicht nur an die Silberpappel, sondern auch an Salweide und Bruchweide, die im gleichen Lebensraum vorkommen. Beide Pflanzenarten entlasten damit die Silberpappel. Während sich die ausschlüpfenden Raupen an der Salweide ebensogut entwickeln wie an der Silberpappel, stellen die Blätter der Bruchweide kein gutes Futter dar. Nur wenige Raupen überleben bis zur Verpuppung. Die Bruchweide hemmt also die Gabelschwanzpopulation zusätzlich.

Die Gabelschwanzraupe ist sicher nicht der einzige Pflanzenfresser, der sich an der Silberpappel ernährt. Unter vielen anderen leben von ihr auch Blattwespenraupen, Blattläuse und Rostpilze. Das heißt, daß von einem Produzenten verschiedene Nahrungsketten ausgehen.

Gabelschwanzraupen können in ihrem letzten Entwicklungsstadium an jungen Silberpappeln Kahlfraß erzeugen. Ihnen ist es möglich, danach andere Pappeln aufzusuchen. Ungeflügelte Blattläuse oder junge Blattwespenlarven können das nicht, sie müssen verhungern. Für sie werden die Gabelschwanzraupen zum ernsthaften Nahrungskonkurrenten. Andererseits kann der Rostpilz die Pappelblätter für Gabelschwanzraupen weitgehend ungenießbar machen. Pflanzenfresser konkurrieren also untereinander.

Machen wir den nächsten Schritt zum Konsumenten 2. Ordnung, der Kohlmeise. Sie ernährt sich von allerlei Raupen, so von denen der Blattwespe und von denen des Zitronenfalters, der im gleichen Lebensraum am Faulbaum lebt. Sind Zitronenfalter in einem Jahr besonders häufig, so ziehen sie die Aufmerksamkeit der Kohlmeise verstärkt auf sich. Sie fördern damit alle anderen, selteneren Nahrungstiere der Kohlmeise. Durch den nun verstärkten Fraß der Gabelschwanzraupen, vor allem ihrer großen Entwicklungsstadien, können Silberpappeln um so mehr geschädigt werden.

Im gleichen Biotop finden sich auch Erlen. Indem sie mit ihren Samen der Kohlmeise ein gutes Winterfutter bereithalten, verringern sie deren Wintersterblichkeit und ermöglichen im nächsten Frühjahr einen höheren Beutedruck auf die Gabelschwanzraupen.

Berücksichtigen wir weitere Konsumenten 2. Ordnung, wie etwa Schlupfwespen (es gibt davon eine große Zahl), die Rote Waldameise, einen Krankheitserreger (Polyedervirus) und auch den Trauerfliegenschnäpper. Letzterer erbeutet zwar nur selten eine Gabelschwanzraupe, tritt aber in Wohnhöhlenkonkurrenz zur Kohlmeise. Die Rote Waldameise bildet für zahlreiche Insektenfresser eine wichtiges Reservefutter. Daneben lebt sie in Symbiose mit der Blattlaus, indem sie von ihr Honigtau bezieht und sie quasi als Haustier gegen Räuber verteidigt. Blattlauskolonien ziehen deshalb zahlreiche Ameisen an, die nicht nur vom Honigtauschlecken leben, sondern natürlich auch eine Vielzahl frisch geschlüpfter Gabelschwanz-, Blattwespen- und Zitronenfalterraupen fressen. Der Polyedervirus befällt als Krankheitserreger Raupen des Gabelschwanzes.

Schließlich liefert der Kleinspecht der Kohlmeise geeignete Nisthöhlen und hemmt dadurch die Population des Gabelschwanzes. Der Grünspecht trägt zu ihrer Förderung bei, indem er sich von Ameisen ernährt. Waldkäuze schlagen nicht nur Kohlmeisen, sondern auch ihre Räuber wie den Sperber und den Baumfalken, aber auch den Grün- und den Kleinspecht.

Dieses Schema könnte fast beliebig verlängert und verbreitert werden – für den bloßen Eindruck der komplexen Zusammenhänge mag es genügen.

1.2.2.1 Räuber/Beute-Beziehungen

Wie das Beziehungsschema zeigte, können in Räuber/Beuteverhältnissen beide Parteien sich gegenseitig hemmen oder fördern. Unter natürlichen Bedingungen tendieren diese Wechselbeziehungen zu einem Gleichgewichtszustand hin.

Während „Beutearten" aber meist dem Druck verschiedener „Räuberarten" ausgesetzt sind, können Räuber unterschiedlich stark auf ihre Beutearten spezialisiert sein. Vom Grad dieser Spezialisierung wird die Art gegenseitiger Beeinflussung geprägt.

Die Schnee-Eule des hohen Nordens ernährt sich überwiegend von Lemmingen. Deren Bestände zeigen ausgeprägte Bestandszyklen, indem sie sich alle 3 bis 5 Jahre (meist 4 Jahre) massenhaft vermehren. Synchron mit diesen Nagerzyklen schwanken auch die Bestände der Schnee-Eule. In Jahren mit Lemming-Gradationen kann sie hohe Brutdichten erreichen und mit großem Erfolg brüten. In Jahren, in denen Lemminge selten sind, brüten keine oder nur wenige Eulen mit geringem Bruterfolg.

Die Eule ist keineswegs der einzige Räuber, der sich in Lemmingjahren überwiegend von diesem Nager ernährt. Alle diese Räuber verhindern aber nicht die zyklischen Massenvermehrungen.

Es ist klar, daß hier die Bestandsdichte der Beute die des Räubers bestimmt und nicht umgekehrt. Ähnliche Beziehungen sind auch in unseren Breiten etwa zwischen der Feldmaus und verschiedenen Eulenarten (Waldohr-, Schleiereule, Rauhfußkauz), in geringerem Maße dem Mäusebussard zu beobachten. Letzterer brütet in Feldmausjahren ebenfalls in höherer Dichte und mit größerem Erfolg.

In Gebieten mit Mausgradationen sammeln sich im Herbst und Winter zahlreiche Bussarde. Bricht die Mauspopulation plötzlich zusammen oder werden die Mäuse durch Schneefall unerreichbar, weichen die Bussarde auf andere Beutearten aus oder wandern ab. Mitunter kann es zu hohen Verlusten kommen.

Viele Räuber besitzen ein breites Nahrungsspektrum. Wer einmal einen Fuchs beobachtet hat, der ein Gebiet Busch für Busch nach Nahrung absucht, dem wird klar, daß dieser Räuber nicht nur einer bestimmten Beute nachstellt. Vielmehr nimmt er alles, was ihm bei seiner Suche begegnet, sei es nun Raupe oder Maus, Echse oder Gelege, Jungvogelbrut oder ein brütendes Birkhuhn. Auch unspezialisierte Räuber können sich vorübergehend spezialisieren, wenn sich ihnen ein bestimmtes, sehr reiches Nahrungsangebot eröffnet. Die Kohlmeise konzentriert sich vorübergehend auf die häufigen Zitronenfalter-Raupen, die sie nicht so aufwendig suchen muß. Ein derartiges Angebot wird aber nicht nur von ihr verstärkt genutzt. Andere insektenfressende Vogelarten (andere Meisen, Laubsänger, Grasmücken usw.), ebenso räuberische Insektenarten, wenden sich dieser Nahrungsquelle zu. Wie Untersuchungen zeigten, können durch diesen vereinten Räuberdruck Massenvermehrungen in der Entstehungsphase verhindert werden. Haben sie aber einmal eingesetzt, sind sie auch dadurch nicht mehr „in den Griff zu bekommen".

Anfang der 1950er Jahre wurde in England ein hoher Fuchsbestand registriert. Man erklärte sich ihn als Folge der gleichzeitig sehr hohen Populationsdichte der Kaninchen. Tatsächlich waren vor allem in landwirtschaftlich genutzten Gebieten Kaninchen Hauptbeute des Fuchses. Als dann allerdings der Kaninchenbestand durch den Ausbruch von Myxomatose zusammenbrach, reagierte der Fuchsbestand durchaus nicht, wie erwartet, mit einer Abnahme. Vielmehr vermehrte er sich weiterhin. Das war ein deutlicher Beweis dafür, daß in der Kulturlandschaft auch ohne Kaninchen für ihn reichlich Nahrung vorhanden war. Das Kaninchenangebot war für ihn also keine lebenswichtige, sondern nur eben eine leicht erreichbare Beute.

Dimensionen des Räubereingriffs

Erbeutet ein Räuber überwiegend Tiere der Populationsreserve oder schlecht

konditionierte, erkrankte, geschwächte Individuen, dann liegt der durch ihn verursachte Verlust im Rahmen der kompensatorischen Sterblichkeit. Ein solcher Eingriff beeinträchtigt die Beutepopulation nicht.

Ähnliche Ergebnisse, wie sie beim Birkhuhn bereits genannt wurden, ergaben sich auch beim Schottischen Moorschneehuhn: Von 383 markierten Revierbesitzern wurden nur 6 Tiere (1,5%) von Räubern getötet. Unter 261 markierten Tieren ohne Revier, die an die Peripherie des Gebietes abgedrängt lebten, belief sich der Verlust dagegen auf 36 Tiere (14%), also auf den neunfachen Anteil.

Ist der Räubereingriff höher als die kompensatorische Sterblichkeit und greift er in den Grundbestand des Beutetieres ein, so kann dieser Verlust höchstens durch eine optimale Fortpflanzungsrate, Zuwanderung oder einen wenigstens teilweise verringerten Druck ausgeglichen werden.

Mitunter kann sich die Beutepopulation bei etwas geringeren Dichtewerten stabilisieren.

Erinnern wir uns an das Beispiel der Lemminggradation. Schneehühner können mit den Lemmingen synchrone Bestandsschwankungen aufweisen. Was hat nun das Schneehuhn mit dem Lemming zu schaffen? Soviel, daß es ebenso wie der Lemming zur Beute von Füchsen (Rotfuchs, Polarfuchs) gehört. In Jahren ohne Lemminge halten sich die Füchse an den Schneehühnern so sehr schadlos, daß deren Bestand verringert wird. Dagegen ist ihnen in Lemmingjahren der Nager eine fast allgegenwärtige Beute. Sie kümmern sich dann kaum um die Schneehühner. Diese können jetzt ihren Bestand wieder anheben.

Der Räuberdruck kann auch übermächtig anwachsen und zu drastischer Dezimierung, ja Ausrottung von Arten führen.

In diesem Zusammenhang fallen uns zunächst all die traurigen Beispiele ein, in denen Katzen, Ratten, Ziegen, Mungos und andere Tiere in Lebensräume verbracht wurden, in denen die dortigen Bewohner nichts mit ihnen anfangen, sich auch nicht gegen sie wehren konnten. 41% der nach 1900 ausgerotteten Tierarten kommen auf das Konto solcher *Faunenverfälschungen*.

Übermächtiger Räuberdruck kann auch bei uns beobachtet werden. Da er unter natürlichen Bedingungen kaum zu erwarten ist, muß er die Folge von Veränderungen derselben sein.

Wenn wir uns die drei Dimensionen des Räubereingriffs vor Augen halten, erkennen wir, daß die erste Form eine Folge von dichteabhängigen, die dritte die von dichteunabhängigen Räubereingriffen ist, die zweite Form kann durch die eine oder andere Art des Eingriffs begründet sein.

1.2.2.2 Parasiten und Krankheitserreger

Das Verhältnis zwischen spezialisiertem Räuber und Beute findet seine Parallele in dem zwischen *Parasit* und *Wirt*.

Sowohl *Außen-(Ekto-)parasiten* als auch *Innen-(Endo-)parasiten* mußten teilweise sehr komplizierte Mechanismen entwickeln, um die eigene Entwicklung mit der engen Bindung an Wirtsorganismen, deren Werdegang und Verhalten in Einklang zu bringen.

Eine hochentwickelte Anpassung kann nur an eine oder wenige sich nahestehende Arten funktionieren. Bei zahlreichen Parasiten führt diese „Wirtsspezifität“ zur Artbildung.

Die Entwicklung und das Befallsbild ist bei allen *Dasselfliegen*arten mehr oder weniger gleich. Aber, die Dasselfliege (*Hypoderma diana*) parasitiert fast ausschließlich Rehe, *H. aceton* nur Rotwild, *H. bovis* und *H. lineatum* nur Hausrinder.

Von der nahe verwandten Gruppe der blutsaugenden *Lausfliegen* lebt die *Hirschlausfliege* an Cerviden, die *Gamslausfliege* nur am Gamswild und eine weitere Art auf Hühnervögeln und Wildtauben.

Als letztes Beispiel sollen die *Coccidien* dienen. Das sind einzellige Sporentierchen, die in den Deckzellen der Darmschleimhaut oder der Schleimhaut der Gallengänge schmarotzen (Darm-, Lebercoccidiose). Aus der großen Zahl verschiedener Coccidienarten finden sich spezifische Arten bei Kaninchen und Feldhase, Rot-, Dam-, Sika-, Reh-, Muffel-, Gams-, Stein- und Schwarzwild, Rotfuchs, Dachs, Marder, Iltis, Wiesel, Rebhuhn, Wachtel, Steinhuhn, Auer-, Birk-, Haselwild, Schneehuhn, Taube und Entenvögeln.

Auch Innenparasiten haben Entwicklungsstadien, die außerhalb und getrennt vom Wirtskörper ablaufen. Je größer die Dichte ihrer Wirtstiere, desto größer ist auch die Chance dieser Entwicklungsstadien, wieder in einen Wirtskörper zu gelangen. Befallsstärke und Maß der Schädigung durch einen Parasitenbefall werden deshalb von der Populationsdichte des Wirtes bestimmt – der Eingriff eines Parasiten in die Wirtspopulation ist also ein dichteabhängiger Faktor.

Daß gleiches auch für *Infektionskrankheiten* gilt, soll kurz am Beispiel des Tollwutvirus aufgezeigt werden.

In naturnahen Landschaften kann der Fuchsbestand deutlich mit dem Kleinsäugerangebot korreliert sein. So wirft die Fähe in den großen Waldgebieten Mittelschwedens bei hohem Mäusebestand mehr Welpen, die zudem besser überleben als in mausarmen Jahren.

In Kulturlandschaften findet der Fuchs fast während des ganzen Jahres ausreichend Nahrung. Vom Nahrungsangebot kann hier keine Begrenzung der Fuchspopulation ausgehen. Wenn auch die Bejagung keine ausreichende Regulierung bewirkt, tritt der Tollwutvirus als dichteabhängender Begrenzungsfaktor in Kraft.

1.2.3 Die Stabilität von Lebensgemeinschaften steigt mit ihrer Vielfalt

1.2.3.1 Lebensgemeinschaften im Gleichgewicht

In natürlichen Lebensgemeinschaften herrscht ein (*biocönotisches*) Gleichgewicht. Störende Eingriffe von außen können in ihnen sozusagen elastisch aufgefangen werden, so daß sie sich in kurzer Zeit wieder einpendeln. Das Gefüge der Lebensgemeinschaften bleibt unverändert.

Zuwächse durch Geburt und Zuwanderung werden durch Abgänge infolge Tod und Abwanderung ausgeglichen. Es können einzelne Arten der Lebensgemeinschaft ausfallen und neue hinzukommen, die die ausgefallenen vertreten. Zu- und Abgang können mitunter beträchtlich auseinanderklaffen. Über längere Zeiträume gleichen sich diese wieder aus, die Lebensgemeinschaft als Ganzes bleibt beständig. Sie ist allerdings umso stabiler, je rascher dieser Ausgleich erfolgt.

Das bedeutet, daß es einen unmittelbaren Zusammenhang zwischen Nischenreichtum und Artenreichtum einerseits und zwischen der Reichhaltigkeit und Stabilität einer Lebensgemeinschaft andererseits gibt. Je dichter das Netz solcher Wechselbeziehungen geknüpft ist, desto schneller sind verlorene Arten ersetzt, desto besser ist die Kontrolle der einzelnen Glieder. Einer Art ist es kaum möglich, sich „maßlos“ zu vermehren, den Lebensraum gefährlich zu übernutzen oder eine andere Art zu gefährden. Unter menschlichem Einfluß sind alle ursprünglichen Lebensräume in zunächst naturnahe umgewandelt worden. Diese hatten noch in beschränktem Maß die Fähigkeit zur Selbstregulation. Den heute stark veränderten Räumen und Lebensgemeinschaften fehlt diese Fähigkeit weitgehend.

1.2.3.2 Biocönotische Grundprinzipien

Artenmannigfaltigkeit (*Artendiversität*) und Vielfalt der Raumstruktur (*Strukturdiversität*) sind also meist Zeiger für den Zustand eines Lebensraumes bzw. einer Lebensgemeinschaft. Für die Beurteilung ihres „ökologischen Wertes“ wurden deshalb folgende Regeln entworfen:

1. Je vielseitiger die Bedingungen eines Lebensraumes sind, um so artenreicher kann seine Lebensgemeinschaft sein. Je größer die Zahl der Arten ist, um so

niedriger sind die durchschnittlichen Individuendichten. Der Anteil vorherrschender Arten in der Lebensgemeinschaft sinkt mit steigender Artenzahl.
2. Einseitige und extreme Lebensbedingungen führen zu Artenarmut; die vorhandenen Arten zeigen dafür größeren Individuenreichtum.
3. Je kontinuierlicher sich die Milieubedingungen in einem Lebensraum entwickelt haben, je länger er gleichartige Umweltbedingungen aufgewiesen hat, um so artenreicher, ausgeglichener und stabiler kann seine Lebensgemeinschaft sein. Die Beziehungen in der Lebensgemeinschaft sind um so zahlreicher und infolgedessen ist auch die Stabilität um so größer, je mehr Arten sie enthält.

Die Aussagen der biocönotischen Grundprinzipien werden besonders deutlich beim Vergleich von magerem, trockenem oder feuchtem und intensiv genutztem und gedüngtem Grünland. Die Reichhaltigkeit des ersteren geht durch extremen Nährstoffreichtum und Häufigkeit der Nutzung verloren. Die frühere Vielfalt wird durch wenige Pflanzen- (ca. 4–8) und wenige Insektenarten ersetzt, die aber in großem Individuenreichtum vorkommen. Die Art der Nutzung kann also von vielseitigen zu einseitigen und extremen Lebensbedingungen führen (siehe Kapitel 4).

1.2.3.3 Artenreichtum in Saumbiotopen

Die auffälligsten Beispiele für den engen Zusammenhang zwischen reichhaltigem Nischenangebot und Artenreichtum finden wir in den *Grenz-* oder *Saumbiocönosen* einer Landschaft. Gemeint sind damit Raine zwischen Äckern und Wiesen, Waldränder und Uferzonen von stehenden und fließenden Gewässern. Hier finden sich nicht nur Nischenelemente sowohl des einen als auch des anderen Lebensraumes, sondern auch solche, die für das herrschende Faktorengefälle etwa vom Wald zum Feld charakteristisch sind. Entsprechend finden sich hier Wald- und Feldbewohner neben ausgesprochenen „Saumarten".

Nischenreichtum und Artenvielfalt sind in diesen „*Ökotonen*" deshalb wesentlich größer als in jeder der angrenzenden, relativ einheitlichen Flächen für sich.

Die Länge solcher Grenzlinien kann sich sogar auf den Wert des „umgrenzten" Lebensraumes auswirken.

Ein Waldstück mit (auf die Fläche bezogen) sehr hohem Randanteil kann insgesamt wesentlich artenreicher sein als etwa eine rechteckige oder runde Waldfläche gleicher Größe und Zusammensetzung (kleiner Randanteil). Gleiches gilt natürlich für Gewässer – ihr Reichtum steigt u. a. mit zunehmender Uferlänge.

Einen entsprechenden „Randeffekt" finden wir auch bei Hecken. Neben ausgesprochenen Heckenbewohnern (Waldrandbewohnern) werden sie sowohl von Waldbewohnern als auch vermehrt von Feldbewohnern besiedelt. Man kann Hecken als „isolierte Waldränder" betrachten (Abb. 39).

Neben ihrem Wert als artenreiches Biotopmosaik verbessern Hecken zusätzlich das Lebensrauminventar der benachbarten Feldgebiete, ohne bei der Besiedlung die Abstände hervorzurufen, die manche Feldbewohner zu Waldrändern wahren. Das wirkt sich insbesondere auch dann positiv aus, wenn es im Herbst und Winter auf den Feldern an Deckung und Nahrung mangelt. Hecken stellen für Feldbewohner wie das Rebhuhn Strukturelemente dar, die die Abgrenzung kleinerer Reviere ermöglichen. Sie erlauben deshalb eine sehr viel höhere Siedlungsdichte. Der große Artenreichtum von Hecken kann sich stabilisierend auf benachbarte Wiesen und Felder auswirken, indem zahlreiche heckenbewohnende Räuber in den angrenzenden Flächen ihre Nahrung suchen. Es sind nicht nur Fuchs, Marder, Wiesel, Igel und die Spitzmäuse, Neuntöter, Raubwürger oder die Waldohreule. Auch winzige Räuber wie Laufkäfer, Ameisen und Spinnen dehnen ihre Aktivität überraschend weit in die angrenzenden Flächen aus. In Landschaften mit größerer Dichte von Hekken und Feldgehölzen können deshalb Massenvermehrungen der Feldmaus unterdrückt werden.

2
Biographie wichtiger Lebensräume

Haben wir uns nun die „Handlung“ des ökologischen Geschehens in groben Zügen klargemacht, so wollen wir uns im folgenden den „Orten der Handlung“ zuwenden, den Lebensräumen.

Selbstverständlich ist es nicht möglich, alle, und seien es auch regional wichtige, Lebensräume des Landes zu betrachten. An 9 verschiedenartigen Beispielen soll der angehende Jäger aber an die Vielschichtigkeit von Landschaftsräumen herangeführt werden. Dazu ist es notwendig, nicht nur Aussagen über deren Lebensbedingungen (ökologische Gegebenheiten) und Lebewelt zu machen, sondern auch auf ihre Entstehung, das Maß ihrer Naturnähe (bzw. ihrer Prägung durch den Menschen) einzugehen. Der Leser soll die Folgen ihrer Nutzung und Veränderungen sowie möglicherweise von Handlungen im Rahmen seiner Jagdausübung erkennen und einschätzen lernen. Schließlich soll es ihm möglich werden, die ihm besonders anvertrauten jagdbaren Tiere im Verhältnis zu all den übrigen Bewohnern der Lebensräume zu sehen und gewichten zu lernen und deren Einpassung in die Räume zu erkennen.

Neben einem Steckbrief werden jeweils Angaben über die Rolle des Lebensraumes in der Landschaft und über Veränderungen, etwa durch Nutzung und deren Folgen, gemacht. Einige Stichpunkte sollen schließlich dem Jäger Handreichungen geben, wie er selbst durch Aktivitäten in der Kommune usw. zur Verbesserung der Lebensräume beitragen kann.

2.1 Lebensraum Wald

2.1.1 Beschreibung des Lebensraumes (Abb. 20)

2.1.1.1 Geschichte des Waldes

Vor etwa tausend Jahren war Mitteleuropa fast völlig von Urwäldern bedeckt. Waldfrei waren damals neben den Salzwiesen und Dünen der Meeresküsten die großen Moorgebiete, Geröllhalden, Lawinenbahnen und Gebirgsareale über der Baumgrenze.

> Waldbedeckung ist in unseren Breiten beim herrschenden Klima also das Endstadium der Vegetationsentwicklung, unsere *Klimaxvegetation*.

Das ist auch heute so. Die Weiden, Wiesen und Äcker unseres Landes würden sich nach Beendigung der menschlichen Nutzung über kurz oder lang wieder bewalden.

Abhängig von den Standortbedingungen (Klima, Untergrund, Feuchtigkeit) wiesen Urwälder eine sehr unterschiedliche Artenzusammensetzung auf. Gemeinsam war ihnen eine reiche horizontale und vertikale Strukturierung.

Mit der Neuansiedlung germanischer Stämme nach der Völkerwanderung setzten etwa ab dem 9. Jahrhundert große Rodungen ein. Bereits im 13. Jahrhundert war der Wald auf etwa ein Drittel der Gesamtfläche reduziert. Allerdings geschah dies nicht hauptsächlich durch große Kahlhiebe. Wir müssen uns diese Rodung eher als starke Auflichtungen der Wälder vorstellen. Bei der *Brandrodung* wurden Flächen niedergebrannt, die Asche diente als Mineraldüngung für das ausgebrachte Saatgut. *Waldweide* lichtete die Bestände immer mehr auf, mangels natürlichen Nachwuchses überalterten sie (Weide-, Hudewälder). Beim *Plaggenhauen* wurde die Laubstreu der Wälder als Einstreu oder Dünger gewonnen. Die Folge dieser Nutzungen war eine zunehmende Verarmung der Böden und eine Degeneration der Waldbestände. Karge Heidegebiete und Kiefernwälder zeugen noch heute von dieser jahrhundertelangen Übernutzung der Wälder. Als der Raubbau am Wald durch die beginnende Industrialisierung noch verstärkt wurde, entstand das Schreckgespenst eines Mangels an dem wichtigen, sich selbst reproduzierenden Rohstoff Holz.

Unter dem Eindruck dieser Angst kam es im 18. Jh. zu den ersten gezielten und großflächigen Wiederaufforstungen.

Allerdings entsprach die Zusammensetzung der Aufforstungen immer weniger der der früheren Wälder. Noch vor etwa 100 Jahren setzten sich die deutschen Wälder zu 70% aus Laub- und zu 30% aus Nadelhölzern zusammen. Seither hat sich die Gesamtwaldfläche zwar nicht mehr sehr drastisch verändert, da nach wie vor eben hauptsächlich solche Flächen bewaldet sind, die für die landwirtschaftliche Nutzung weniger gut geeignet sind. Das Verhältnis zwischen Nadel- und Laubhölzern hat sich aber fast umgekehrt.

Heute sind nur noch 40% der Wälder mit Laubhölzern, 60% aber mit Nadelhölzern bestockt.

2.1.1.2 Formen der Waldbewirtschaftung

Eine recht ursprüngliche Nutzform stellt der *Niederwaldbetrieb* dar, der heute wohl nirgends mehr großflächig praktiziert wird. In 12- bis 20jähriger Umtriebszeit wurden die nachgewachsenen Stockausschläge genutzt. Offenbar war diese Bewirtschaftungsform z. B. für das Haselhuhn besonders vorteilhaft.

Beim *Mittelwaldbetrieb* begann man, einzelne Ruten für eine längere Umtriebszeit zu schonen, um Starkhölzer zu gewinnen. Diese Idee ließ sich perfektionieren, indem die späteren *Oberhölzer*, vor allem Eiche, Pappel, Birke, Esche, Ulme, Ahorn, Kirsche oder Lärche gesät oder gepflanzt wurden. Für die Unterhölzer galt weiterhin die *Niederwaldnutzung*.

Der *Hochwaldbetrieb* ist eine Nutzform neuerer Entwicklung. Hier erfolgt der Nachwuchs ausschließlich durch Saat, Naturverjüngung oder Pflanzung. Die Bezeichnung Hochwald beschreibt also die Art der Verjüngung, die nicht aus immer neuen Trieben eines alten Wurzelstockes, sondern aus jeweils neuen Pflanzen erfolgt. Auch ein 10jähriger Mischwaldjungwuchs ist deshalb Hochwald.

2.1.1.3 Lebensraum Wald

Waldungen mit standortsfremden Gehölzen ohne typische Begleitflora und Strukturierung werden als *naturfern* bezeichnet. Im Gegensatz dazu zeichnen sich *naturnahe* Wälder durch eine standortsgemäße Bestockung und eine horizontale und vertikale Mosaikstruktur aus, die der der ursprünglichen Wälder einigermaßen entspricht.

Stellen wir uns einen Urwald vor. Hier bilden der Standort des mächtigen Baumriesen, der mit seiner Krone den Waldboden verdunkelt und der Standort, an dem der Verlust eines solchen Riesen eine Lichtung geschaffen hat, die zwei Extreme, zwischen denen es zahlreiche Übergangssituationen gibt. Das Licht bestimmt als wesentlicher Faktor die horizontale Strukturierung. Dem Mosaik des zum Waldboden vordringenden Lichts entspricht das Mosaik von Pflanzengesellschaften mit unterschiedlichen Lichtansprüchen.

Eine 15jährige Fichtenpflanzung läßt nach erfolgtem Kronenschluß nur noch 10% des auftreffenden Lichtes bis zum Boden durchdringen. Erst oberhalb von 16% Lichtdurchlaß kann sich eine Bodenvegetation ausbilden. Moose benötigen mindestens 16–18%, Beerkraut zwischen 22 und 26% des auftreffenden Lichtes, um sich entwickeln zu können. Eine Fichtennaturverjüngung schließlich setzt überhaupt erst bei 30% Lichtdurchlaß ein.

Buche und Tanne entwickeln sich als Naturverjüngung unter einem Altholzschirm gut, die Fichte schwer, Lärche, Kiefer und Eiche dagegen kaum. Das licht/schattenbedingte Vegetationsmosaik ist Voraussetzung für die naturnahe Vertikalstrukturierung von Wäldern in Streuschicht, Moosschicht, Krautschicht, Strauchschicht, die Schicht der jungen Bäume und die Kronenschicht alter Bäume.

Sie unterscheidet den Wald von den meisten anderen Lebensräumen durch einen von den „biocönotischen Grundprinzipien" ableitbaren unvergleichlich höheren Nischenreichtum. Einige Beispiele mögen dies verdeutlichen.

An einem 6–8jährigen Buchenstock hat sich stellenweise die Rinde gelöst, in Buchten Laub angesammelt, haben sich Moose und Pilze angesiedelt. Es entstand eine

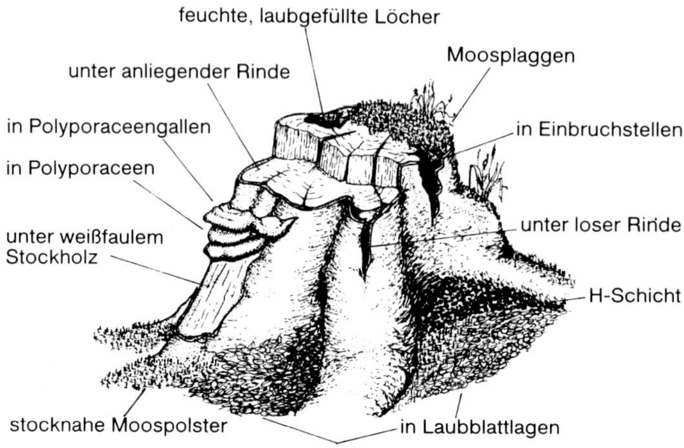

Abb. 21. Lebensraumnischen der Larven verschiedener Zweiflüglerarten (Fliegen, Mücken) in einem etwa achtjährigen Buchenstock (nach *Brauns* 1968).

Abb. 22. Einnischung verschiedener Meisenarten bei der Nahrungssuche. Blaumeise, Sumpfmeise und Kohlmeise suchen ihre Nahrung gern an Laubbäumen; Tannen-, Hauben- und Weidenmeise lieber an Nadelbäumen. Dabei halten sich Blau- und Tannenmeise bevorzugt in den Zweigen der obersten Äste auf, Sumpf- bzw. Haubenmeise in Ästen oder Zweigen des mittleren Kronenbereichs und Kohl- bzw. Weidenmeise in bodennahen Ästen oder am Boden (nach *Lack* 1971).

Vielzahl ernährungsbiologischer Bedingungen und mikroklimatisch unterschiedlicher Schutz- und Wohnverhältnisse. Allein aus der Ordnung der Zweiflügler finden Arten von nicht weniger als 22 Familien hier ihre Lebensnische (Abb. 21).

Zahlreiche Tierarten gehen der Konkurrenz aus dem Wege, indem sie bevorzugt verschiedene Stockwerke des Waldes besiedeln. Durch unterschiedliche Aktivitätszeiten im Verlauf des Tages oder eines Jahres können die einzelnen Nischen mehrfach besetzt werden. Dies ist vor allem bei Kleintieren wie Insekten und Spinnen zu beobachten. Aber auch von nahe verwandten Wirbeltierarten werden die Stockwerke des Waldes zur konkurrenzmindernden Einnischung genutzt (Abb. 22).

In gut strukturierten Buchenwäldern können nicht weniger als 10800 verschiedene Pflanzen- und Tierarten gefunden werden, wie nachfolgende Tabelle zeigt.

Tabelle 3: Zahlen in der Bundesrepublik Deutschland in Buchenwäldern insgesamt festgestellter und eng an den Lebensraum Buchenwald angepaßter Pflanzen- und Tierarten (nach Bertsch 1947)

	im Buchenwald	eng angepaßt
Blütenpflanzen	200	50
Farne	15	4
Moose	190	20
Flechten	280	40
Algen	160	?
Pilze	3345	1055
Säugetiere	27	3
Vögel	70	5
Lurche u. Kriechtiere	11	–
Weichtiere	70	5
Spinnen	560	125
Tausendfüßer	60	20
Insekten	5160	1500
Krebstiere	26	4
Würmer	380	120
Urtiere	350	?

Nicht weniger als 3000 Arten sind also sehr eng an Buchenwaldbedingungen angepaßt.

Von 352 in den Kronen gefällter Kiefern festgestellten Tierarten waren 300 Arten kiefernspezifisch. Die Kronen eines gleichaltrigen Bestandes wiesen 70%, die eines ungleichaltrigen Bestandes 80% und die eines Eichen-Kiefern-Mischbestandes 88% der registrierten Arten auf. Im Mittel waren pro Baumklasse etwa 70 Insektenarten feststellbar.

Ein einzelner Stamm von 60 cm Durchmesser in Brusthöhe und einer Höhe von 30 m bietet einschließlich der stärksten Äste eine Lauf- und Besiedlungsfläche von nicht weniger als 80 m^2! Diese Fläche wird tatsächlich von Pflanzen- und Tierarten genutzt.

Diese wenigen Beispiele mögen genügen, die Dichte der Beziehungen im Lebensraum Wald anzudeuten.

Sie zeigen dem Jäger aber auch, wie verschwindend gering der Anteil der für ihn „nutzbaren“ Arten an der von ihm zu hegenden Lebensgemeinschaft ist.

2.1.2 Landschaftliche Bedeutung

Schutzwälder: Wieviele Almen, Bergdörfer und Ferienzentren danken ihre Sicherheit vor Lawinen und Muren dem Schutz des Waldes? In etwas kleinerer Dimension erfahren wir seine Schutzwirkung an jedem Steilhang, an jedem Bach, wo Esche, Buche, Ahorn und Erle Festigungsfunktionen erfüllen.

Wald und Wasser: Über der Bundesrepublik fallen jährlich im Durchschnitt ca. 200 Milliarden Kubikmeter Wasser als Niederschlag vom Himmel.

1975 lag der Wasserbedarf von Bevölkerung und Industrie bei ca. 17 Milliarden Kubikmeter Wasser. Diese Menge sollte sich laut Hochrechnungen bis zum Jahr 2000 verdoppeln. Das ist aber bereits $\frac{1}{10}$ bzw. wäre $\frac{1}{5}$ der Wassermenge, die im ganzen Land zur Anreicherung des Grundwassers, für das Leben von Pflanze und Tier, für die Erhaltung der Gewässerlebensräume, Feuchtgebiete usw. zur Verfügung steht!

Bereits heute entziehen viele Ballungsgebiete ihren Wasserreservoiren soviel Wasser, daß der Grundwasserspiegel um viele Meter abgesenkt und nicht mehr regeneriert wird. Ein haushälterischer Umgang mit der verfügbaren Wassermenge wird also immer dringender.

Der Wald ist nicht auf tropfen- oder flockenförmigen Niederschlag zur Wasserversorgung angewiesen. Die große Oberfläche der Baumkronen kämmt auch beträchtliche Wassermengen aus aufliegendem Nebel heraus. Am Großen Falkenstein im Bayerischen Wald wurde beispielsweise ein Nebelniederschlag von 1300 mm im Jahr gemessen. Das sind 70% des Gesamtniederschlages, der auf diese Weise vom Wald aufgenommen wurde.

Über Wald niedergehender Regen benetzt zunächst einmal das ganze Kronendach des Waldes. Es dauert einige Zeit, bis Regen durch das Kronendach tropft oder sich auf Ästen sammelt und von dort über den Stamm abfließt. Die Stärke des Regengusses wird erheblich gemildert, dies um so wirksamer, je mehr Horizonte er dabei durchdringen muß. Deshalb ist eine Bodenverdichtung durch Regen in einem gut strukturierten Wald nicht denkbar.

Lockerer Boden und Laubstreu besitzen eine hohe Wasseraufnahmekapazität. Auf ihnen kann es zu keinem unerwünschten Oberflächenabfluß kommen.

Auch die Wasserhaltefähigkeit der Moosdecke ist überraschend hoch. So kann trockenes Waldmoos innerhalb einer Minute das Doppelte seines Gewichtes, in 10 Minuten etwa das Sechsfache an Wasser aufnehmen.

Eine dichte Moosdecke speichert innerhalb kürzester Zeit 20 bis 30 mm Niederschlag, was einer Wassermenge von 300 000 l/ha entspricht.

Von *Niederschlägen*, die in naturnahem Wald auftreffen, wird ein Teil direkt vom Kronendach wieder *verdunstet*, ein anderer Teil *versickert ins Grundwasser*, ein weiterer Teil wird im Wald *festgehalten* und nach und nach verdunstet oder *abgegeben*.

Diese Wirkung des Waldes wurde im Emmental (Schweiz) mit dem Abfluß aus zwei Seitentälern gemessen, von denen das eine mit Viehweiden bedeckt, das andere dagegen bewaldet ist. Im Bach aus dem ersten Tal flossen ⅔ der Jahresniederschläge ab, im Bach aus dem Waldtal dagegen nur die Hälfte. Auch die Art des Abflusses aus beiden Tälern unterschied sich wesentlich. Der Bach aus dem Waldtal hatte einen sehr viel gleichmäßigeren Abfluß. Das heißt, ihm fehlten Hochwasserspitzen weitgehend, in Trockenzeiten wies er dagegen einen sehr viel höheren Abfluß auf als sein Nachbar. Entsprechend geringer war bei ihm die Erosion. Was sich hier abzeichnet, kann getrost auf das ganze Land übertragen werden. Wälder verdunsten große Mengen an Wasser.

An einem einzigen Sommertag kann sich diese Menge bei den Bäumen von einem Hektar Buchen- oder Fichtenwald auf bis zu 50 000 l belaufen. Im Waldesinneren, wo die Luftbewegungen geringer sind, ist die Luftfeuchtigkeit deshalb merklich höher, ihr Tagesgang mit dem der Temperatur wesentlich ausgeglichener als außerhalb des Waldes.

Wald und Luft

Für die bayrischen Wälder wurde errechnet, daß sie in einem Sommer nicht weniger als 20 Milliarden kg Sauerstoff freisetzen und gleichzeitig 29 Milliarden kg Kohlendioxid aufnehmen.

Mit dem Kronendach vermag der Wald auch große Mengen an Schadstoffen aus der Luft zu filtern: Von einem Hektar Buchenwald wurden ca. 68 t, von Kiefern ca. 35 t und von Fichten im selben Zeitraum ca. 30 t Staub festgehalten. Die Filterwirkung der Buche ist also fast doppelt so hoch wie die der Nadelbäume.

Beträchtlich ist schließlich auch die lärmdämmende Wirkung von Wäldern. Nur am Rande soll hier auch die Rolle des Waldes für die menschliche Regeneration und Erholung sowie seine Rolle als Wirtschaftsfaktor erwähnt werden.

2.1.3 Nutzung und Veränderungen

2.1.3.1 Formen der Nutzung

Die deutschen Wälder wurden seit dem 19. Jahrhundert mehr und mehr im Hochwaldbetrieb genutzt. Da bereits früher der enge Zusammenhang zwischen Lichtangebot und Baumvermehrung bekannt war, war die Nutzung im *Schirmschlagverfahren* naheliegend. Durch Einschlag von Einzelbäumen wird dabei der Waldboden stärker belichtet, so daß sich hier unter dem Schirm der verbliebenen Bäume eine gleichmäßige Naturverjüngung einstellen kann.

Daraus entwickelte sich der *Femel-* und/oder *Plenterhieb*. „Blenderwald" bedeutet Mischwald (Blendling = Mischling). Bei dieser Hiebart wird mit ungleichmäßiger und frühzeitiger Auflockerung des Kronendaches (Plentern – Einzelstämme, Femeln – Gruppen) eine Verjüngung erreicht, in der verschiedene Holzarten und alle Altersstufen enthalten sind.

Im Zuge der Rationalisierung ging die Forstwirtschaft mehr und mehr zum *Kahlschlagbetrieb* und zum *Altersklassenwald* über. Dabei wird ein ganzer Wald*bestand*, also die Bäume einer Fläche, die eine selbständige Bewirtschaftung erlaubt und sich entsprechend durch Alter, Baumart usw. von der Umgebung unterscheidet, auf einmal geschlagen und nachfolgend wieder aufgeforstet. Nutzung und Verjüngung erfolgen also bestandsweise; die aufwachsende Verjüngung wird in 20jährigen Altersklassen zugeordnet (1. Altersklasse 0–20jährig, 2. Altersklasse 21–40jährig usw.). Eine andere Altersgliederung unterscheidet *Kultur* als künstlich und *Verjüngung* als natürlich begründeten Jungwuchs bis zum *Kronenschluß*.

Als *Dickung* werden Bestände vom Kronenschluß bis zur natürlichen Schaftreinigung bezeichnet. *Stangenholz* hat eine durchschnittliche Stärke von 20 cm in Brusthöhe und *Baumholz* eine solche über 20 cm. Hat ein Bestand die Hiebreife erreicht, spricht man von *Altholz*.

Mit dem Kahlschlagbetrieb ging der *Reinanbau* einher, also die Begründung von *Reinbeständen*, meist aus der als „Brotbaum" der Forstwirtschaft betrachteten Fichte. Während in Reinbeständen mindestens 90% der Fläche von einer Art bewachsen sein muß, gilt schon als *Mischbestand*, wenn eine oder mehrere beigemischte Arten mehr als 10% der Fläche bedecken. Die im Mischbestand vorherrschende Baumart wird als *Hauptbaumart* bezeichnet.

2.1.3.2 Folgen der Nutzung

Kahlschlagbetriebe und Monokulturanbau brachten für den Lebensraum Wald Nachteile mit sich, die denen des früheren Raubbaus in nichts nachstanden.

Mit dem Kronenschluß eines Fichtenjungwuchses wird die Fläche dieses Bestandes immerhin auf Jahrzehnte hinaus, nämlich fast bis zum Stadium des Altholzes, der Lebensgemeinschaft Wald entzogen. Auf dem Boden kann sich weder Moos- noch Krautflora entwickeln.

Er ist nach und nach von einer dichten, sauer reagierenden Nadelstreu bedeckt. Nichts ist von der Vielfalt und Vielstufigkeit des Ökosystems Wald übriggeblieben. Nadelstreu kann nach langer Trockenzeit dem Niederschlagswasser ein Eindringen verwehren und Oberflächenabfluß erzeugen. Es gibt nicht wenige Beispiele, in denen die verschärften Hochwasserspitzen eines Flußlaufes ursächlich mit dem Umbau von Mischwäldern des Einzugsgebietes in reine Fichtenforsten in Verbindung gebracht werden. Mit der Versauerung des Bodens, der Veränderung seines Feuchtigkeitshaushaltes geht auch ein weitreichender Verlust des vormals reichen Bodenlebens einher. Es bildet sich eine unbelebte Schicht von unzersetzbarem Rohhumus.

Bei der Pflanzung wirtschaftlicher Bestände wurde den standörtlichen Verschiedenheiten oft wenig Beachtung geschenkt. Geschwächte Bäume in einseitiger Zusammensetzung waren dem Angriff sich massenhaft vermehrender Insektenarten, von Stürmen und Schneedruck ausgesetzt – es kam und kommt immer wieder zu katastrophalen Verlusten.

Die verkürzte Umtriebszeit wirkt sich zum Nachteil von Tierarten aus, die auf den Bestand von mächtigen Althölzern angewiesen sind. Die zur modernen Bewirtschaftung notwendige Erschließung durch Waldwege erhöht den Druck durch erholungssuchende Menschen und führt zu fast flächendeckender Beunruhigung.

Alle derartigen Veränderungen trugen vielerorts dazu bei, das vielfältigste Ökosystem unseres Landes in unterschiedlicher Intensität zu degradieren und in Richtung auf eine instabile Monokultur zu verändern. Je extremer dies verwirklicht wurde, desto geringer wurde auch die Daseinsmöglichkeit oder „-berechtigung“ für tausende von Pflanzen- und Tierarten bis hin zum Haselhuhn, Auerhuhn, Schwarzspecht oder Reh.

2.1.3.3 Gefährdung des Waldes

Nicht neu, aber inzwischen etwa seit 1981 zu katastrophalen Ausmaßen entwickelt, ist die Gefährdung des Ökosystems Wald durch allerlei *Belastungen der Luft*.

Bereits aus dem Jahr 1699 gibt es Hinweise über Waldschäden im Umkreis von Kobalt-, Eisen- und Zinnhütten des Erzgebirges. 1849 stellte eine exakte Untersuchung, die im Auftrag der sächsischen Regierung im Bereich der „Freiberger Hütten“ durchgeführt worden war, fest, daß beobachtete Waldschäden mit der Umstellung von Holzfeuerung auf Steinkohle in diesen Hütten einhergegangen war. In den Nadeln der Bäume wurden dabei höhere Konzentrationen von Blei, Arsen und Schwefelsäure nachgewiesen. Ähnliche Beobachtungen über einen Zusammenhang zwischen Waldschäden und Luftbelastung wurden seither, lokal begrenzt, immer wieder gemacht. Seit Anfang der 1970er Jahre wurden zunehmende Schäden an Tannen im Schwarzwald festgestellt. Seit Beginn der 1980er Jahre ist ein Befall auch anderer Baumarten und eine drastische flächenmäßige und auch graduelle Verschlimmerung eingetreten. 1984 hat der Anteil der geschädigten Waldflächen in der ganzen Bundesrepublik erschreckende Ausmaße angenommen (Abb. 23).

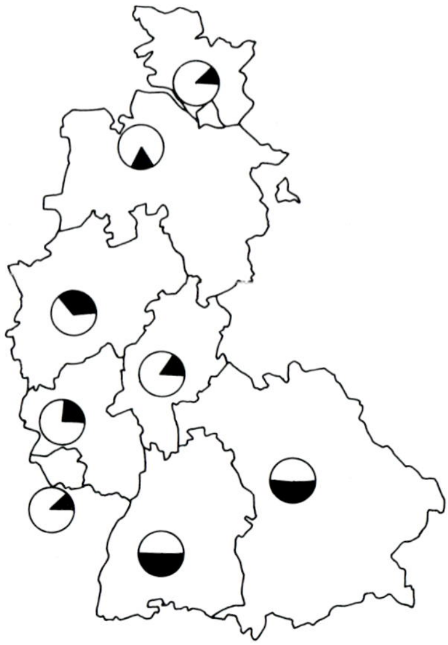

Abb. 23. Anteil der geschädigten Waldfläche in den einzelnen Bundesländern, Stand Juni 1984: Schleswig Holstein 11,8%, Niedersachsen 16,9%, Nordrhein-Westfalen 34,5%, Rheinland Pfalz 23%, Hessen 14,3%, Saarland 11,2%, Baden Württemberg 49,5%, Bayern 45,9% (aus Informationen *Meluf* Baden Württemberg 1984).

Für diese Entwicklung ist sicher nicht nur eine Ursache, sondern vielmehr ein ganzer Komplex von Ursachen verantwortlich zu machen. Nur einige der „reagierenden“ Schadstoffe seien genannt:

Schwefeldioxid – als Gas direkt auf Nadeln und Blätter, als Schweflige Säure im Niederschlagswasser und Nebel, direkt auf Nadeln und Blättern oder über dem Boden (hemmt Assimilationsleistung, bewirkt Abfall der Nadeln, Verlust des Verdunstungsschutzes usw.)

Stickoxide	– direkt oder als Ausgangssubstanz für sekundäre Verunreinigungen wie Ozon und andere Photooxidantien
Photooxidantien	– entstehen unter Einwirkung von ultraviolettem Licht, wirken ähnlich wie Schwefeldioxid und Stickstoffdioxid
Flurwasserstoff	– wird in Pflanzen angehäuft, bringt Blattgewebe zum Absterben
Chlorverbindungen	– unmittelbare Giftwirkung
Organische Verbindungen	– Wirkung weitgehend ungeklärt
Schwermetalle	– Schädigung der Pilzwurzeln und Bodenorganismen

Als Verursacher kommen vor allem Emissionen aus Industrieanlagen, Kraftwerken, Müllverbrennungen, Haushalten und natürlich dem Straßen- und Luftverkehr in Frage.

2.1.4 Anregungen für Jäger

1. Die Situation unserer Wälder verpflichtet den Jäger, wo immer möglich, sich für die Reduzierung der Luftbelastung einzusetzen. Zu dieser Verpflichtung zählt auch, für sich selbst Konsequenzen zu ziehen. (Die Geringfügigkeit eigener Konsequenzen, gemessen am Gesamtproblem, kann kein Kriterium der Entschuldigung sein – nur wenn alle mit dem Ändern bei sich beginnen, ändert sich schnell etwas, und jemand muß damit beginnen!).
2. Alle waldbesitzenden Jäger sollten die nicht nur ökologischen Vorzüge einer Plenterbewirtschaftung auf eigener Fläche praktizieren. Plenterwald kommt in seinem Aufbau der „Urwaldstruktur" am nächsten und wird den Lebensgemeinschaften des Waldes am meisten gerecht. Zudem erhält diese Betriebsweise den Boden gesund und produktionskräftig.
3. Der Jäger kann sich, wo immer möglich, für eine frühzeitige Auflockerung der Bestände einsetzen und damit die Entwicklung von Waldbodenvegetation beschleunigen und bereits vorhandene vielfältige Waldvegetation fördern.
4. Reichhaltig und mit standortgemäßer Wiesen- oder Waldvegetation bewachsene Kleinflächen sind es wert, erhalten und gegebenenfalls gepflegt zu werden. Oft wäre gerade hier die Anlage eines Wildackers fehl am Platze.
5. Wo immer möglich, soll die Struktur des Waldes erhöht werden, etwa durch Pflanzung eines Gebüschsaumes am Waldrand, entlang von Waldwegen, in Rückeschneisen, an Rainen. Allerdings soll dies nicht auf Kosten bereits hochwertiger Flächen gehen und mit Stockausschlägen und Jungpflanzen geschehen, die im Revier gewonnen werden.
6. Dem Lebensraum angemessene Schalenwilddichten zu hegen, ist eine selbstverständliche Aufgabe des Jägers.

2.2 Lebensraum Sumpf und Moor

2.2.1 Begriffe und Verbreitung in der BR-Deutschland

2.2.1.1 Nieder- und Hochmoor – zwei unterschiedliche Lebensräume

Moore sind Ausnahmelebensräume, in denen abgestorbene Lebewesen nicht völlig abgebaut werden und der Energiefluß unterbrochen ist (vgl. 1.2.1.1).

Der hohe Wassergehalt des Bodens verhindert den Zutritt von Luftsauerstoff. Abbauende Organismen können deshalb nicht tätig werden. Aus totem Pflanzenmaterial bildet sich *Torf*.

Niedermoore finden sich überall dort, wo Grundwasser die Bodenoberfläche erreicht und mindestens zeitweise übersteigt. Sie entstehen z. B. aus verlandeten, flächig

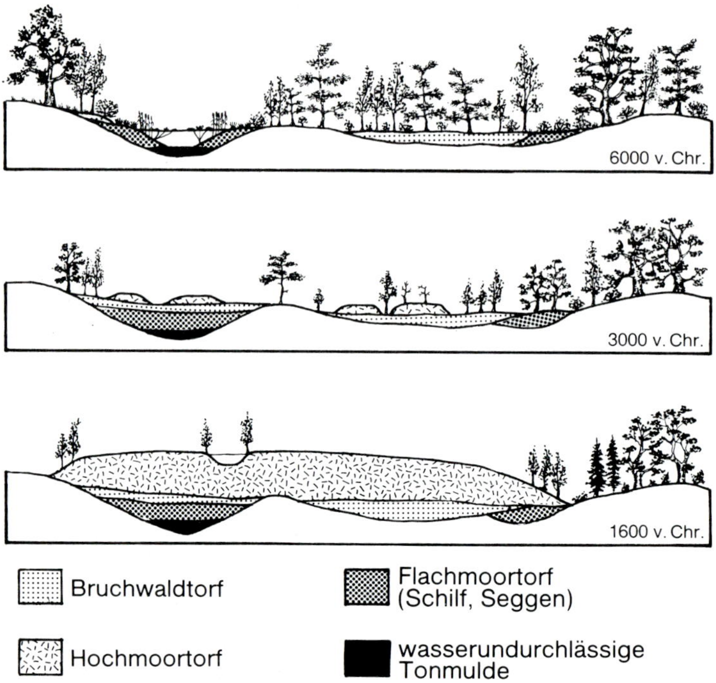

Abb. 24. Entstehung eines Hochmoores; die Verlandung eines Sees und Niedermoorbildung sind die Vorstufen (nach: *Ellenberg* 1978).

austretenden Quellen oder in Senken mit hohem Grundwasserstand.

In sehr niederschlagsreichen Gebieten können die Moos- und Torfschichten mehr und mehr über den Grundwasserspiegel hinauswachsen (Abb. 24). Der Wasserhaushalt des Moores wird immer stärker vom Niederschlagswasser abhängig. Schließlich wölbt sich das Moor so hoch, daß der Kontakt zum Grundwasser ganz abreißt. Der Wasserbedarf des nun entstandenen *Hochmoores* wird jetzt ausschließlich durch Niederschläge gedeckt. Diese müssen so reich und gleichmäßig über das Jahr verteilt sein, daß sie den Verlust durch Verdunstung und Abfluß wesentlich übertreffen (Mitteleuropa über 700 mm/Jahr).

Die Begriffe Nieder-(Flach-)moor und Hochmoor unterscheiden die beiden Moortypen aufgrund ihrer Oberflächenform (flach, hochgewölbt) und deren Lage zum Grundwasser (nieder, hoch). Ihnen entspricht die Bezeichnung *Grundwassermoor* und *Regenwassermoor*. Sie beschreibt die Form der Wasserversorgung.

2.2.1.2 Verbreitung der Moore in der Bundesrepublik Deutschland

Moore sind in der Bundesrepublik Deutschland sehr ungleich verteilt (Abb. 25). Deutliche Konzentrationen ergeben sich im Norden und Süden des Landes. Hochmoore finden sich in niederschlagsreichen Küstengebieten und in den Staulagen der Mittelgebirge und des Alpenrandes, Niedermoore in den Auegebieten von Flüssen und Strömen.

Ursprünglich betrug die Gesamtmoorfläche des Landes 1 125 000 ha, was immerhin 4,5% der Landesfläche bedeutete.

Diese Moore sind heute größtenteils nur noch in geologischem Sinne, also als Torfschichten vorhanden. In Niedersachsen sind nur etwa 8% der Hochmoore noch in einigermaßen naturnahem Zustand erhal-

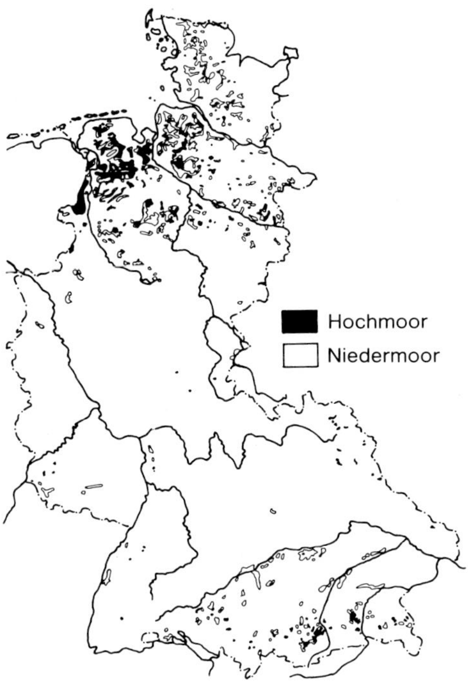

Abb. 25. Ursprüngliche Verteilung der Hoch- und Niedermoore in der Bundesrepublik Deutschland (aus *Grosse-Brauckmann* 1967).

ten, in Schleswig-Holstein sind es ebenfalls noch kaum 10%.

Ähnliche und höhere Verlustzahlen ließen sich für Hoch- und Niedermoore in allen Regionen der Bundesrepublik Deutschland anführen.

2.2.2 Niedermoore oder Flachmoore (Abb. 26)

2.2.2.1 Beschreibung des Lebensraumes

Entstehung von Niedermooren

Wo ein Bach oder Fluß in seiner Aue irgendwann Lehm abgelagert hat, der als oberflächennahe Schicht Nässe staut, wo Quellen das umliegende Gelände überrieseln, wo sich in abflußlosen Senken das Wasser sammelt, bildet sich Niedermoor. Niedermoor treffen wir auch im Uferbereich von Seen, Weihern und Teichen. Die räumliche Abfolge der Verlandungszonen zeigt uns hier die zeitlich aufeinanderfolgenden Stadien seiner Entstehung. Dem *submersen Bewuchs* der Laichkräuter und des Hornkrauts folgt die *Schwimmblattzone* der See- und Teichrosen und weiter uferwärts die Zone der *Röhrichte* (Binsen, Rohrkolben, Schilf). Die nächste Zone, das *Großseggenried*, gehört bereits zum Formenkreis des Niedermoores. Durch zu große Nässe werden Busch- und Baumbewuchs hier zunächst unterdrückt. Aus dem Großseggenried entwickelt sich ein kleinseggenreiches *Faulbaum-Weidengebüsch* und schließlich der *Niedermoorbruchwald*, meist mit Erlen. Weidengebüsch und Bruchwald wurden in früherer Zeit gerodet. Die Flächen waren für eine Beweidung wenig geeignet. Sie wurden zur Gewinnung von Winterfutter oder Einstreu gemäht. Durch diese jährlich einmalige Mahd entstanden z. T. äußerst artenreiche *Kleinseg-*

Tabelle 4: Ursprünglich vorhandene Moorflächen in einzelnen Bundesländern und in der Bundesrepublik Deutschland, absoluter und prozentualer Anteil an Landesfläche (Grosse-Braukmann 1967)

	Hochmoor		Niedermoor		Zusammen	
	ha	%	ha	%	ha	%
Niedersachsen/Bremen	330000	7,0	300000	6,3	630000	13,3
Bayern	59000	0,8	141000	2,0	200000	2,8
Schleswig-Holstein, Hamburg	25000	1,6	135000	8,6	160000	10,2
Baden-Württemberg	20000	0,6	40000	1,1	60000	1,7
Nordrhein-Westfalen	5000	0,1	60000	1,8	65000	1,9
Rheinland-Pfalz, Saarland	2000	0,1	3000	0,15	5000	0,25
Hessen	1000	0,05	4000	0,19	5000	0,24
Bundesrepublik gesamt	442000	1,8	683000	2,7	1125000	4,5

Abb. 26. Quelliges Kalkflachmoor mit dichtem Mehlprimelbestand.

genriede, Pfeifengraswiesen, Kopfbinsenriede, also *Streuwiesen*.

Lebensbedingungen im Niedermoor

Obwohl in einer 1 m dicken Niedermoorschicht bis zu 750 dt Stickstoff pro Hektar festgelegt sind, ist Niedermoortorf äußerst arm an verfügbarem Stickstoff wie auch an Phosphor.

Das liegt einerseits am geringen Abbau von Pflanzenresten, d. h. an der fehlenden Aktivierung von organisch gebundenem Stickstoff. Andererseits ist Torf nicht fähig, Stickstoff zu speichern. Unter Niedermoorbedingungen entstehen wasserlösliche Verbindungen, die laufend ausgewaschen werden. Niedermoorpflanzen kommen mit diesen Bedingungen gut zurecht.

Sie lagern den zum Stoffwechsel notwendigen Stickstoff im Herbst z. B. in Wurzelorgane ein, von wo sie ihn im Frühjahr wieder aktivieren.

Die ehemals praktizierte Streumahd kam dieser Anpassung entgegen. Sie fand ja erst im Herbst oder Winter statt, zur Zeit der Vegetationsruhe also, wenn der Stickstoffvorrat längst sicher eingelagert war.

Lebewelt des Niedermoores

Das geringe Angebot an Mineralstoffen, wie Stickstoff und Phosphor, bringt es mit sich, daß sich selbst kleinste Relief- und damit eng verbunden Feuchtigkeitsunterschiede oder ein etwas unterschiedlicher Kalkgehalt in ein vielfältiges und buntes Vegetationsmosaik durchprägen.

In feuchten Senken gedeihen Fieberklee und Sumpfschachtelhalm, Schwalbwurzenzian, Lungenenzian, verschiedene Knabenkräuter und Orchideen. Iris und Färberscharte bevorzugen teilweise etwas trockenere Bereiche. Kopfbinse, Mehlprimel und Fettkraut lieben kalkreiche, nasse Niedermoorstandorte (Abb. 26).

Dem Reichtum an Pflanzenarten steht natürlich eine ebenso reichhaltige Kleinlebe-, vor allem Insektenwelt gegenüber. Auf 16 hermetisch abgeriegelten Quadratmetern eines Besenriedes (reichhaltige Pfeifengrasgesellschaft) ließen sich so im Lauf eines Jahres nicht weniger als 15374 Individuen aus nur 6 untersuchten Gliedertierordnungen nachweisen.

Tabelle 5: Auf 16 m² Niedermoorstreuwiese festgestellte Arten- und Individuenzahlen aus 6 Gliedertierordnungen (nach Bauer 1982)

136	Käferarten mit insgesamt	1965	Individuen
12	Wanzenarten mit	150	Individuen
	Großschmetterlinge mit	29	Individuen
	Kleinschmetterlinge mit	249	Individuen
	Fliegen und Mücken mit	10129	Individuen
67	Spinnenarten mit	589	Individuen
4	Asselarten mit	2263	Individuen

In dieser Zusammenstellung blieben arten- und individuenreiche Gruppen wie Zikaden, Heuschrecken, Hautflügler (Bienen, Wespen usw.), Pflanzenläuse und andere unberücksichtigt.

Die Vogelwelt der Niedermoore setzt sich vor allem aus Arten der Verlandungszonen und solchen des feuchten Grünlandes zusammen. Während die Wasserralle und das Sumpfhuhn vorwiegend das Großseggenried bewohnen, finden wir die Bekassine sowohl im Großseggen- wie auch im nassen Kleinseggenried, Brachvogel, Kiebitz, Uferschnepfe, Kampfläufer dagegen mehr im feuchten Niedermoor und in Naßwiesen.

2.2.2.2 *Landschaftliche Bedeutung*

Bedeutung für den Wasserhaushalt

In Niedermoorgebieten entspringen viele Kleingewässer, deren Abfluß während des ganzen Jahres einen sehr ausgeglichenen Verlauf nimmt. Niedermoore haben, ähnlich dem Wald, ganz offensichtlich die Fähigkeit, Wasser in der Landschaft zurückzuhalten und erst allmählich wieder abzugeben.

Rückzugsgebiete für Arten des Grünlandes

Die Wiesennutzung wurde vor allem in „obligatorischen" Grünlandgebieten in den vergangenen Jahren stark intensiviert. Dadurch verarmte nicht nur die Flora, sondern ebenso stark auch die Fauna.

Vor allem dort stellen Niedermoore oft die einzigen Rückzugsräume für verdrängte Arten dar. Es ist deshalb notwendig, sie hier nicht der Sukzession (Bewaldung) zu überlassen, sondern die jährliche Mahd fortzusetzen.

Wichtiges Landschaftselement

Niedermoore vermögen durch ihre Reichhaltigkeit als auch durch ihre besondere Gestalt einen Landschaftsraum zu prägen.

2.2.2.3 *Nutzung und Veränderung*

Frühere Streunutzung

Niedermoorstreu wurde in früherer Zeit in mannigfacher Weise genutzt. Starker Schilfwuchs fand als Dachbedeckung oder für Matten zum Aufbringen von Putz, Pfeifengras zur Herstellung von Besen (Besenried) Verwendung. Artenreiche Pfeifengraswiesen dienten zur Heugewinnung für Pferde und Jungvieh oder als Erhaltungsfutter für Vieh insgesamt.

Großseggenstreu und artenarme Kleinseggenflächen lieferten Einstreu für die Ställe.

Als z.B. in den 1930er Jahren Überlegungen angestellt wurden, das heute mit dem Europadiplom versehene Naturschutzgebiet Wollmatinger Ried (Bodensee) mit einem Damm vor Überschwemmungen zu schützen, es trockenzulegen und aufzufüllen, schlug der Wert der Schilf- und anderen Streu so stark zu Buche, daß die mögliche Wertsteigerung der Flächen die Kosten der Maßnahmen nicht gerechtfertigt hätte. Kein Wunder, denn bis in die erste Hälfte dieses Jahrhunderts galt der Ertragswert guter Schilffelder am Bodensee etwa ebensoviel wie der mittelwertiger Getreidefelder.

Veränderungen nach Aufgabe der Nutzung

Diese Beurteilungen haben sich spätestens seit den 1960er Jahren gründlich geändert.

Welcher durchrationalisierte landwirtschaftliche Betrieb kann heute noch Streu verwenden, hat genügend Arbeitskräfte, die Streugewinnung in mühsamer Handarbeit vorzunehmen? Statt dessen versuchen die Landwirte, auch Niedermoore einer intensiven landwirtschaftlichen Nutzung zuzuführen.

Drainage: Bis in die 1970er Jahre gab es für die Entwässerung von Niedermooren staatliche Zuschüsse. (In Baden-Württemberg sind Feuchtgebiete, damit auch Niedermoorstreuwiesen allerdings seit 1976 grundsätzlich geschützt). Um geeignete Vorfluter für eine Entwässerung zu bekommen, mußten vorhandene Bäche und Gräben begradigt und eingetieft werden.

Niedermoordrainage im Verein mit diesen Maßnahmen führte zu einer beträchtlichen Verschärfung von Hochwasserspitzen.

Heute werden die damaligen „Landgewinne" nicht selten durch den Bau von Rückhaltebecken wieder „kompensiert" – nur, den ökologischen Wert von Niedermooren werden sie nie erreichen.

Neben der Veränderung des Wasserabflusses übersah man dabei auch ein weiteres Problem. Mit der durch Drainage ermöglichten Durchlüftung der Torfschichten kann der Abbau des Torfes durch Kleinlebewesen beginnen. Unter Grünland wird jährlich ca. 1 cm des Niedermoorprofiles abgebaut.

Bei Belüftung von ca. 30 cm Niedermoorprofil bedeutet dies eine Freisetzung von 250–500 kg Stickstoff pro Hektar und Jahr. Der größte Teil wird in die Vorfluter ausgewaschen und verursacht Gewässerbelastung.

Düngung und Frühmahd: Der Ausnützungsgrad von Düngergaben in Niedermooren ist sehr gering.

Stickstoffdüngung wird ebenso zu einem größeren Teil an Fließgewässer und Grundwasser abgegeben wie ein beträchtlicher Teil des Phosphors.

Die Verlustrate des Phosphors ist z. B. immerhin etwa viermal höher als in Mineralböden. Der Auswaschungsgrad von Kalium beträgt vor allem in kalkreichen Niedermooren bereits 20–40%. Ein erhöhtes Stickstoffangebot wirkt außerdem auf eine ganze Reihe von Pflanzenarten nahezu toxisch. Gerade solche stickstofffliehenden Arten sind aber bevorzugte Nahrungspflanzen vieler Tagfalterarten. Diese verschwinden dann zusammen mit ihrer Nahrung (Abb. 27).

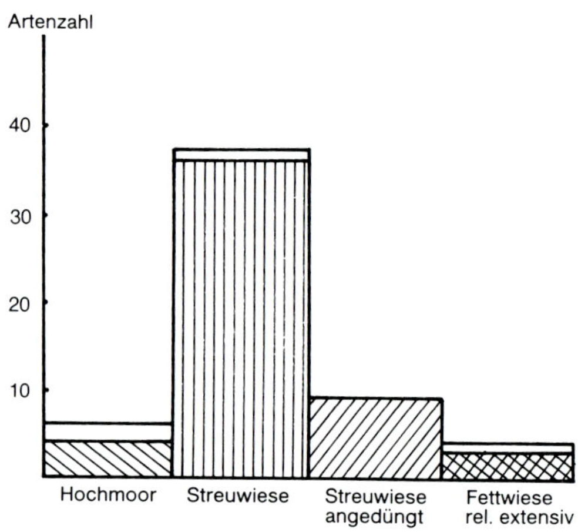

Abb. 27. Anzahl der Tagfalterarten, die auf benachbarten Lebensräumen eines Moorgebietes in Oberschwaben festgestellt wurden. Obergrenze: Gesamtzahl der Arten, schraffiert: Zahl der Arten, die sich im jeweiligen Lebensraum fortpflanzen können (nach *Marktanner* 1978).

Werden Niedermoorflächen zur Gewinnung höherwertigen Futters während der Vegetationszeit gemäht, so bedeutet dies eine Unterbrechung des pflanzeninternen Stickstoffkreislaufes.

Damit geht der Ertrag zurück, Düngung wird notwendig.

Umwandlung in Ackerland: Voraussetzung für die Ackerfähigkeit von Niedermoorböden ist eine wirksame Entwässerung. Mineralisierung, Bodenschwund und Auswaschung von Nährstoffen sind die Folge. Die vorhandenen kleinen Humusteilchen büßen bei Trockenheit ihre Quellfähigkeit sehr rasch ein. Die Oberfläche wird schwer benetzbar, Bodenteile werden leicht verweht, Verdunstung und Abfluß auf Kosten der Versickerungsfähigkeit erhöht. Die Veränderung des Bodens erschwert außerdem den kapillaren Aufstieg von Grundwasser.

Brache und Aufforstung: Eine weitere Konsequenz geänderter Nutzungsintensität ist das Brachfallen von Niedermoorstreuwiesen. Durch die Ansammlung abgestorbener Blattmasse werden zunächst vor allem die lichtbedürftigen Blütenpflanzen verdrängt. Nach einer für unterschiedliche Pflanzengesellschaften verschiedenen Zeitdauer – sie hängt vor allem ab von Feuchtigkeitsgehalt, unterschiedlicher Belüftung der oberen Bodenschichten und Streuauflage – beginnt die Gehölzbesiedlung. Sie entwickelt sich mit zunehmender Geschwindigkeit. Durch die fortschreitende Verbuschung nimmt auch die Stickstoffmineralisierung zu (verstärkter Wasserentzug!). Der Boden eignet sich mehr und mehr für andere Pflanzenarten.

Bei der Aufforstung von Niedermoorflächen mit standortgerechten Gehölzen wird das Endstadium der Sukzession vorweggenommen. Hierzu ist meist eine Entwässerung notwendig.

In der Regel sind beide Entwicklungen nicht wünschenswert, da die Erhaltung reichhaltiger Grünlandökosysteme landschaftsökologisch vorrangig ist.

2.2.2.4 Anregungen für Jäger

1. Erhaltung von Niedermoorbereichen, notfalls durch Pacht oder Kauf.
2. Pflege brachgefallener Niedermoorstreuwiesen nach Eintreten der Vegetationsruhe. Vom eigenen Einsatz über die Verhandlung mit einem Landwirt, der die Pflege übernehmen könnte bis zur Organisation eines Einsatzes von Jugendgruppen zur Pflege (mit gleichzeitiger Heranführung an Natur und Jagd) sind verschiedene Aktivitäten denkbar.
   Die Pflege solcher Flächen erhält nicht nur den Lebensraum, sondern auch die notwendige Kräutervielfalt für Reh und Hase.
   Das Mähgut muß entfernt werden, da durch seine Rottung Nährstoffe in das Niedermoor gelangen würden.
3. Erhöhung des Strukturreichtums von Niedermooren etwa durch Schaffung von Kleingewässern oder Gebüschen. Es versteht sich von selbst, daß solche Maßnahmen unter größter Rücksichtnahme etwa auf hochwertige Pflanzenbestände erfolgen müssen. Es gibt keinen Sinn, wenn „Biotophege" den Wert einer Fläche nicht erhöht, sondern verringert.
   Gebüsche sollten möglichst randlich oder an Gräben angesiedelt werden (Mineralisierung). Es sollten Sträucher aus dem Lebensraum verwendet werden (z. B. Faulbaum, Kreuzdorn, Pfaffenhütchen, Schneeball, standortgerechte Weidenarten).
   Begründung für Gebüsche: Zuordnung von Deckung und Brutmöglichkeit zu artenreichem Grünlandbiotop.
   Auch Gewässer sollten sehr sorgfältig geplant werden. Torfaushub mineralisiert und kann zum schädlichen Nährstofflieferanten für hochwertige Niedermoorflächen werden.
   Begründung für Gewässer: Schaffung von Biotopeinheiten etwa für Amphibien; Bsp. Zuordnung von Laichgebiet zu Sommerlebensraum.

2.2.3 Hochmoor

2.2.3.1 Beschreibung des Lebensraumes (Abb. 28)

Entstehung von Hochmooren

Aus dem Bruchwaldstadium des Niedermoores, aus Moorwäldern oder kalkarmen Streuwiesen kann sich die Entwicklung zum Hochmoor fortsetzen. Meist wird dabei ein eigenes, von beiden Räumen unterscheidbares Zwischenstadium durchschritten, das als *Zwischen*- oder *Übergangsmoor*

Elemente beider Lebensgemeinschaften aufweist.

Lebensraumbedingungen des Hochmoores

Niederschlagswasser ist sehr nährstoffarm. Deshalb sind Staub und Düngestoffe, die von Regen und Wind ins Moor gebracht werden, die einzigen Nährstoffe, die der Lebensgemeinschaft zur Verfügung stehen.

Unter diesen Bedingungen gedeihen vor allem Torfmoose. Sie haben, wie alle Moose, keine Wurzel, sondern sterben in dem Maß an der Basis ab, in dem sie an der Sproßspitze weiterwachsen. In den Hochmooren Oberschwabens wurden jährliche Zuwachswerte von 7–19 mm gemessen. Selbst wenn diese Menge durch wachsende Auflast schließlich auf ca. 0,5 mm/ Jahr reduziert würde, so ergäbe sie immerhin

in 10	Jahren eine Torfschicht	von 0,5 cm,
in 100	Jahren	von 5 cm,
in 1000	Jahren	von 50 cm.

Die Oberfläche von Torfmooren wölbt sich also recht schnell hoch über den Grundwasserspiegel hinaus, der Begriff „Hochmoor" ist durchaus angebracht.

Neben der ausschließlichen Deckung des Wasserhaushaltes durch Niederschlag, der ausgeprägten Nährstoffarmut, dem andauernden, relativ raschen Hochwachsen der Oberfläche ergibt sich mit der ungepufferten Säureproduktion von Torfmoosen eine vierte prägende Eigenart des Hochmoorlebensraumes, sein geringer pH-Wert. Werte zwischen pH 3 und pH 4 sind durchaus normal.
Diese vier Eigenschaften charakterisieren Hochmoore als einen völlig eigenständigen Lebensraum, der in unseren Landschaften ohne Parallelen ist.

Lebewelt des Hochmoores

Entsprechend sind es auch nur wenige hochspezialisierte Arten, die hier überleben können: Wir finden arktische und alpine Arten, für die das Hochmoor mit seinem eigenen Klima einen Reliktstandort darstellt. Arten wie die Torfmoose erinnern in ihrem Aufbau fast schon an Wasserpflanzen. Andere Arten wie Heidekraut, Moosbeere, Rosmarinheide, Scheidewollgras zeigen Anpassungen, die wir sonst nur bei Pflanzen extremer Trockenstandorte kennen. Dort dienen sie dem Verdunstungsschutz, wie etwa Borstenblätter, immergrüne Blätter mit verdickter Oberhaut oder mit Wachsüberzug. Für die Hochmoorbewohner stellt dies eine Anpassung an die Nährstoffarmut dar, die es ihnen ermöglicht, auf die Winterruhe zu verzichten und bei +1° C ebenso ungestört Sonnenenergie zu binden wie bei +20° C.

Der Rundblättrige Sonnentau schließlich deckt seinen Stickstoffbedarf durch den Fang von Insekten.

Zu den Bewohnern intakter, wachsender Hochmoore gehören vor allem Torfmoose, Scheidewollgras, Blumenbinse, Schlammsegge in Senken und Blänken, andere Torfmoose, Rundblättriger Sonnentau, Moosbeere, Sumpfrosmarin und andere auf *Bülten* (Vegetationspolster). Reicht die Wasserversorgung aus klimatischen Gründen oder wegen einer Vorentwässerung nicht mehr aus, so kommt das Mooswachstum zum Stillstand. Heidekraut, Bergkiefern und in ihrem Schutz Heidel-, Rausch- und Preiselbeere siedeln sich an. Ist das Moor weiter ausgetrocknet, beginnt es sich zu bewalden. In der Tierwelt gibt es hochspezialisierte Hochmoorbewohner neben solchen Arten, die in Nordeuropa und in den Alpen andere Räume, in tieferen Lagen Mitteleuropas aber Hochmoore besiedeln.

2.2.3.2 *Landschaftliche Bedeutung*

Wasserhaushalt

Torfmoose können das 15- bis 30fache ihres Trockengewichtes an Wasser aufnehmen.

Da sie außerdem dichte Rasen bilden, ergibt sich zwischen den feinen Blättchen ein zusätzliches Hohlraumsystem zur Speiche-

Abb. 28. Offenes Hochmoor mit Torfmoosen und Scheidewollgras; mit zunehmender Trockenheit können Bergkiefern Fuß fassen, die im Moorinnern klein und buschförmig bleiben, sich in trockeneren und randlichen Bereichen aber zu einem Bergkiefernwald verdichten.

rung von Niederschlägen. Sphagnumhochmoore stellen also gewaltige Schwämme in der Landschaft dar.

Nach einem im Anschluß an fünftägige Trockenheit niedergegangenen Starkregen wurde aus einem kultivierten Hochmoor das 2,6fache Abflußmaximum gegenüber einem unberührten Hochmoor gemessen. Beim entwässerten Hochmoor trat die Abflußspitze zwar 1,5 Stunden nach der des ungestörten Moores auf, dagegen benötigte der Abfluß aus dem ungestörten 10 Stunden länger als aus dem entwässerten Moor, bis er auf die Hälfte des Spitzenwertes gesunken war.

In einem anderen Fall setzten die verdichteten Torfschichten eines entwässerten Hochmoores nach längerer Trockenzeit einer erneuten Durchfeuchtung sogar Widerstand entgegen und bewirkten als „Stauhorizont" starken Oberflächenabfluß.

Die Rolle intakter Hochmoore für den Wasserhaushalt eines Gebietes ist also beträchtlich.

Klimatische Wirkung

Das Mikroklima von Mooren und ihrer Umgebung ist gekennzeichnet durch hohe Luftfeuchtigkeit und verstärkte Nebeltätigkeit. Starke Temperaturschwankungen im Bereich von Hochmooren geben seinem Mikroklima ein kontinentales Gepräge.

Natürlicher bis naturnaher Landschaftsraum

Obwohl intakte und auch noch flachgründig entwässerte Hochmoore zu den letzten ungenutzen natürlichen und naturnahen Räumen der Landschaft zählen, ist ihre Funktion als Rückzugsräume begrenzt.

Die Notwendigkeit hochspezialisierter Anpassungen hindert die meisten Pflanzen- und Tierarten daran, sich in diesen Extremlebensraum zurückziehen zu können. Hochmoore sind also völlig eigenständige Lebensräume mit einer relativ geringen Zahl an Bewohnerarten, die in unseren Breiten großteils nur hier leben können.

Natürlich ist diese Begrenzung nicht absolut. Hochmoorbewohner wie der Moorgelbling (ein Tagfalter) sind mindestens zeitweise auf umliegenden, blütenreichen Niedermooren zu finden. Der Brachvogel, der ursprünglich wohl vor allem auf den weiten Hochmoorflächen einen Lebensraum gefunden hatte, hat seine Besiedlung auf nasse Grünflächen ausgedehnt. Birkwild brütet in den süddeutschen Hochmooren im Bereich der buschigen Hungerformen der Bergkiefern, verbringt den Sommer in den Beerenbeständen des höherwüchsigen Bergkiefernwaldes, kommt aber im Herbst und Frühjahr gern auf angrenzende Niedermoore und Wiesen, um dort Nahrung aufzunehmen. Schließlich werden Hochmoore auch von Feldhase und Rehwild bewohnt. Sie nutzen allerdings ebenfalls das Nahrungsangebot des umliegenden Grünlandes.

2.2.3.3 Nutzung und Veränderung

Bereits vor über 100 Jahren begann in den Hochmooren Norddeutschlands die Brenntorfgewinnung. Eine stärkere Nutzung setzte im 17. Jahrhundert ein. Damals wurden weite Gebiete flach entwässert und bis ins 19. Jahrhundert im Wechsel *geplaggt* (Vegetation und Wurzelhorizont werden abgeschält) und beweidet. Es entstanden weite, fast baum- und strauchlose Heideflächen als Stillstandskomplexe der Moore. Im 18. Jahrhundert setzte die Moorbrandkultur ein. Nach oberflächlicher Entwässerung wurden Flächen abgebrannt (Asche als Dünger) und mit Buchweizen bestellt. Beide extensiven Nutzformen wirkten sich überaus positiv auf die Bestandsentwicklung etwa von Brachvogel und Birkhuhn aus.

Mit dem Ende des 19. Jahrhunderts setzte die „Deutsche Hochmoorkultur“ ein. Sie ermöglichte vor allem in Norddeutschland, Hochmoorgebiete durch massive Entwässerung und Tiefpflügen in landwirtschaftliche Flächen überzuführen. Diese wurden als Grünland oder Acker genutzt, teilweise aufgeforstet. Die starke Entwässerung entzog auch den übriggebliebenen Moorbereichen so viel Wasser, daß sie vor allem mit Birken bewalden konnten. In süddeutschen Hochmooren blieben derartige Kultivierungen die Ausnahme.

In neuerer Zeit gehen in Norddeutschland insbesondere durch industriellen Torfabbau große Moorflächen und Torflagerstätten verloren.

Diese Torfe werden zu einem beträchtlichen Teil zur Herstellung von Blumenerde und Gartentorf verwendet. Die Frage, ob es vertretbar ist, für diesen Zweck wertvolle Lebensräume zu opfern, soll hier nur in den Raum gestellt sein.

In Süddeutschland wurden Hochmoore überwiegend zur Streu- und Brenntorfgewinnung genutzt.

Derzeit findet nur noch sehr lokal eine Nutzung etwa zur Gewinnung von Badetorf statt. Allerdings sind viele der hier im Vergleich recht kleinflächigen Moore durch die Brenntorfgewinnung vergangener Jahrzehnte so stark vorentwässert, daß sie nun nach und nach bewalden.

Erholungswert

Die Wildheit von Hochmooren wird gern zur Fremdenverkehrsattraktion gemacht. Intakte Hochmoore sind allerdings äußerst trittempfindlich, Schäden durch Publikumsverkehr sind inzwischen zu einem beträchtlichen Problem für hochwertige Moorflächen geworden.

2.2.3.4 Anregungen für Jäger

1. Jäger sollen sich, zumindest wo sie noch Hochmoorlebensräume in ihrem Aktionsbereich finden, für die Erhaltung bzw. Reaktivierung dieser Gebiete engagieren. Solches Engagement könnte sich z. B. in Form von Entbuschungsaktionen oder Anstau nicht mehr benötigter Entwässerungskanäle oder Torfstiche äußern.
2. Angesichts der starken Empfindlichkeit von Hochmooren gegen Nährstoffeintrag ist es selbstverständlich, daß bei der

Abb. 29. Ein reich bewachsener Niedermoorteich mit Großseggen, Fieberklee, Teichschachtelhalm; hier brütet bevorzugt die Krickente.

Gestaltung und Anlage von Reviereinrichtungen äußerste Vorsicht geboten ist. Schädlicher Nährstoffeintrag kann sich sehr leicht an Fütterungen und in den meisten Fällen bei der Anlage von Wildäckern ergeben.

3. Jäger sollen sich an der Lenkung von Erholungssuchenden in unempfindliche verheidete Hochmoorbereiche und notfalls an der Überwachung von Betretungsverboten in intakten Hochmooren beteiligen.
4. Zu hohe Rehwildbestände können auch im nährstoffarmen Hochmoor zum wenn auch nicht wirtschaftlichen, so doch ökologischen Problem werden. Der Druck des Wildes ist nicht selten eine Reaktion auf zu stark beunruhigte Reviere und ein Ausweichen auf solch relativ störungsarme Lebensräume.

2.3 Lebensraum Gewässer

2.3.1 Stehende Gewässer

2.3.1.1 Beschreibung des Lebensraumes

Natürliche Entstehung von Stehgewässern

Weitaus die größte Zahl der natürlich entstandenen Stehgewässer unseres Landes haben sich im Gefolge der Eiszeit gebildet. Vom Gletscher ausgeräumte, wasserundurchlässige Senken füllten sich mit Wasser; durch die Ablagerung von Moränen entstanden „Stauseen". Im Bereich von Endmoränen konnten nach dem Abschmelzen des Gletschers gewaltige Eisblöcke unter dem Moränengeschiebe überdauern. Als auch sie schließlich abgeschmolzen waren, blieben Hohlformen, Toteislöcher oder Söllen zurück, die sich je nach Untergrund ebenfalls mit Wasser füllen konnten.

In manchen Landschaften verdanken wir heutige Gewässer auch tektonischen Vorgängen; es handelt sich um Maare oder Kraterseen.

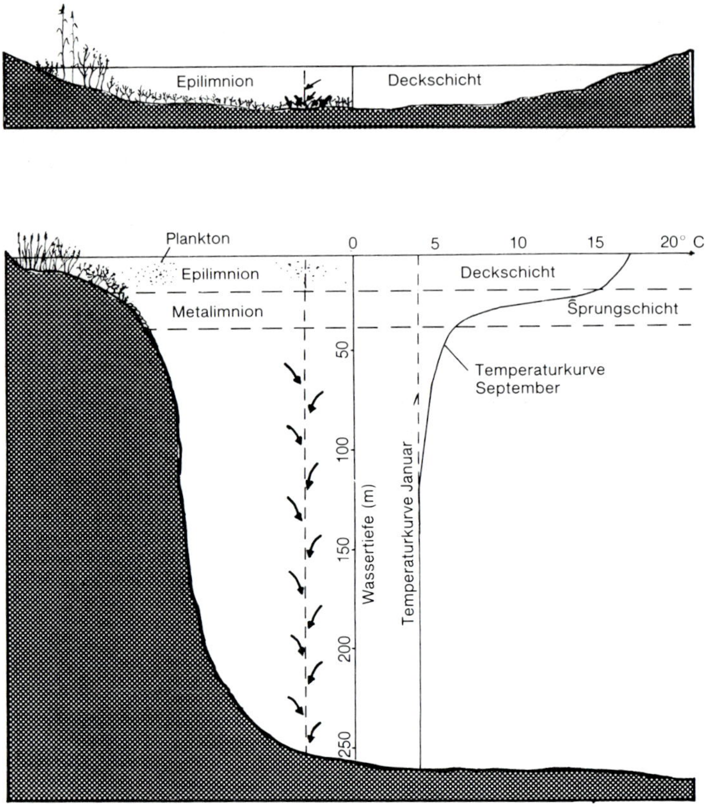

Abb. 30. Schichtung und Lebensräume in Weiher und See. Im flachen Weiher ist ganzjährig eine Durchmischung des Wassers möglich. Bakterien können wegen des geringen Absinkweges erst am Grund ihre Abbautätigkeit aufnehmen.
Der tiefe See bildet nur im Winter eine homogene Wassermasse, die von Winden durchgemischt werden kann. Im Sommer verhindern starke Temperatur- und Dichteunterschiede einen Sauerstoffeintrag in die Tiefe. Abgestorbene Organismen werden hier bereits auf dem langen Absinkweg mineralisiert – vorausgesetzt, es ist genügend Sauerstoff vorhanden.
Pfeile: markieren den Angriff abbauender Bakterien (nach *Zahner* 1963).

Lebensraumbedingungen in Seen

Als *See* werden Gewässer bezeichnet, die tief genug sind, im Sommer eine Schichtung des Wasserkörpers auszubilden (Abb. 30).

Wasser besitzt bei +4 °C sein größtes spezifisches Gewicht. Ehe ein Gewässer im Winter zufriert, kühlt sich sein Oberflächenwasser zunächst nur bis +4 °C ab und sinkt dann in die Tiefe. Erst wenn der gesamte Wasserkörper diese Temperatur erreicht hat, kann die Abkühlung der Oberfläche tiefere Werte erreichen.

Der Zeitraum, in dem der Wasserkörper eine gleichförmige Dichte aufweist, ist für tiefe Seen von großer Bedeutung. Es ist dies die einzige Zeit im Jahr, in der Winde es schaffen, auch sehr tiefe Seen so zu bewegen, daß der gesamte Wasserkörper umgewälzt und vermischt wird. Es ist die einzige Zeit des Jahres, in der die Tiefe des Sees „Luft holen kann", in der sauerstoffreiches Wasser nach unten gelangt.

Wenn das Oberflächenwasser unter +4 °C abkühlt, tritt wieder eine Schichtung ein, die der Durchmischung Widerstand entgegensetzt. Diese „Winterstagnation" wird vollkommen, wenn die Wasseroberfläche schließlich auf 0 °C abkühlt und gefriert.

Im Frühjahr wiederholt sich der Vorgang auf umgekehrtem Wege, ehe sich die Wasseroberfläche über +4 °C erwärmt.

Im Sommer haben sich im See drei Schichten gebildet: eine *Deckschicht (Epilimnion)*, die „Badetemperatur" erreicht; eine Schicht, in der die Temperaturwerte sehr schnell abnehmen – diese *„Sprungschicht" (Metalimnion)* besitzt so hohe Dichteunterschiede, daß sie während des Sommers als Durchmischungsbarriere wirkt; in der darunter folgenden *Tiefenschicht (Hypolimnion)* wird das Wasser in größerer Tiefe auch im Sommer nicht wärmer als +4° C.

Diese physikalischen Abläufe im Wasser tiefer Seen sind für ihre Entwicklung als Lebensraum von großer Bedeutung.

Lebewelt von Seen

In der durchlichteten Deckschicht gedeihen bei geringer Tiefe (Uferzone) nicht nur höhere Wasserpflanzen:

Die Hauptmasse der produzierenden Pflanzen des Freiwasserbereiches wird von winzigen Planktonalgen gebildet. Von ihnen reicht die Nahrungskette über das Zooplankton zu den Fischen.

Alle absterbenden Lebewesen sinken als dauernder organischer Niederschlag in die Tiefe. Auf diesem Weg und auf dem Grund setzen die abbauenden Organismen, vor allem Bakterien, mit ihrer Zersetzungsarbeit an. Je länger der Absinkweg ist (bei sehr tiefem Wasser), desto vollständiger werden die absinkenden Kleinorganismen bereits mineralisiert, ehe sie den Grund erreichen. Abbauorganismen benötigen Sauerstoff für ihre Tätigkeit. Sind in einem Jahr einmal mangels Wind zur rechten Zeit oder mangels ausreichender Abkühlung die Durchmischung und der Sauerstofftransport in die Tiefe unterblieben, kann es dort zum Aufbrauchen des Sauerstoffvorrats kommen. Andere Bakterien (Fäulnisbakterien) können jetzt die Arbeit beginnen. Ihr Abbau geht allerdings langsamer und ohne völlige Mineralisierung vonstatten. Es bleiben Nährstoffe übrig, die bei der nächsten Durchmischung an die Oberfläche gelangen und dort die Pflanzenproduktion verstärken. Die Menge absinkender Organismen vergrößert sich, der Sauerstoff kann schneller aufgebraucht werden. In flachen Gewässern ist die Abbauleistung während des Absinkens gering, dagegen ist hier meist ganzjährig eine Sauerstoffversorgung des Gewässergrundes möglich.

In jedem Fall entwickelt sich der See von einem nährstoffarmen zum nährstoffreichen Gewässer, er altert. Unter natürlichen Bedingungen benötigt eine solche Entwicklung sehr lange Zeiträume. Die Dauer wird stark verkürzt, sobald dem System Nährstoffe von außen, etwa in Form von Abwässern, zugeführt werden. Dies geschieht heute fast bei jedem Flächengewässer in reichem Maße – sauerstoffarme, mehr oder weniger lebensfeindliche Tiefenzonen sind deshalb fast in jedem tieferen See anzutreffen. Die Alterung eines Sees wird aber nicht nur durch die Vorgänge in den Lebensbereichen der *Freiwasserzone* und der *Tiefenschicht* charakterisiert. Sie läßt sich auch im dritten Lebensbereich, der *Uferregion*, erkennen.

Der nährstoffarme (oligotrophe) See besitzt noch keine nennenswerte Ufervegetation. Mit zunehmender Nährstoffanreicherung (*Eutrophierung*) ändert sich dies zunächst. Es bilden sich im durchlichteten Bereich 3 (4) Vegetationszonen aus (Abb. 31).

In tieferem Wasser gedeihen die eigentlichen Unterwasserpflanzen, von denen die einen unter Wasser blühen, die anderen ihre Blüte über den Wasserspiegel hinausheben. Zu ihnen gehören die verschiedenen Laichkräuter, das Tausendblatt und als Neubürger (aus Nordamerika) die Wasserpest ebenso wie das Hornkraut und die Armleuchteralge.

Uferwärts folgt darauf die Zone der Schwimmblattgewächse mit Wasserknöterich, Schwimmendem Laichkraut und See- sowie Teichrosen (Abb. 32). Sie haben das Leben der Landpflanzen beibehalten, indem sie die lebensnotwendigen Nährstoffe nicht wie „echte“ Wasserpflanzen mit der gesamten Oberfläche aus dem Wasser, sondern mit der Wurzel aus dem Gewässergrund aufnehmen und ihre Blätter zur Assimilation an die Wasseroberfläche schikken.

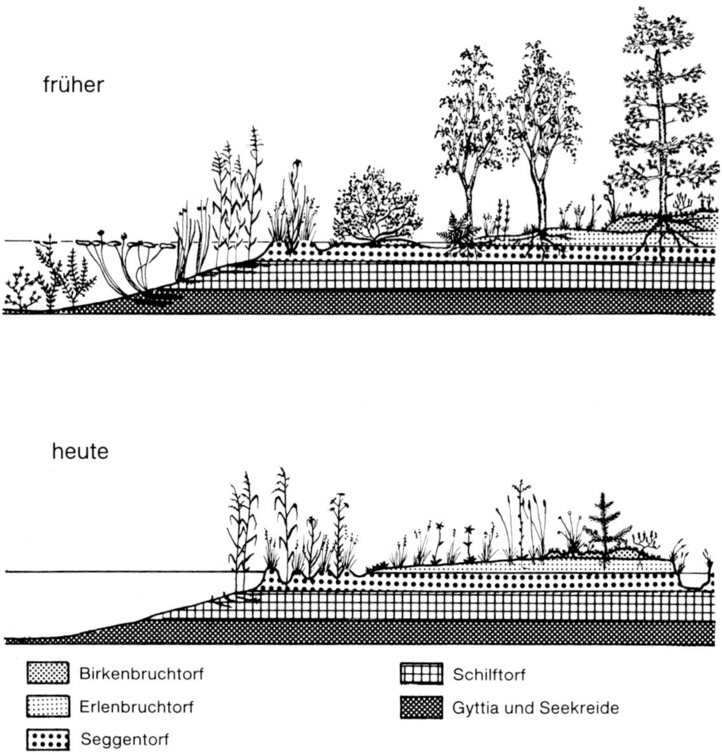

Abb. 31. Vegetationsgürtel an einem nährstoffreichen See – früher und heute. Im Urzustand waren die Ufer weitgehend bewaldet und mehr oder weniger reiche Wasserpflanzenbestände ausgebildet. Heute fehlen die Wasserpflanzen großenteils, die Ufer sind gerodet und bestenfalls als Streuwiesen erhalten (nach *Wildermuth* 1980).

An diese Zone schließt sich das Röhricht mit Seebinse und Schilf an. Sie wurzeln im Gewässergrund und entfalten ihre Blattmasse bereits weit über der Wasserfläche. Die nächste Uferzone wird vom Großseggengürtel gebildet, der, vom Röhricht meist nicht scharf getrennt, auch dem Niedermoor zugerechnet wird.

Die so gestaltete Uferzone ist Lebensraum für eine außergewöhnlich arten- und individuenreiche Fauna, darunter zahlreiche Wasservogelarten.

Unterwasservegetation und Schwimmblattvegetation ergeben neben den im Wasser stehenden Halmen des Röhrichts eine ungeheuer vielfältige Gliederung des Wasserraumes. Hier können Fische ablaichen und haben Wasserinsekten bzw. deren Larven die Möglichkeit, große Dichten zu entwickeln. Hier sind deshalb auch Tauchenten und Schwarzhalstaucher wie Zwergtaucher anzutreffen, die sich überwiegend von Insektenlarven ernähren. Besonders der Schwarzhalstaucher wird deshalb nur in Gewässern mit reicher Tauch- und Schwimmblattvegetation zu finden sein.

Flache, reich bewachsene Gewässer werden auch von Krickente, Knäkente und Löffelente als Wohngewässer genutzt. In Binsen und Großseggenrasen, die mindestens 30–50 cm überflutet sind, finden sich die Schwimmnester der Taucherarten. Tauchenten und Löffelenten ziehen die Sicherheit von Inseln und im Wasser stehenden Seggenbülten vor, während Krick-, Knäk-, Schnatter- und Stockenten auch in einiger Entfernung vom Wasser auf trockeneren Standorten brüten.

Das Röhricht wird neben den Rohrsängern von beiden Rohrdommeln und verschiedenen Rallen bewohnt, die den Lebensraum bis in die Großseggenzone ausdehnen. Sie teilen diesen Raum mit der Rohrweihe.

Abb. 32. Schwimmblattzone eines Sees mit dichtem Seerosenbestand, an den sich ein zunächst schütteres Seebinsen-Röhricht anschließt.

Weiher und Teiche

Natürliche Flachgewässer ohne Tiefenschichtung werden als *Weiher* bezeichnet.

In ihnen ist quasi nur die „Deckschicht“ ausgebildet.

Teiche wurden teilweise bereits im Mittelalter zum Zweck der Fischproduktion (als Fastenspeise) künstlich aufgestaut; ihr Wasserstand ist deshalb regulierbar. Sie bilden weitgehend eine künstliche Parallele zum Weiher.
Tümpel schließlich sind sehr kleine Gewässer natürlichen oder künstlichen Ursprungs, die eine sporadische oder auch eine ganzjährige Wasserführung aufweisen.

2.3.1.2 Landschaftliche Bedeutung

Wasserhaushalt und Klima

Die meisten Flachgewässer besitzen sowohl Zu- als auch Abfluß. In Zeiten starker Niederschläge wirken sie durchaus als Hochwasserpuffer. Vor allem reich bewachsene Gewässer tragen mit ihrer Verdunstung zur Befeuchtung der Luft bei.

In der kalten Jahreszeit wirkt die nur langsam mögliche Abkühlung großer und tiefer Seen teils durch erhöhte Nebelbildung sehr ausgleichend auf das Klima der umliegenden Landschaft.

Erholung

Stehende Gewässer sind fast immer Anziehungspunkt für erholungssuchende Menschen.

2.3.1.3 Nutzung und Veränderungen

Nährstoffeintrag durch Abwässer und Landwirtschaft

Jedes stehende Gewässer enthält gelöste Nährstoffe, die eine unterschiedlich große Bedeutung für den Stoffhaushalt der Organismen haben. Um in die organische Produktion eingehen zu können, müssen diese Stoffe in einem bestimmten Mengenverhältnis vorhanden sein. So kann das Stickstoffangebot in einem Gewässer nur so lange den Ertrag an pflanzlichen Organismen steigern, als gleichzeitig Phosphat verfügbar ist.

Auch in natürlichen nährstoffreichen Gewässern wurde etwa die Algenproduktion meist geringer gehalten, als dies aus dem Angebot bestimmter Nährstoffe zu erwarten gewesen wäre, weil ein wichtiger Stoff nur in geringerer Konzentration vorlag (*Minimumsfaktor*).

Mit den zunehmenden Düngerauswaschungen aus landwirtschaftlich genutzten Böden und mit der zunehmenden Belastung der Gewässer durch Abwässer wurde dieser „Hemmschuh" in weitaus den meisten Seen, Weihern und Teichen außer Kraft gesetzt. Dieses Nährstoffüberangebot kann auf verschiedene Wasserpflanzen geradezu giftig wirken und ihr rasches Aussterben in solchen Gewässern herbeiführen.

Nährstoffbelastung verursacht je nach Erwärmungsgrad des Wassers Massenentwicklung verschiedener Algen. Fast jährlich können wir heute von großen Fischsterben hören, die im Anschluß etwa an eine Blaualgenblüte durch die bei der Zersetzung freiwerdenden und für Fische giftigen Stoffwechselprodukte dieser Pflanzen hervorgerufen werden.

Durch die mächtige Steigerung der Produktion pflanzlichen Planktons reduziert sich außerdem die Tiefe, bis zu der Licht in das Wasser eindringen kann, von mehreren Metern (in tiefen nährstoffarmen Seen ca. 30 m) auf weniger als 50 cm. Die in größeren Tiefen beheimatete Unterwasservegetation kann im Dunkeln so wenig gedeihen wie Landpflanzen. Die großen Massen absterbender Planktonorganismen können nicht mehr mineralisiert werden. Statt dessen bildet sich sauerstoffloser, dafür methan- und schwefelwasserstoffreicher Faulschlamm, in dem sich Muscheln und Wasserinsekten-Larven ebensowenig halten können wie die Wurzeln der See- oder Teichrose, des Schwimmenden Laichkrautes oder der Seebinse.

Das Nischenangebot im Gewässer wird also durch ein Nährstoffüberangebot sehr rasch und nachhaltig zerstört. Fauna und Flora verarmen, werden reduziert auf wenige, allerdings massenhaft vorkommende Arten, die unter diesen Bedingungen noch leben können.

Mit den Nährstoffen gelangen über das Abwasser natürlich noch eine große Zahl anderer Stoffe in die Gewässer, über deren Wirkung wir im einzelnen oft noch völlig unzureichend Bescheid wissen:

Wie viele Laichkräuter sind durch eingeschwemmte Herbizide schon verschwunden? Wie wirken sich all die Säuren, Laugen, Weichmacher, WC-Steine und andere Haushaltsgifte, die heute ja in wachsender Zahl und Menge ins Abwasser gelangen, auf unsere Gewässer aus? Wie viele empfindliche Wasserpflanzen und -tierarten sind das Opfer „porentiefer Reinheit" geworden?

Fischerei

In vielen Fällen übt die heutige fischereiliche Nutzung von Gewässern einen negativen Einfluß auf deren Lebensgemeinschaften aus.

Zur Bewirtschaftung nährstoffreicher Flachteiche gehörte früher das jährliche Ablassen und die „Auswinterung" des Schlammes. Damit wurde eine weitgehende Mineralisierung der angesammelten Schlammablagerungen erreicht.

Die derzeitige angelsportliche Nutzung dieser Teiche setzt kein regelmäßiges Ablassen voraus. Innerhalb weniger Jahre sammeln sich große Schlammengen an, die das Gewässer verstärkt belasten, zur Verarmung von Flora und Fauna führen, eine rasche Verlandung bewirken und bei erneutem Ablassen das gesamte unterliegende Gewässersystem überlasten.

Bei Besatz nach angelsportlichen Gesichtspunkten werden nicht selten synökologische Aspekte außer acht gelassen.

Künstlich überhöhte Räuberdichte wirkt sich in einem Gewässer nicht anders aus als in Lebensgemeinschaften des Landes. Zu große Besatzdichten pflanzenfressender Fische (z. B. Graskarpfen) führen ebenso zur Übernutzung der Wasservegetation wie überhöhte Schalenwilddichten.

Es lassen sich direkte Einflußketten vom Graskarpfen über die Wasserpflanzenbestände (als Nahrung, als Lebensraumstruktur) bis zur Besiedlung durch Wasservögel herstellen (Enten, Taucherarten).

An einem größeren Flachsee in Oberschwaben machte sich Ende der 1970er Jahre ein zunächst unerklärliches Ausbleiben des Aufzuchterfolges zahlreicher dort brütender Schwarzhals- und Zwergtaucher, Stock-, Reiher-, Tafel-, Krick-, Schnatter- und anderer Entenarten bemerkbar. Als dieser See schließlich an einen Berufsfischer verpachtet worden war und dieser den Fischbestand mit Trappnetzen bewirtschaftete, wurde klar, daß die Lappentaucher- und Entenküken einem völlig überhöhten Bestand großer Hechte zum Opfer gefallen waren. Der inzwischen wieder normale Aufzuchterfolg nach der Entnahme der Hechte bestätigt die Beobachtung.

Tourismus

Eine wachsende Beeinträchtigung der Lebensgemeinschaften an Seen, Weihern und Teichen entsteht aus dem zunehmenden Druck durch Erholungssuchende. Badebetrieb, Camping, Bootfahren, Surfen und Sportangelei verursachen neben dauernder Beunruhigung auch Schäden an der Ufer- und der Schwimmblattvegetation. Werden z. B. durch Ruderschlag oder Surfbretter Seerosenblätter abgerissen, dringt Wasser in die „Luftversorgung" der Stengel und des Wurzelstockes ein. Sie werden geschädigt und schließlich abgetötet.

Durch dauernde Beunruhigung verschwinden vor allem die empfindlicheren Wasservögel aus diesem Lebensraum.

2.3.1.4 Anregungen für Jäger

1. Da auch Fischer, zumindest in Baden-Württemberg, zur Hege verpflichtet sind, könnten Jäger bei der Aufstellung von Befischungsrichtlinien beratend eingreifen.
2. Jäger sollten als Kenner der einzelnen Gebiete bei der Ausweisung von Ruhezonen und bei sonstigen Einschränkungen des Gemeingebrauches an Gewässern mitwirken.
3. In manchen Fällen ergibt sich die Möglichkeit, durch die Anlage reich strukturierter Kleingewässer Ersatzbiotope zu schaffen. Diese Biotope können dann besonders wirksam sein, wenn in erreichbarer Entfernung von größeren aber unruhigen Gewässern ein Platz zu sicherer Brut geboten werden kann. Altvögel mit Küken können in diesen Fällen dann das nahrungsreichere Großgewässer aufsuchen.
4. Nicht selten besteht bei der Gestaltung von Baggerseen die Chance, nährstoffarme Gewässerlebensräume zu schaffen.
5. Jäger sollten mithelfen, Nährstoffeintrag in Gewässer zu verhindern oder zu reduzieren (Bsp. Gespräche mit Landwirten über Düngeschutzstreifen am Ufer). Stark eutrophierte Gewässer enthalten kein artenreiches Wasserwild. Auch bei der Neuanlage von Gewässern sollte dies beachtet werden.

2.3.2 Fließgewässer

Seen und Weiher sind seit langem wegen ihrer klaren Grenzen beliebte Objekte synökologischer Forschung. Fließgewässer stellen das genaue Gegenteil dar. Wie ein Adernetz durchziehen sie eine Landschaft und entsprechend vielfältig sind die Wechselbeziehungen zwischen Lebensräumen und den Vorgängen in den Gewässern, von den Quellen bis hin zur Mündung.

2.3.2.1 Beschreibung des Lebensraumes (Abb. 33)

Gestaltende Kräfte in Fließgewässern

Fließendes Wasser benötigt Energie, um die innere Reibung des Wasserkörpers und die äußere Reibung an der Oberfläche des Bettes zu überwinden.

Je steiler, je geradliniger (z. B. bei Begradigung), je wasserreicher (z. B. bei Hochwasser) eine Fließstrecke ist, desto mehr freie Energie über den Bedarf hinaus steht dem Gewässer zur Verfügung. Diese Energie wird nach Möglichkeit in Arbeitsleistung umgesetzt.
Bei hoher Strömungsenergie erfolgt vorwiegend Tiefenerosion und Transport großer Materialfrachten aus Geröll, Kies, Sand und Tonbestandteilen (hohe Schleppkraft). Bei abnehmender Energie werden die jeweils schwersten Frachtteile abgelagert (sedimentiert – bei gleichzeitiger Sortierung des Materials). Zudem kann der Stromstrich leichter abgelenkt werden, die Seitenerosion beginnt zu überwiegen.

Je schwächer die Untergrundneigung ist, desto stärker neigt ein Gewässerlauf zum Pendeln (mäandrieren). Schnell fließende und stark erodierende sowie transportierende Gewässerabschnitte können sich an jedem Gewässer kleinräumig mit langsameren abwechseln, in denen sich Erosion und Sedimentation etwa die Waage halten, und sehr langsamen, in denen die Sedimentation überwiegt. Diese drei Kombinationen treten in aufeinanderfolgenden Fließgewässerabschnitten jeweils gehäuft auf.

Fließgewässerregionen und ihre Bedeutung

Eine ganze Anzahl weiterer, in der Natur nicht scharf getrennter Eigenarten lassen sich zur Unterscheidung der drei Abschnitte anführen.

Oberlauf:

- Gleichmäßiger Temperaturgang im Lauf des Jahres mit relativ niedrigen Temperaturen, ein Temperaturmaximum von +20 °C sollte höchstens kurzfristig erreicht werden.
- Turbulenzen stellen hohen Sauerstoffeintrag sicher, die niedrigen Temperaturen sorgen für eine hohe Sauerstofflöslichkeit im Wasser.
- Geringe Nährstofffracht und gute Sauerstoffversorgung ermöglichen völlige Mineralisierung toter organischer Substanz; keine Faulschlammbildung.
- Das Gewässerbett ist mit Geschiebeablagerungen ausgekleidet (Blöcke, Geröll, Schotter, in geringem Maß Sand).
- Das *Lückensystem* in den Ablagerungen des Bettes einschließlich des Sandes ist gut durchströmt und durchlüftet (*hyporheisches Interstitial*).
- Zumindest schmalere quellnahe Bäche sind häufig in das Grundwasser eingebettet (Austrocknung bei Grundwasserabsenkung). In Trockenzeiten kann der Bach soweit austrocknen, daß nur noch das Lückensystem und tiefe Kolke als Rückzugsmöglichkeiten für die Wasserfauna von kühlem Grundwasser durchströmt werden.
- Es ist keine deutliche Aue ausgebildet.
- Der Abschnitt wird, abhängig von der Fischbesiedlung, als *Forellen-* bis *Obere Äschenregion* bezeichnet, mit Mühlkoppe, Schmerle, Elritze, Bachforelle und Äsche als häufigsten Bewohnern.

  Diese Bewohner benötigen einen hohen Sauerstoffgehalt und niedrige Temperaturen (Fische können Temperaturunterschiede von 0,03–0,07 °C wahrnehmen!). – Der optimale Wachstumsbereich liegt bei Salmoniden zwischen 12 und 16 °C, die Fortpflanzungstemperatur zwischen 4 und 10 °C.

Abb. 33. Abschnitt eines Voralpenflusses mit Kiesbank, langsam fließenden und reißenden Flach- und Tiefwasserbereichen.

Forellen können zwar Stromschnellen und Abstürze überwinden, sie benötigen aber dringend ruhige Wasserabschnitte als Aufenthaltsplätze. Bereits der Daueraufenthalt bei einer Fließgeschwindigkeit von 3 m/s ermüdet sie sehr rasch. Kleinfischarten leben nur bei Fließgeschwindigkeiten unter 0,5 m/s.
- Hauptsächliche Vogelbesiedlung erfolgt durch Wasseramsel, Eisvogel, Gänsesäger, Flußuferläufer, Flußregenpfeifer, Seeschwalben.

Mittellauf:
- Nur mäßige Erwärmung im Sommer.
- Sauerstoffversorgung weniger durch Turbulenzen und Plankton als durch höhere Wasserpflanzen und Röhricht.
- Schnell fließende Bereiche mit Gleit- und Prallhang-, Sand- und Kiesbankbildungen wechseln mit langsam fließenden, mit einem Untergrund aus Feinsediment und Uferröhricht, ab.
- Es ist ein umfangreiches Auegebiet ausgebildet.
- Nach der Fischbesiedlung kann dieser Abschnitt als *Untere Äschen- und Barbenregion* bezeichnet werden, mit Äsche, Döbel, Quappe, Strömer, Hecht, Barsch, Aal und Gründling als häufigen Vertretern der Fischfauna.
- Die Ausbildung eines Bewuchses mit höheren Wasserpflanzen wird von der Strömung begrenzt. Diese Pflanzen können sich nur dort ansiedeln, wo die Strömung geringer ist als 0,4 m/s.
- Die Vogelbesiedlung entspricht etwa der des Oberlaufes, es kommen hier zahlreiche Arten der Auewälder hinzu.

Unterlauf:
- Starke Erwärmung vor allem der Alt- und Totwasserzonen im Sommer. Die Wassertemperatur kann über längere Zeit +20 °C übersteigen.
- Die Sauerstoffversorgung erfolgt durch Pflanzenpolster, bei größeren Flüssen durch Planktonalgen. Die Aufnahme über der Wasseroberfläche ist gering (keine Turbulenz).

- Gewässer sind meist nährstoffreich. Der Überproduktion von Sauerstoff an warmen Tagen kann nachts ein Sauerstoffdefizit durch die Atmung der Pflanzen und rege Abbautätigkeit gegenüberstehen.
- Die Bettauskleidung besteht aus feinem Sediment, teilweise aus organischem Schlamm (ggf. Faulschlamm).
- Die Abhängigkeit von Grundwasserschwankungen ist relativ gering.
- Es ist ein umfangreiches Auegebiet ausgebildet.
- Dem Flußabschnitt entspricht die *Brachsenregion* der Fischbesiedlung mit Karpfen, Schleie, Hecht, Aal, Zander und Barsch als den kennzeichnenden Arten.

Fische dieses Abschnittes benötigen relativ hohe Wassertemperaturen. So liegt der optimale Wachstumsbereich der Karpfenartigen bei Temperaturen zwischen +18 und +26 °C, die Fortpflanzungstemperatur um 18 °C.

- Die Vogelbesiedlung setzt sich vorwiegend aus Arten der Auewälder und -sümpfe sowie der Altwässer zusammen, wie Rallen, Rohrweihe, Fischadler, Rohrdommeln, Bekassine, Brachvogel, Wachtelkönig usw.

Lebensräume der Fließgewässer

Quellnahes Kleingewässersystem: Es ist mehr oder weniger als Saumbiotop aufzufassen. Die Grenzflächenanteile (Substratoberfläche) sind, gemessen am vorhandenen Wasservolumen, sehr hoch. Zur dichten Besiedlung der Substratoberfläche unter Wasser kommt ein starker Eintrag an organischer Substanz (wie Laubfall, ins Wasser geratene Landinsekten) hinzu.

Wasserqualität und Nahrungsangebot machen das Kleingewässersystem zur geeigneten Kinderstube von Fischarten. Die tierische Produktion ist hier pro Flächeneinheit größer als in jedem unterhalb folgenden Gewässerabschnitt.

Mittelwasserbett (Abb. 33): Vor allem in Oberlauf- und Mittellaufabschnitten eines Gewässers sind in dem normalerweise wasserbedeckten Bett eine Vielzahl unterschiedlicher Nischen ausgebildet. Bereiche mit flachem, langsam fließendem Wasser erwärmen sich stärker. Unter und über Steinen finden wir eine große Dichte von Insektenlarven und Schwärme von Fischbrut. Hier ist quasi die Produktionszone des Gewässers.

In tiefen *Kolken* mit langsam fließendem Wasser und Kehrwasserbereichen finden größere Fische ruhige Standplätze, die Nahrung wird ihnen zugetrieben und sedimentiert im stillen Wasser. Diese „Zehrzonen" bieten zugleich einen sicheren Rückzug bei Hochwasser und in Trockenzeiten.

In schnell fließenden Gewässerabschnitten finden wir Arten, die auf vielfältige Art gegen die Gefahr des Verdriftens angepaßt sind. Sie alle brauchen aber sauerstoffreiche *Totwasserzonen* unter oder neben Steinen als Aufenthaltsorte.

Eine große Bedeutung im Gewässer spielt das *Lückensystem* der Kies- oder Sandbänke und des Bettgrundes. Neben speziellen Bewohnern dieses Lückensystems machen sich zumindest zeitweise zahlreiche andere Arten dessen Vorteile zunutze. Forellen legen ihren Laich in flache Kieskuhlen. Die frisch geschlüpften Jungfische verzehren ihren Dottervorrat ca. 50 cm tief im Schutz des Lückensystems. Viele Insektenlarven können dort Trockenzeiten und extreme Wintertemperaturen überdauern, da bereits 20–30 cm tief im Kieslückensystem die Temperatur nicht weiter als auf +3 bis +4 °C absinkt. Wenn starke Hochwässer das Kiesbett gründlich umlagern, können Tiere in dessen tieferen Schichten überdauern.

Kiesbänke und Inseln: Bei Mittel- und Niedrigwasserführung gibt der Fluß ein Gewirr von Kiesflächen und Inseln frei, die wiederum zahlreiche Tümpel enthalten können. Sie werden von einer schütteren *Kiesbettflur* einjähriger Pionierpflanzen besiedelt. Im oberen Bereich der Sommerhochwässer gedeihen bereits stark wurzelnde Weichhölzer (Weiden), die trotz häufiger Beschädigungen durch Hochwasser und Eisgang überdauern können.

Abb. 34. Altwasserarm im Auenwald eines Tieflandstromes.

Prallhänge, Prallhangrutsche besitzen eine so hohe Veränderungsdynamik, daß sich keine geschlossene Vegetation einstellen kann. Eisvogel und Uferschwalben graben hier ebenso ihre Höhlen wie zahlreiche Insektenarten. Neben trockenheits- und wärmeliebenden Arten an heißen Kiesabbrüchen finden wir an Wasseraustritten Arten der oligotrophen Sümpfe.

Auewälder, -sümpfe, -wiesen, Altwässer (Abb. 34): Hochwasser kann vor allem im Unterlauf eines Gewässers auf die 20fache Mittelwassermenge anwachsen. Die obere Marke dieser sporadischen Spitzenhochwässer stellt zugleich die obere Grenze der Hartholzaue mit Ulme, Esche, Hainbuche und Eiche dar. Sie wird nach unten begrenzt von der mittleren Hochwassermarke. Zwischen ihr und dem Bereich normaler Sommerhochwässer erstreckt sich die Weichholzaue aus Weiden und Erlen. Sie ist bei stärkerem Hochwasser noch einer beträchtlichen Dynamik unterworfen. In ihr können sich Altwässer und Hochwasserrinnen als verlandende teichartige Gewässer mit Röhrichtbeständen befinden.

Wo Auewälder gerodet wurden, entstanden teilweise großflächige Niedermoore und Naßwiesen mit flachem aber bewegtem Relief.

2.3.2.2 *Landschaftliche Bedeutung*

Wasserhaushalt

Fließgewässer dürfen nicht als „Vorfluter" zur geregelten Ableitung von Wasser aus einer Landschaft auf dem kürzesten Weg betrachtet werden. Den Wasserabfluß erfüllen sie sicher als natürliche Gewässer hervorragend, aber sie leiten das ankommende Oberflächenwasser auf sehr langen Wegen ab, bieten ihm Raum zum Überschwemmen und Verweilen (Aue als Überschwemmungsgebiet). Damit sorgen sie für eine Rückhaltung des Wassers in der Landschaft und ermöglichen eine optimale Grundwasseranreicherung.

Noch vor wenigen Jahrzehnten wurde diese Wirkung künstlich verstärkt, indem auch außerhalb von Hochwasserzeiten Wiesen geflutet wurden, um dort eine Kalkung und Düngung zu erreichen.

Fließgewässer als hochproduktive Grenzlinien – Lebensräume

Vor allem in niederschlagsreichen Gebieten sorgen das reiche Kleingewässernetz wie auch die mäandrierenden größeren Gewässer für einen möglichst engen Kontakt und eine möglichst großflächige Durchdringung von Gewässer und Landschaft.

Bei einem oberschwäbischen Bach von ca. 12 km Länge und durchschnittlich 2 m Breite wurde dieser tatsächliche Kontakt mit der Landschaft untersucht.

Tabelle 6: Flächenanteile verschiedener Lebensräume im Einzugsgebiet eines oberschwäbischen Baches.
Einzugsgebiet 9500 ha

	Länge	Fläche
Bach	ca. 15 km	ca. 5 ha
Ufer/Aue z.T. rudimentär		ca. 12 ha
Kleinbäche, nicht selten begradigt	ca. 65 km	ca. 7 ha
Uferbereich z.T. rudimentär		ca. 26 ha
		ca. 50 ha
Moor- und Weiherfläche (als vorgeschaltete Retentionsflächen)		ca. 550 ha

Waldflächen blieben unberücksichtigt

Als „Bach" findet meist nur die kleine Gewässerfläche von 5 ha Beachtung, da sie als Fischwasser nutzbar ist. Der gesamte Lebensraum mit engen hydrologischen und ökologischen Wechselwirkungen zwischen Land und Wasser umfaßt dagegen mehr als das Zehnfache jener Fläche.

Ebenso wie die Gewässerfauna durch den Eintrag von Landtieren und Pflanzen profitieren kann, profitiert auch die Landfauna von den großen Insektenmengen, die das Wasser verlassen.

Fähigkeit zur Selbstreinigung

Die biologische Selbstreinigungskraft vieler Fließgewässer ist sehr hoch. Wäre dies nicht der Fall, dann wäre angesichts der vielfältigen Belastungen durch (nur z.T. geklärte) Abwässer, Düngestoffe usw. sowohl in vielen Fließ- als auch in Stehgewässern längst kein Leben mehr möglich. Um die Qualität der Grundwasservorkommen und unseres Trinkwassers wäre es sehr schnell schlecht bestellt.

Diese Selbstreinigungskraft ist aber um so höher, je natürlicher und vielfältiger ein Gewässer ist.

Erholung

Fließgewässer spielen schließlich eine beträchtliche Rolle auch für die menschliche Erholung.

2.3.2.3 Nutzung und Veränderungen

Vorfluter zur Ableitung von Wasser und als Energiespender

Die Lebensräume der Fließgewässer nahmen ursprünglich in ihrer engen Durchdringung mit der gesamten Landschaft beträchtliche Räume ein. Diese Flächen wurden bald auch vom Menschen beansprucht. Flache Talgründe boten sich für den Bau von Verkehrswegen an. Die Nähe von Verkehrswegen war Anreiz für Besiedlung. Vor allem im Bergland waren flache Talgründe für die landwirtschaftliche Nutzung interessanter als die Hänge. Fließendes Wasser diente als Energiequelle für allerlei Gewerbe. Kaum ein Lebensraumsystem unterlag deshalb in den vergangenen hundert Jahren so gründlich der Umgestaltung und Zerstörung wie das der Fließgewässer. Die Gewässer wurden mehr und mehr eingeengt und begradigt. Der Abfluß beschleunigte sich dadurch, die Rückhaltung verringerte sich, eine verschärfte Hochwasserlast wurde an die Unterlieger abgeschoben. Die erhöhte Fließgeschwindigkeit wiederum verursachte Tiefenerosion, der ein Einbau von Wehren und Schwellen entgegengesetzt wurde. Die Gewässer antworteten mit verstärkter Seitenerosion, die Wasserwirtschaft mit Längsverbau.

Der vielfach befestigte „Vorfluter", das dachrinnenartige „Abflußgerinne", wurde zur Ideallösung, zum technischen Idealbild hochstilisiert und damit zum Schicksal der allermeisten Fließgewässer unseres Landes. Dadurch handelte man sich allerdings auch Nachteile ein, die uns nach und nach ein Mehrfaches dessen kosten könnten, was die Veränderungen an Nutzen einbringen.

Für das Land Hessen wurde errechnet, daß die Mittel, die die Wasserwirtschaft in einem Jahr zum Ausbau von Fließgewässern verbraucht, ausreichen würden, um über 400 Jahre lang alle Hochwasserschäden zu ersetzen. Die Folgelasten dieser Ausbaumaßnahmen wurden dabei noch nicht in die Rechnung gezogen.

„Vorfluter" für Abwässer

Zu diesen technischen Eingriffen kommt die Zuweisung der Funktion als Vorfluter für Abwässer aller Art. Die meisten Gewässer sind diesen vielfältigen Belastungen nicht mehr gewachsen.

Die bisherige Darstellung der reichhaltigen Lebensräume unserer Fließgewässer beschreibt weitgehend deren Vergangenheit – tatsächlich sind in den wenigsten Fällen noch Reste von ihnen vorhanden.
Kleingewässer sind eingetieft, begradigt, verdolt, in Beton gelegt; Bäche und Flüsse sind begradigt, ausgebaut, ihrer Überschwemmungsgebiete und Auen beraubt, durch Rückhaltebecken und Stauschwellen zerstückelt, durch Schmutzstoffe belastet. Es ist dringend erforderlich, die Situation der Fließgewässer wieder zu verbessern, noch vorhandene Strukturen zu erhalten.

2.3.2.4 Anregungen für Jäger

1. Beteiligung an Planfeststellungsverfahren, die weitere Ausbaumaßnahmen, Verdolungen, Rückhaltebecken zum Inhalt haben (auch noch so natürlich gestaltete Becken nutzen nichts, wenn etwa alle Vogelbruten hier regelmäßig durch Hochwasser verlorengehen).

2. Informationsarbeit bei Landwirten, die die Nutzung (vor allem Ackernutzung) bis unmittelbar an die Ufer von Gewässern ausdehnen, Gewässer damit zusätzlich mit Düngestoffen belasten, Ufergehölze beseitigen (gegen eine sinnvolle Nutzung von Ufergehölzen ist nichts einzuwenden); auf einen weiteren Ausbau vor allem von Kleingewässern drängen.

3. Mitarbeit bei der Pflege und Regenerierung von Fließgewässern, d.h. bei der Gehölzpflege, Pflanzung von Ufergehölz und -gebüsch, Sicherstellung von wertvollen Uferzonen und Auewaldresten usw.

4. Wiederherstellung von Auelebensräumen wie Altwässer, Ersatzgewässer, Ersatzbiotope (Kiesgruben).

Abb. 35. Reichhaltige Magerwiese auf der Schotterterrasse eines Flusses.

2.4 Landwirtschaftliche Nutzflächen

2.4.1 Grünland

2.4.1.1 *Beschreibung des Lebensraumes* (Abb. 35)

Entstehung von Grünland

Das Gebiet der Bundesrepublik war ursprünglich Waldland (vgl. Kap. 2.1). Hier wie insgesamt in der gemäßigten Klimazone fanden sich natürliche Graslandformationen nur in Form alpiner Matten (über der Baumgrenze), von Salzwiesen der Meeresküsten, von Auewiesen am Unterlauf großer Ströme, von Niedermooren (vgl. Kap. 2.2.2) und von Steppen semiarider Gebiete.

Ein beträchtlicher Teil der heute das Grünland bewohnenden Vogelarten und vor allem der Feldhase waren Bewohner solcher Räume.

Erst als der Mensch die Wälder rodete, sein Vieh den Weidewald lichtete und schließlich durch Mahd großflächige Wiesen entstanden, konnten sie diese neuen Räume besiedeln.

Nutzung von Grünland und seine Lebewelt

Die Art der Nutzung war zunächst vor allem von Geländeform und Wüchsigkeit einzelner Flächen abhängig. Standortbedingungen zusammen mit der jeweiligen Nutzungsweise prägten eine große Palette verschiedener Wiesenlebensräume mit sehr unterschiedlicher Besiedlung. Mahd bzw. Beweidung mit Schafen, Rindern oder Pferden können dabei sogar auf gleichen Standorten sehr unterschiedliche Grünlandausbildungen bewirken.

Dank dieser Vielfalt ist Grünland ein äußerst artenreicher Lebensraum. So wurden auf Grünlandflächen zwischen Nordsee und Alpenweiden bisher nicht weniger als 1500 Pflanzenarten festgestellt. Im Durchschnitt enthält eine mitteleuropäische Wiese immerhin 60, eine Weide dagegen nur 30 Blütenpflanzenarten.

Beweidung

Dieser Unterschied ist verständlich, da

Weidegänger die Vegetation selektiv nutzen und „wohlschmeckende“ Kräu-

Tabelle 7: Verschiedene Grünlandformen und deren häufigste Nutzung

Grünlandform	Standorte	Nutzung
Grasheide (gilt als Ausläufer kontinentaler Grassteppe)	sandig, kalkarm	Schafweide
Kalktrocken-, Halbtrockenrasen	basenreich bis neutral	Schafweide, höchstens 1 Mahd
Saure, nährstoffreiche Wiesen	trockener bis mittelfeuchter Boden, oft in Berglagen	freier Weidegang, selten einmalige Mahd
Frischwiesen, Frischweiden (wertvollstes Grünland)	mittlere Feuchtigkeit	Weide, Mähwiese, Wiese (mehrfach Mahd, Düngung, Wasserregulierung
Riedwiesen, Naßwiesen	feuchte, saure Standorte aus Erlenbruchwald	zweimalige Mahd
	wechselfeuchte Streuwiese, z. T. sommertrokken	einmalige Streumahd ohne Düngung

ter sehr viel stärker abweiden. Die Vertikalstruktur der Weiden entwickelt sich meist sehr ausgeprägt.

Stark genutzte kurzrasige Kleinflächen wechseln mit hochwüchsigen ab, die aus verschmähten, da schlecht schmeckenden, dornigen oder verholzten Arten oder auch solchen bestehen, die in deren Schutz aufwachsen können. Arten, die sich auf Tierdung (Geilstellen) entwickeln, werden von der gleichen Tierart meist verschmäht und wachsen ungehindert in die Höhe. Dieses „Vertikalmosaik" ermöglicht manchen Insektenarten erst die Besiedlung, anderen eine beträchtliche Erhöhung der Individuendichte. Arten wie Neuntöter, Rotkopfwürger, aber auch Wiedehopf (Geilstellen!) und Steinkauz finden hier günstige Nahrungsbedingungen. Bodeninsekten ebenso wie Feldmäuse werden durch Viehtritt beeinträchtigt. Eine besonders scharfe Auslese treffen Schafe. Sie können etwa auf Bergfettweiden zwischen 80 und 90% der Pflanzendecke nutzen. Durch starken Verbiß bringen sie die Nahrungspflanzen zur Erschöpfung, die wenigen verschmähten Arten breiten sich um so mehr aus (dornige, stachelige, scharf oder bitter schmekkende Arten).

Pferde weiden dagegen sehr selektiv. Da sie ihren Kot außerdem an ganz bestimmten Stellen absetzen, sind solche Weiden besonders heterogen.

Rinder schließlich beißen ihre Nahrung nicht ab, sondern rupfen sie mit der Zunge. Schwach wurzelnde Arten verschwinden. Daneben findet sich auf Viehweiden vor allem eine Strukturierung durch Geilstellen, auf Bergweiden auch durch Disteln und Dornenpflanzen. Die vom Rind pro Tag erzeugte Dungmenge bedeckt 0,7 m^2. Auf Geilstellen gedeihende Pflanzen werden von ihm nicht abgeweidet. Es kommt zur Ausbildung einer reichen Vertikalstruktur.

Nutzung durch Mahd

Im Gegensatz zur Beweidung ist Mahd kein wirksamer Konkurrenzfaktor. Sie bewirkt eher eine gleichförmige Vegetation, die allerdings durch Standortverschiedenheiten horizontal stark strukturiert sein kann.

Der reichhaltigen Grünlandvegetation entspricht eine je nach Grünlandtyp unterschiedlich zusammengesetzte Artenvielfalt von Insekten. In einigen Frischwiesenbeständen wurden schon weit über 1500 Gliedertierarten gefunden. Einzelne Insektengruppen zeigen eine ausgeprägte Jahresperiodik ihrer Individuendichten, die auch von den Nutzungszeitpunkten mitgestaltet wird. So erleben Mücken- und Fliegenarten (Dipteren) ihre maximale Entfaltung im Frühjahr und Frühsommer und nehmen gegen den Herbst hin ab. Umgekehrt erreichen Zikaden, Wanzen und Blattläuse erst dann ihre größten Dichten.

Viele der größeren Wiesenvögel wie Brachvogel, Uferschnepfe und Kiebitz bevorzugen zur Besiedlung großflächige, übersichtliche Wiesengebiete. Wie etwa auch der Storch benötigen sie für den Nahrungserwerb Flächen mit hoher Bodenfeuchte. Die Anpassung an verschiedene Grünlandstrukturen wird durch den Vergleich der Fortbewegungsweisen von Kiebitz und Uferschnepfe deutlich:

Der Kiebitz meidet hohen Pflanzenbewuchs. Bei der Landung hält er seine Flügel waagerecht ausgestreckt. Beim Gehen macht er lange Schritte, ohne den Fuß sehr anzuheben und die Zehen zusammenzulegen. Sein Schwerpunkt liegt meist vor dem Unterstützungspunkt. Seine Nahrung sucht er mit den Augen. In langem Gras wären Fortbewegung und Nahrungssuche für ihn also kaum möglich oder zumindest doch sehr mühsam.

Die Uferschnepfe ist demgegenüber an höheren Graswuchs angepaßt. Sie reckt bei der Landung ihre Flügel senkrecht hoch, so daß sie nicht auf dem Gras aufliegen. Beim Gehen hebt sie die Beine an und schließt die Zehen. Ihr Körperschwerpunkt liegt immer über dem Fuß, auf dem sie gerade steht. Sie sucht ihre Nahrung mit Hilfe des empfindlichen Schnabels und ist dabei nicht auf das Auge angewiesen.

Durch intensive Grünlandnutzung, insbesondere Düngung, gleichen sich die verschiedenen Grünlandtypen sowohl hinsichtlich ihrer pflanzensoziologischen als auch ihrer faunistischen Besiedlung einander mehr und mehr an. Schließlich entsteht ein artenarmer, aber individuenreicher, einheitlicher Wiesentyp (Abb. 36).

2.4.1.2 Landschaftliche Bedeutung

Vor allem in Überschwemmungsgebieten und Regionen mit hohen Niederschlägen gewährleistet Grünlandnutzung einen besseren Bodenschutz gegen Erosion und Abschwemmung. Die Versickerungsfähigkeit auf Grünland ist höher. Die Düngerausschwemmung aus Grünlandböden ist geringer, die Humusbildung besser als bei Ackerböden.

2.4.1.3 Nutzung und Veränderung

Intensivierung durch Düngung und häufige Mahd

Vor allem in den ozeanisch beeinflußten Regionen und Berglandgebieten (Voralpenraum), in denen die landwirtschaftlich genutzte Fläche zu einem beträchtlichen Teil aus Dauergrün besteht, wurde die Grünlandnutzung in den vergangenen Jahrzehnten drastisch intensiviert.

Durch extreme Düngung und bis zu fünfmalige Mahd ist eine fast einheitliche, aus nur wenigen Arten bestehende Form des Intensivgrünlandes entstanden. Die Stabilisierung dieser monokulturartigen Wiesen ist nur durch laufende Eingriffe möglich. So wird dem Überhandnehmen nicht nutzbarer Kräuter (z. B. Ampfer) bei Bodenverletzung, Fehlen von Untergräsern und hohem Stickstoffangebot durch den Einsatz von Herbiziden begegnet. Mitunter wird das Abtöten der gesamten Vegetation mit anschließender Neueinsaat notwendig.

Aus solchen Wiesen verschwinden z. B. Blütenpflanzen bis auf wenige Arten völlig. Sie ertragen teils die hohen Düngergaben nicht und sind teilweise der häufigen Nutzung und der starken Konkurrenz durch die wenigen angepaßten Nutzpflanzen nicht gewachsen.

Mit den Blütenpflanzen wurde den Raupen zahlreicher Falterarten die Nahrungsgrundlage entzogen (vgl. Kap. 2.2.1). Sie könnten sich aber allein wegen zu häufiger Mahd und möglicherweise der Giftwirkung durch Flüssigmist ebensowenig entwickeln wie dies Heuschrecken, Zikaden und anderen Insekten möglich ist.

Abb. 36. Artenarmes Intensivgrünland im Frühjahrsaspekt. Alle frühjahrsblühenden Pflanzen sind verschwunden.

Tabelle 8: Anteile verschiedener Pflanzengruppen im Heu ungedüngter Naturwiesen und gedüngter Fettwiesen (aus Wildermuth 1980 nach Bertsch)

Pflanzen	Naturwiese	Fettwiese Kalium-Phosphor-Stickstoff gedüngt	Fettwiese Kalium-Phosphor gedüngt
Süßgräser und Kleearten	64,1%	95,4%	97,8%
Sauergräser (Seggen)	1,7%	–	–
Moose	3,4%	–	–
Rest (vor allem Blütenpflanzen)	30,8%	4,6%	2,2%

Früher Zeitpunkt der Erstmahd

Durch frühe und häufige Mahd gehen die Gelege von Bodenbrütern verloren und werden Junghasen, Rehkitze getötet.

Untersuchungen ergaben, daß Grünland nur bis zu einer bestimmten Intensivierungsstufe überhaupt für Wiesenvögel besiedelbar ist. Im Flachland liegt diese Grenze zwischen einem und höchstens drei, im Bergland bis in Höhenlagen von 500–600 m NN bei einem bis höchstens zwei Schnitten im Jahr.

Brache

Mit der Rationalisierung ist vielfach die Tendenz verbunden, mühsam nutzbare Flächen aus der Nutzung zu entlassen. Grünlandbrachen haben in den ersten Jahren und soweit sie keine zu dichte Streuauflage produzieren, durchaus Vorteile.

Mit Ausnahme der Pflanzenfresser unter den Insekten entwickeln Gliedertiere dort eine größere Vielfalt und größere Dichten. Hier bestehen bessere Überwinterungs- und Deckungsmöglichkeiten als auf gemähten Flächen. Mit zunehmender Streuauflage wird die Vegetation aber einseitiger, schließlich setzt Verbuschung und Bewaldung ein.

Die Lebensbedingungen für Grünlandarten verschlechtern sich also auf Brachen teils kurzfristig, teils langfristig nach dem Aussetzen der Mahd.

2.4.1.4 Anregungen für Jäger

1. Erhaltung reichhaltiger, magerer Grünlandstandorte ggf. durch Pacht oder Kauf.
2. Pflege (Mahd mit Beseitigung des Materials) brachgefallener Grünlandparzellen. Die Mahd soll möglichst spät erfolgen und dann nur einmal im Jahr (abhängig von Nährstoffgehalt und Vegetationsentwicklung).
   Oft ist es nicht sinnvoll, großflächig zu pflegen. Wenn Zielsetzung und Vegetationsstruktur es erlauben, sollten die Vorteile ungemähter Flächen mit denen gemähter Flächen in Form eines (schachbrettartigen) Musters alternierender Mahd miteinander kombiniert werden.
3. Reichhaltiges Grünland soll nicht, weil leichter verfügbar, für die Anlage von Wildäckern verwendet werden. Es ist in gepflegtem Zustand ökologisch wertvoller als diese. Zudem sollten nicht für die Wildhege notwendige Hilfsmaßnahmen zusätzlich zu Lasten von reichhaltigen Flächen gehen, deren weitgehender Verlust eben ein Grund für die Notwendigkeit solcher Hilfseinrichtungen ist.
4. Gebüschpflanzungen auf reichhaltigen Grünlandstandorten sollen deren Struktur steigern und nicht ihren Wert mindern. Dazu zwei Beispiele:
   a. In weiten Grünlandflächen, die den Lebensraum etwa von Uferschnepfe oder Brachvogel bilden, kann jede Gehölzpflanzung, die die weite Übersichtlichkeit verringert, von Nachteil sein.
   b. An warmen Trockenhängen kann eine Heckenpflanzung durchaus eine wertvolle Lebensraumergänzung darstellen. Sie soll aber mit Arten erfolgen, die die magere Bodenqualität nicht verändern und so angelegt werden, daß die wärmeliebende Vegetation nicht durch Schattenwurf beeinträchtigt wird. Als Standorte bieten sich z. B. Nordränder an, wo eine Bepflanzung die Eigenheiten des typischen Kleinklimas unterstreichen kann.
5. In Magerrasen darf nicht durch Düngung eingegriffen werden (z. B. Gefahr bei der Anlage von Wildäckern auf Teilbereichen).

2.4.2 Äcker

2.4.2.1 Beschreibung des Lebensraumes (Abb. 37)

Herkunft der Ackerpflanzen

Durch den Ackerbau wurden die ursprünglichen Lebensgemeinschaften stärker als durch Grünlandnutzung verändert.

Aus wärmeliebenden Wildgräsern der Steppenregion entstanden frühe Getreidesorten wie Einkorn, Emmer und Gerste. Ebenfalls aus steppenartigen Räumen des östlichen Mittelmeergebiets und Südwestasiens stammen die Wildformen von Erbse und Linse. Diese Nutzpflanzen werden schon seit der Steinzeit kultiviert. Ein beträchtlicher Teil späterer Nutzpflanzen besiedelte zunächst als „Unkräuter" die Kulturen. Zu ihnen gehören Hafer, Roggen, Erbse, Linse, Wicke und der Lein. Zunächst zufällige Begleiter des Menschen, die auf Abfall- und Dunghaufen wuchsen, wie etwa Spinat, Kohl, Senf, Hanf, Sellerie, Petersilie, Kümmel, Möhre, wurden im Lauf der Zeit als nutzbar erkannt. Die Wildformen von Gemüsearten, z. B. Wildkohl, Wilde Rübe, Feldkohl, Rübsen, Kohlrübe und Senf entstammen meist den Spülsäumen der Meeresküsten und großen Flüsse.

Anbauflächen werden regelmäßig bearbeitet. Dieser Lebensraumfaktor stellt an die Flora und Fauna, die hier siedelt, ganz bestimmte Anforderungen: Da Ernte und regelmäßige Lockerung des Bodens keine mehrjährige Entwicklung zulassen, finden wir vor allem einjährige Pflanzen. Zudem müssen sie die Fähigkeit besitzen, sehr rasch die freien Flächen der bearbeiteten

Abb. 37. Intensiv genutzter Maisacker im Grünlandgebiet des Allgäus.

Böden wieder zu besiedeln und zu fruchten, ehe die Konkurrenz anderer Arten übermächtig wird und bevor die Flächen erneut bearbeitet werden. Die Wildpflanzenarten der Äcker müssen also Besiedlungspioniere sein.

Tatsächlich finden wir unter ihnen Arten, die, etwa dem abschmelzenden Eis der Gletscher folgend, als erste die eisfrei werdenden Rohschüttböden besiedelten. Andere Arten sind Pioniere der Strandwälle, Spülsäume und erodierten Steilufer von Küsten und Flußufern.

Auch Kiesbänke ursprünglicher Flüsse sind Herkunftsorte von „Ackerunkräutern". Sie unterliegen dort sporadischen Überschwemmungen und Umlagerungen der Kiesbänke bei Hochwasser. Die dabei erlittenen Verluste können sie durch hohe Fruchtbarkeit und wirksame Verbreitungsmechanismen leicht ausgleichen und auf neugebildeten Kiesflächen wieder Fuß fassen. Auf Äckern sind diese Fähigkeiten von Vorteil.

Eine Reihe von Ackerbesiedlern gehörte schließlich zur schütteren Vegetation von Steppengebieten.

Herkunft der Ackertiere

Die Tierarten der Acker-Ökosysteme stammen vielfach aus den gleichen Ursprungslebensräumen. Nur sehr wenige der ursprünglichen Waldarten konnten sich auch unter Ackerbedingungen halten.

Die Kleintierwelt der Bodenoberfläche und Krautschicht hat zahlreiche Parallelen in Agrar- und Litorea-Biotopen (z. B. Küsten, Ufer, nährstoffreiche Überschwemmungs- und Sumpfgebiete, Naturwiesen).

Je kontinentaler das Klima einer Region ist, desto höher ist der Anteil der Steppenkomponente unter den Insekten und Wirbeltieren der Ackerfauna.

Teilweise konnten diese Tiere dank der Ackernutzung ihr Areal weit nach Mitteleuropa ausdehnen.

Unter den Vogelarten gehören vor allem das Rebhuhn und die Großtrappe zu den Steppentieren. Wie der Feldhase besiedeln sie in den Arealausweitungen lieber trokkenwarme Sand- und Kies- als nässestauende kalte Lehmböden.

Beim Feldhasen konnte in jüngster Zeit gezeigt werden, daß er auf Schotterterrassen des Rheintals im Verlauf einiger mehr maritim geprägter Jahre geringere Bestandseinbußen erlitt als auf benachbarten feuchten, schweren Aueböden.

Auch in Ackergesellschaften prägen die jeweiligen Standortbedingungen Spektrum und Dichte einzelner Arten auf verschiedenen Flächen. Zu diesen Bedingungen gehören die bei einzelnen Fruchtarten unterschiedliche Bodenbearbeitung und Ernte.

Da im Herbst alle Felder abgeerntet und umgebrochen werden, ergibt sich für viele Tiere das Problem, geeignete Winternahrung oder Überwinterungsplätze zu finden. Ein Teil der Kleintiere wandert in Grünlandstreifen, Hecken, Feldgehölze oder Waldränder ein. Andere überwintern in Getreidestoppeln.

Um eine einseitige Nutzung der Böden zu vermeiden und vielmehr eine Regeneration der Bodenfruchtbarkeit zu erreichen, bediente man sich früher des Systems der Dreifelderwirtschaft. Diese kleinflächige Wechselnutzung hatte außerdem den Vorteil, daß sich einzelne Arten von „Schädlingen" nicht unbegrenzt über die Flächen jeweils anderer Nutzungsarten ausbreiten konnten.

Kleinparzellierte Anbaustruktur mit relativ extensiver Nutzung und hohem Angebot an Saumhabitaten zwischen den Nutzparzellen ermöglichten also auch in Agrarlandschaften eine beträchtliche Vielfalt an Pflanzen- und Tierarten (die allerdings nicht an die der Wiesen herankam).

2.4.2.2 Veränderungen der Nutzung

Intensivierung und Ausräumung

Im Zuge der landwirtschaftlichen Intensivierung wurden die Acker-Lebensräume gründlich umgestaltet. Die wesentlichen Veränderungen waren dabei:

- Beseitigung von Rainen, Hecken, Feldgehölzen und Feldbäumen.
- Schaffung großer Schläge; der Nutzungswechsel ist nicht kleinflächig in bestimmtem Turnus, sondern großflächig.
- Bekämpfung von Tier-, vor allem Insektenarten durch Einsatz chemischer Mittel (Insektizide).
- Bekämpfung von Rostpilzen u.a. durch Einsatz chemischer Mittel (Fungizide).
- Großflächige Ernte und ebensolcher Umbruch binnen weniger Tage.
- Intensive Düngung.

Diese Nutzungsform zielt auf die Schaffung von Monokulturen ab bzw. ist zu deren Erhaltung notwendig.

Vor allem Steppenarten werden durch die Folgen der Technisierung und Intensivierung als erste verdrängt.

Durch Strukturarmut (fehlende Hecken und Raine) mangelt es an Rückzugs- und Überwinterungsgebieten.

Ackerflächen bieten zwar auch heute noch im Winter (Wintergetreide), Frühjahr und Frühsommer für Pflanzenfresser reiche Nahrung. Gerade die etwa für den Hasen wichtige Nahrungsvielfalt fehlt allerdings oft. Mit dem großflächigen Einsetzen der Ernte kann es zu Nahrungsmangel und starker Beunruhigung (bei herrschender Deckungsarmut) kommen. Eine Milderung dieser Verschlechterung erfolgt heute teilweise durch Zwischenfruchtanbau.

Brache

Lokal werden Ackerflächen nicht mehr genutzt. Die entstehende Brache ist zunächst ökologisch wertvoll, da sich hier wieder zahlreiche Pioniere einfinden können, die auf den benachbarten Flächen längst fehlen. Spätestens mit der Verdrängung solcher Arten durch konkurrenzstärkere und mit dem Einsetzen von Verbuschung und Bewaldung verlieren sie allerdings ihre Eignung als Rückzugsraum für Arten der Agro-Biocönosen wieder.

Abb. 38. Durch Hecken, Gebüschgruppen und Raine reich gegliedertes Grünlandgebiet.

2.4.2.3 Anregungen für den Jäger

1. Die negativen Begleiterscheinungen intensiver Ackernutzung (z. B. Ernteschock) können durch Anlage von Wildäckern gemildert werden. Dabei darf allerdings nicht nur an die Bereitstellung von Futterpflanzen und -mischungen gedacht werden. Ökologisch ebenso wichtig ist es, der Artenarmut auf Intensivflächen durch die Pflege von Wildkrautgesellschaften auf mageren Teilflächen entgegenzuwirken (damit zugleich Förderung von Äsungsvielfalt, Insektenreichtum, hohes Angebot an Sämereien).
2. Pflege von Ackerbrachen in der Art, daß immer wieder freie Bodenoberflächen für die Besiedlung durch Pionierarten hergestellt werden.
3. Pflanzung von Hecken und Feldgehölzen. Dabei sollte auf das standorttypische Arteninventar zurückgegriffen werden (Nutzung durch die an dieses Inventar angepaßten Insektenarten!).
4. Anlegen und Erhalten von Rainen und Grünlandstreifen als möglichst magere Naturwiesen. Je intensiver eine Ackerlandschaft genutzt wird, desto dringlicher ist es z. B. bei der Anlage von Gehölzstreifen, diesen reichhaltige Grünlandsäume mit einem entsprechenden Insektenangebot zuzuordnen.
5. Durch Verhandlungen mit Landwirten Erhaltung von Stoppeläckern oder -streifen als Deckungs- oder Überwinterungsstrukturen (Erhalten längerer Stoppeln).
6. Erhaltung von Ödlandgebieten, in denen zahlreiche Pflanzen- und Tierarten der Äcker Ausweich- und Rückzugsräume finden.

2.5 Hecken, Feldgehölze, Raine

2.5.1 Beschreibung des Lebensraumes (Abb. 38)

Entstehung von Gehölzen und Rainen

Teils als Reste gerodeten Waldes, die an steilen Rainen, Böschungen und anderen schlecht nutzbaren Geländeformen verblieben waren, teils als sekundäre Gehölzsäume entlang von Eigentumsgrenzen, Wegen, Ackergrenzen entstanden, waren Feldgehölze und Hecken feste Bestandteile früherer Kulturlandschaften.

Lange Zeit konnten sie durchaus auch zu den Nutzflächen gezählt werden, da man aus ihnen Früchte (Nüsse, Beeren usw.), Hölzer für allerlei Geräte (Stiele), Brennholz und Laubfutter für das Vieh ernten konnte.

Diese Nutzung ist heute längst in Vergessenheit geraten.

Ökologisch betrachtet stellen Hecken, Feldgehölze und Raine Saumbiotope dar, isolierte Grenz- und Durchdringungszonen zwischen zwei verschiedenen Lebensräumen, nämlich Feld und Wald (vgl. Kap. 1.2).

Formen von Gehölzen und Rainen

Feldgehölze sind meist kleinflächige Restwälder, die dem Lebensraum Wald noch am nächsten stehen.
Lineare Baumpflanzungen, die bis zu 30 m breit, senkrecht zur Hauptwindrichtung begründet wurden, nennt man *Windschutzstreifen*.
Feldhecken und Knicks repräsentieren den Typus des isolierten Wald-Feld-Saumbiotops am ausgeprägtesten. Während sie noch ausgesprochene Waldarten beherbergen, sind solche in kleinflächigen *Baum-* oder *Buschgruppen* nicht mehr zu finden.
Den *Feldrainen* schließlich fehlen normalerweise alle Holzpflanzen. Sie stellen Grünlandreste dar.

Lebensbedingungen in Hecken – ihre Bewohner

In Hecken ergeben sich verschiedenste Lebensbedingungen auf kleinem Raum. Während an ihren Rändern die unterschiedlichsten Temperatur-, Feuchtigkeits- und Lichtverhältnisse zu finden sind, ähnelt das Kleinklima ihrer Innenbereiche dem ausgeglichenen Mikroklima des Waldinnern. Als typische Saumbiocönose mit großem Nischenreichtum enthalten Hecken äußerst artenreiche Lebensgemeinschaften. Einschließlich der Bodenfauna wurden z. B. in Wallhecken (Knicks) Nordwestdeutschlands rund 1800 Tierarten festgestellt. Da viele von ihnen im Linienbiotop der Hecke nur den für die Fortpflanzung (das Brüten) und die Deckung nötigen Teil ihres Territoriums festlegen, für die Nahrungssuche aber das „unbegrenzte" Flächenangebot der angrenzenden Felder und Wiesen nutzen (Abb. 39), sind in Hecken ungeahnte Besiedlungsdichten möglich. Die Dichte verschiedener Vogelarten ist hier deshalb um ein Vielfaches größer als etwa in geschlossenen Waldbeständen (Münsterland 3,5faches, Slowakai 10faches).

Neben diesen Arten, die die Saumsituation nützen, gibt es andere, die Hecken als Gehölzbestand besiedeln. Eine Konkurrenz kann durch die Wahl der Nahrungsflächen ausgeschlossen werden:

So gewinnt der Neuntöter als typische Saumart 84% seiner Nahrung von offenen Flächen mit niedriger Krautschicht, also außerhalb der Hecken, 10% von Sträuchern bis 60 cm Höhe und 6% von höheren Sträuchern. Die Sperbergrasmücke als Heckenart dagegen findet 6% ihrer Nahrung im hohen Gras am Rand der Sträucher, 76% in Sträuchern bis 60 cm Höhe und 10% in höheren Sträuchern.

Sowohl bei den Vögeln als auch bei Säugern und Insekten fällt der hohe Besiedlungsanteil an fleischfressenden Arten auf.

Da, wie wir sahen, der Anteil der Konsumenten von Stufe zu Stufe einer Nahrungskette geringer werden muß, ist diese Beobachtung doch eingigermaßen überraschend. Sie wird aber sofort verständlich, wenn wir das Nahrungsangebot der „Räuber" nicht auf die Hecke begrenzt sehen, sondern die angrenzenden Nutzflächen mit

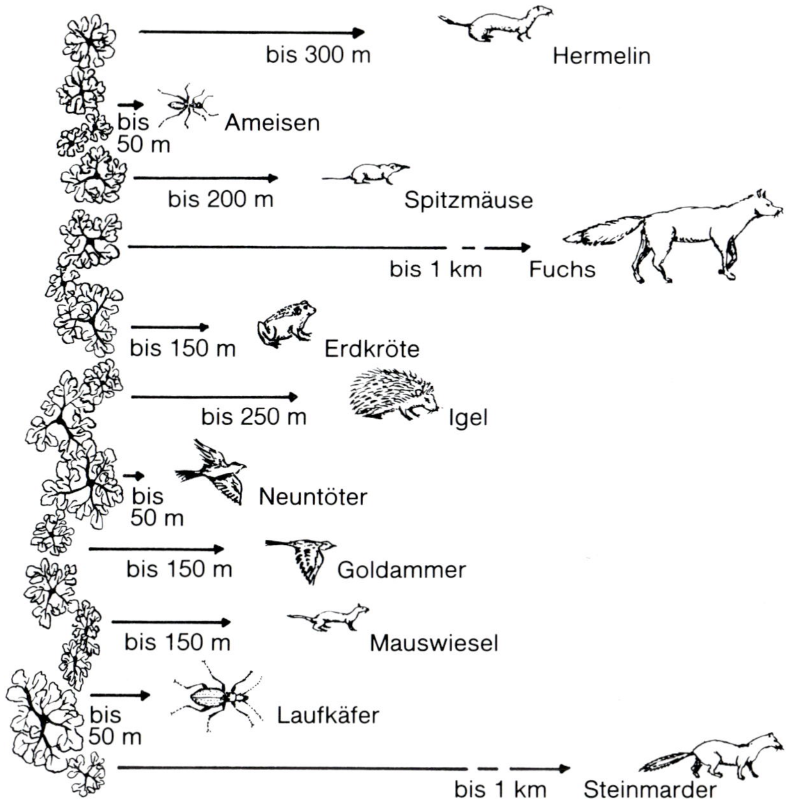

Abb. 39. Aktionsradien verschiedener räuberischer Heckentiere, die ihre Nahrung auch auf freiem Feld suchen (aus *Wildermuth* 1980).

in das System einbeziehen. Dort siedeln sich diese Arten nicht an, wohl aber nutzen sie diese.

Bewohner von Rainen

Die Tierwelt grasiger Feldraine entspricht der des jeweiligen vergleichbaren Grünlandtypus. Wegen ihrer geringen Ausdehnung sind diese Lebensgemeinschaften allerdings nur bruchstückartig verwirklicht.

Ihre Bedeutung liegt darin, daß sie stabile Inseln zwischen häufig umgestalteten Räumen darstellen.

Hier können sich Arten ansiedeln, die wichtig für die Lebensgemeinschaft Acker sind, aber keine Pionierqualitäten besitzen (Bsp. Ameisenvölker, Bienen- und grabende Wespenarten, die auch für die Bestäubung von Kulturpflanzen von Bedeutung sind). Daneben haben Raine eine wichtige Funktion als Rückzugsgebiete zur Zeit der Ernte und als Überwinterungsgebiete. Unter ihrer Grasnarbe überwintern bedeutend mehr Individuen vieler Arten als in den angrenzenden Feldern.

2.5.2 Landschaftliche Bedeutung von Hecken

Klimatische Wirkung und Ertragsteigerung

Hecken besitzen eine erstaunliche Wirkung auf die mikroklimatischen Bedingungen ihrer näheren Umgebung. Vergleichbar den Wäldern verlangsamen sie den Weg von Niederschlagswasser bis zum Boden, erhöhen die Versickerung, erhalten mit ihrem Wurzelwerk eine höhere Bodenfeuchtigkeit und erhöhen mit ihrem Blattwerk die Verdunstung. Durch die erhöhte Verdunstung ist in ihrem Umkreis auch die Taubildung

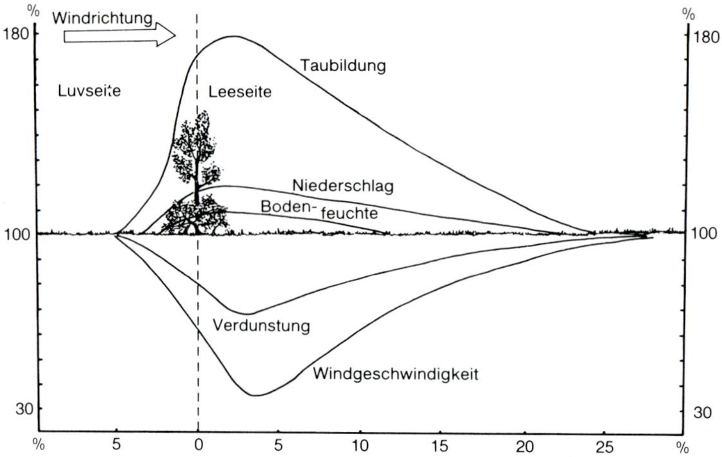

Abb. 40. Windschutzwirkung einer Hecke auf das Kleinklima ihrer Umgebung. Vor allem auf der Leeseite werden Taubildung, Niederschläge und Bodenfeuchtigkeit erhöht, Verdunstung und Windgeschwindigkeit verringert (aus *Wildermuth* 1980).

vergrößert. Die Windgeschwindigkeit kann im Einflußbereich einer Hecke um bis zu 60% vermindert werden. Durch die Beruhigung der Luftbewegungen erreichen mehr Niederschläge die Bodenoberfläche und werden gleichzeitig die Wasserverluste durch Transport feuchter Luftschichten und nachfolgend erhöhter Verdunstung reduziert. Diese Wirkungen machen sich in den angrenzenden Kulturen bemerkbar (Abb. 40).

Wurzelkonkurrenz und Regenschatten verringern die Erträge der benachbarten Kulturen auf einer Tiefe der doppelten Heckenhöhe.

Diese Verluste werden jedoch durch Ertragssteigerungen bis auf eine Tiefe der 10- bis 15fachen Heckenhöhe mehr als ausgeglichen. Sie betragen für die gesamte Kultur ca. 10 bis 20%.

Abhängig von Hauptwindrichtung, Windstärke und Heckenform ergeben sich für einzelne Landschaften optimale Heckenabstände. In Schleswig-Holstein wurde in Nord-Süd-Richtung bei Abständen von 150–300 m, in Ost-West-Richtung von 1000 m die beste Wirkung festgestellt.

Schutzfunktion von Hecken

Weitere Nutzfunktionen ergeben sich aus der Rolle von Hecken bei der Wasserrückhaltung, der Verhinderung von Winderosion, dem Schutz gegen Rutschungen und als Luftfilter. Eine Straßenhecke von 6 m Breite kann über 80% der in den Autoabgasen häufigen giftigen Bleiverbindungen aus der Luft herausfiltern.

Ökologische Bedeutung

Zu erwähnen ist schließlich eine unbestritten stabilisierende Wirkung der Lebensgemeinschaft Hecke auf die angrenzenden Felder. Das Ausmaß dieser Wirkung wird allerdings in der Literatur recht unterschiedlich gewertet. Die Äußerungen reichen von der Annahme, 50–60 Zauneidechsen pro km Hecke genügten, die anliegenden Felder auf eine Tiefe von 20 m weitgehend frei von Schadinsekten zu halten, bis zur Überzeugung, die Funktion von Hekken sowohl als Reservoir für „Nützlinge“ als auch für Schädlinge“ werde gleichermaßen überschätzt.

Gliederung der Landschaft

Nicht zuletzt tragen Hecken durch ihre Gliederung der Landschaft wesentlich zu deren Reiz bei und machen sie damit für die menschliche Erholung geeignet.

2.5.3 Heckenbrache

Wo Hecken nicht mehr gepflegt werden, überaltern sie und verlieren ihre

Abb. 41. Von einer natürlichen Flußaue kaum zu unterscheidende Kiesgrubenlandschaft mit einer Vielzahl verschiedener Kleinlebensräume.

biologische Vielfalt. In den Monaten Oktober bis März sollten sie deshalb etwa alle 5–10 Jahre geschnitten werden. Dabei wäre es falsch, ganze Hekken „auf den Stock zu setzen". Vielmehr sollte die Pflege selektiv erfolgen, indem einzelne Partien stark aufgelichtet, andere geschont, manche Buscharten nur beschnitten, andere „auf den Stock gesetzt" und markante Einzelbäume geschont werden.

2.5.4 Anregungen für Jäger

1. Beteiligung bei der Pflege von Hecken und Feldgehölzen (Beratung und Mitarbeit).
2. Neupflanzung von Heckenstreifen (möglichst in Verbindung mit Grünlandstreifen). Dabei sollen einheimische, standorttypische Pflanzen verwendet werden, die oft aus Naturentnahmen in der Nähe gewonnen werden können. Die späteren Größenverhältnisse der einzelnen Arten sollten bei der Pflanzung ebenso berücksichtigt werden wie die Notwendigkeit einer vielfältigen Zusammensetzung und Strukturierung.

2.6 Ödländer

2.6.1 Entnahmestellen, insbesondere Kies- und Sandgruben (Abb. 41)

Entnahmestellen galten noch vor wenigen Jahren als Landschaftswunden. Sie zu schließen und zu rekultivieren war offizielles und erklärtes Ziel des Landschaftsschutzes. Erst in neuerer Zeit setzte sich die Einsicht durch, daß solche Gruben durchaus hochwertige Sekundärlebensräume darstellen können und daß ihre „Unordnung" durchaus den Effekt großer Nischenvielfalt haben kann.

Gebiete mit großer Lebensraumvielfalt

Ein gemeinsames Merkmal dieser „wertvollen" Entnahmestellen ist, daß durch den Abtrag der nährstoffreichen Humusschichten die Voraussetzung für nährstoffarme, oligotrophe Standorte geschaffen wurde.

Nach der Erstbesiedlung durch Pionierpflanzen geht die Vegetationsentwicklung deshalb sehr viel langsamer voran als unter nährstoffreicheren Bedingungen. Erst im Verlauf vieler Jahre bis Jahrzehnte verdichtet sich die Vegetation soweit, daß waldähnliche Lebensbedingungen herrschen. Ältere Kiesgruben können so über lange Zeit hinweg Standorte und Kleinlebensräume enthalten, wie flache Lehmtümpel, periodische Kiespfützen, wassergefüllte Reifenspuren, Sand-, Schotterflächen und -hügel, Gesteinsblöcke, Kies- und Sandwände, Röhricht, Niedermoorbildungen, Trockenrasen, Weidengebüsch, Schlehdorngebüsch mit Brombeerdickicht usw.

Sie enthalten also Elemente aus ganz verschiedenen Lebensräumen einer Landschaft. Unter den verschiedenen Pionierpflanzen finden wir viele, die als Ackerwildkräuter aus den landwirtschaftlichen Flächen längst verdrängt wurden. In Trokkenrasen und Niedermoorstadien erkennen wir Formen des mageren Grünlandes bzw. der Moore wieder. Schließlich finden wir Gesellschaften der Feldhecken und Feldgehölze, der Weiher und Tümpel.

Lebensraumersatz für Flußauen

Die meisten Parallelen ergeben sich allerdings zwischen Kiesgruben und den Lebensräumen natürlicher Flußauen.

Die laufend umgestaltende Energie des Hochwassers wird in Gruben durch Maschinenkraft ersetzt.

Zahlreiche Tierarten der ursprünglichen Flußauen kommen heute hauptsächlich in Gruben vor. Zu ihnen gehören die Uferschwalbe (Sandadern in Abbauwänden), der Flußregenpfeifer (Kiesflächen), in geringerem Maß Flußuferläufer und Eisvogel. Viele Amphibien wie Laubfrosch, Gelbbauchunke, Geburtshelferkröte, Kreuzkröte, Wechselkröte und Molche finden inzwischen vor allem in Entnahmestellen geeignete Laichgewässer und Lebensräume. Ähnliches gilt für Echsen, Nattern, Libellen, Schmetterlinge und Käfer sowie eine große Zahl grabender und mörtelnder Wespen und Bienen. Schließlich haben hier Rebhuhn, Feldhase, Kaninchen und Reh Gegebenheiten, die ihren Optimalbedingungen oft sehr nahekommen, wie einen warmen, trockenen Untergrund, Vielfalt an Pflanzenarten, hohe Samenproduktion, reiche Insektenwelt, Deckung, Strukturreichtum.

Tabelle 9: Parallelen zwischen den vom Menschen geschaffenen Grubenbiotopen und natürlichen Flußauen (aus Wildermuth 1981)

Biotopelemente	Flußauen	Kiesgruben
ausdauernde stehende Gewässer	Altwässer	Baggerweiher und -seen
periodisch stehende Gewässer	Auentümpel	Lehmtümpel, wassergefüllte Radspuren
ausdauernde Kleinfließgewässer	Sickerquellen	Hangdruckwasser
periodische Kleinfließgewässer	Rinnsale	Schlämmwasser
Sand- und Kieskörper	Sand- und Kiesbänke	Sand- und Schotterflächen
Steinansammlungen	Ansammlungen von grobem Geröll	Steinhaufen
Schlickflächen	Gleithänge, Schwemmland	Schlämmsand, Lehm
sandig-kiesige Steilwände	Prallhänge	Abbauwände
Gesteinsblöcke	anstehender Fels	lose Blöcke, Findlinge
totes Holz	Schwemmholz	Baumstrünke, altes Nutzholz
Wald und Gebüsch	Weichholzaue, Weiden-Erlengebüsch	Weiden- und Erlengebüsch

Gefährdung und Veränderung

Viele dieser wertvollen Lebensräume wurden früher als offizielle, heute als wilde Müllkippen genutzt oder werden aufgefüllt, um sie wieder in land- oder forstwirtschaftliche Flächen zurückführen zu können. Gruben mit größeren Baggerweihern dienen dem Erholungsbetrieb, werden von Sportanglern stark frequentiert oder als Übungsgelände für Motorsportler genutzt.

Entnahmestellen sind wie Flußauen keine stabilen Lebensräume, sondern sind auf wiederholte Eingriffe und gestaltende Dynamik angewiesen. Bleiben diese aus, beginnt die Sukzession zum Klimaxstadium, dem Wald. Die Bedeutung als vielfältiger Rückzugsraum vor allem für Pionierarten ist dann hinfällig.

Chance für Jäger

Jäger sollten sich der Entnahmestellen ganz besonders annehmen. Sie sollten mithelfen, diese in ihrer ökologisch wirksamsten Form zu erhalten. Eine Aufforstung mit Gebüsch und Bäumen unter dem Aspekt, Einstände und Deckung zu schaffen, wird dem eigentlichen Wert solcher Flächen nicht gerecht, sondern nimmt lediglich das Endstadium einer langen natürlichen Entwicklung vorweg.

2.6.2 Deponien

Auf Aushubdeponien wird mageres sandiges, lehmiges, kiesiges oder humoses Material fast willkürlich abgelagert. Solange die Ablagerungsfläche nicht planiert ist, ergibt die geschaffene „Unordnung" ein ökologisch überaus hochwertiges und vielfältiges Mosaik verschiedenster Standorte samt entsprechender Fauna und Flora.

Die Südseite eines sandig-kiesigen Hügels mag alle Anzeichen schütterer Trokkenvegetation, der kleine lehmige „Gegenhang" die Vegetation staunasser, schwerer Böden, die Senke dazwischen ein Kleinstgewässer enthalten. Nicht weit davon entfernt kann sich auf humosem Material eine hochwüchsige Ruderalflora entwickeln, die für Deckung sorgt.

Auch Deponieflächen können also wichtige Rückzugsgebiete für Bewohner extensiv genutzter Wiesen und Ackerflächen darstellen. Vor allem in intensiv genutzten Agrarlandschaften sollten sie dem Jäger als Chance eines ökologischen Ausgleichs am Herzen liegen.

Bei zunehmender Verbuschung muß danach getrachtet werden, den Gehölzbewuchs zu begrenzen, gegebenenfalls durch Maschineneinsatz wieder Pionierstandorte herzustellen. Auch in solchen Gebieten würde eine dichte Bepflanzung mit Gehölzen den gegebenen Vorteil vorzeitig zunichte machen.

3 Ökologie und Nutzung

Wie in 1.2.3 dargestellt wurde, sind in stark veränderten Lebensgemeinschaften die Mechanismen der natürlichen Selbstregulation weitgehend außer Kraft gesetzt. Durch die vielfältigen, meist intensiven Nutzungsansprüche an alle Räume unseres Landes ist diese Veränderung bereits sehr weit fortgeschritten. Die ökologischen Konsequenzen daraus betreffen alle Lebewesen, also auch jagdbare Arten. Sie müssen deshalb bei den Schutz- und Hegebemühungen des Jägers berücksichtigt werden.

Das folgende Kapitel soll sich deshalb mit den eingreifenden Nutzungsansprüchen an die Landschaft und deren Folgen auseinandersetzen.

Nutzung als wesentliches Element heutiger Landschaften

Ein wichtiges Merkmal natürlicher Lebensräume und ihrer Lebensgemeinschaften ist die Fähigkeit, auftretende Störungen durch Selbstregulierung zu puffern. Dadurch bewahren sie einen dynamischen Gleichgewichtszustand. Er ist um so stabiler und weniger gegen störende Einflüsse anfällig, je reichhaltiger und vernetzter das System ausgebildet ist (siehe Kap. 1.2.3).

In Lebensgemeinschaften, die durch menschliche Nutzung geprägt sind, bewirkt Selbstregulierung allerdings keine Beständigkeit. Im Gegenteil wird dadurch eine Veränderung des Systems erreicht. Um seine Existenz zu erhalten, muß der Mensch eingreifen und die natürliche Regelung laufend ergänzen oder kompensieren.

Das tat er bei der Nutzung einer Streuwiese, indem er den Mähzeitpunkt so spät legte, daß die Pflanzen die lebenswichtigen Stoffe bereits in ihre Speicherorgane zurückgezogen hatten. Er konnte so ohne Veränderung des Pflanzenbestandes gleichmäßig hohe Ernten erzielen. Andererseits kompensierte er die natürliche Bewaldungstendenz durch seine Mahd und erhielt so die Lebensgemeinschaft Streuwiese.

Je „unnatürlicher" eine solche „künstliche" Lebensgemeinschaft ist, je weniger sie den standörtlichen Gegebenheiten entspricht, desto stärker muß der Mensch eingreifen.

Will der Landwirt, um beim Beispiel Streuwiese zu bleiben, auf ihr Wiesennutzung betreiben, so durchbricht er durch einen früheren Mähzeitpunkt den pflanzeninternen Stoffkreislauf. Die Vegetationsdecke magert aus, viele Streuwiesenpflanzen verschwinden, er ersetzt den Nährstoffverlust durch Düngung. Weitere Streuwiesenarten verschwinden, andere des Feuchtgrünlandes besiedeln die Fläche. Um den Pflanzenbestand für die intensivere Nutzung weiter zu verbessern, wird es nun notwendig, durch Drainung in den Wasserhaushalt einzugreifen. Düngung und Drainung berühren nicht mehr allein die Lebensgemeinschaft der früheren Streuwiese, sondern durch Düngerausschwemmung und Abflußbeschleunigung auch die von Gewässern.

Mit weiterer Nutzungsintensivierung wird das System der Wiese auf Niedermoorboden zunehmend instabil. Schließlich erfordert die Erhaltung des nutzbaren Bestandes den Einsatz von Herbiziden oder gar seine wiederholte radikale Zerstörung mit anschließender Neubegründung (Grünlanderneuerung). Aus einem derart denaturierten, artenarmen System würde sich nach Beendigung der Nutzung sicher nicht mehr die Ausgangslebensgemeinschaft eines Niedermoorbruchwaldes entwickeln. Wie artenreich und stabil der durch Selbstregelung erreichbare Zustand wäre, ist kaum bekannt. Ebenso wenig wissen wir, wie stark und wie viele andere Lebensräume durch die völlige Veränderung unserer Streuwiese beeinflußt würden, wie stark deren Gleichgewichtszustand gestört würde.

Das Beispiel Mittelmeerraum

Daß sich nach menschlichen Eingriffen Ökosysteme ganzer Landschaften völlig verändern und in anderer Form und auf anderem Niveau wieder stabilisieren können, das zeigt uns das Beispiel des Mittelmeerraumes. Durch Entwaldung und Beweidung wurde hier bereits im Altertum eine völlige Verkarstung eingeleitet. Heute finden wir außerhalb landwirtschaftlich genutzter Täler fast ausschließlich Degenerationsstadien der ursprünglichen Waldvegetation. Von den Pionierstadien der abgeschwemmten Hänge ausgehend können wir sie allerdings auch bereits als Regenerationsstadien werten. Die Felsenheiden, Buschdickichte und Steppenformen sind trotzdem durchaus artenreiche, ökologisch stabile Lebensräume auf anderem Niveau, auf dem sie ihren Nutzwert für den Menschen weitgehend verloren haben.

Veränderungen der Artenstruktur in unserem Land

In der Bundesrepublik ist seit über einem Jahrzehnt eine beängstigende Verarmung vor allem an „empfindlichen“ Pflanzen- und Tierarten zu beobachten (tatsächlich werden Tendenzen dazu seit gut einem Jahrhundert beklagt!). Ihr steht die Zunahme einiger anpassungsfähiger Kulturfolger gegenüber.

Diese Entwicklung erinnert fatal an diejenige, die wir in Wiesen und Äckern auf dem Weg zu immer intensiver genutzten Monokulturen feststellen. Sie beschränkt sich also längst nicht mehr auf Nutzflächen, sondern betrifft auch bereits „naturnahe“ Ökosysteme.

Sich selbst überlassene naturnahe Lebensräume und Lebensgemeinschaften, die das „gewünschte stabile Gleichgewicht“, ihren Reichtum auch an empfindlichen „Indikatorarten“ erhalten oder wiederherstellen können, gibt es in der Bundesrepublik praktisch nicht mehr. Das Maß übergreifender Beeinträchtigungen, die von vielfältigen Nutzungsansprüchen an die Landschaft ausgehen, ist offenbar zu hoch geworden.

Wir können zwischen zwei Alternativen wählen

Aus dieser Feststellung drängt sich natürlich die Frage auf, welche „ökologische Zukunft“ wir uns nun „leisten“ oder welche wir „in Kauf nehmen“ wollen.

Denkbar wäre immerhin, die Verarmung unserer Fauna und Flora in Kauf zu nehmen, darauf zu warten, bis sich als Folge der totalen Nutzung unserer Landschaften ein anderes Niveau von Lebensgemeinschaften einstellt.

Dieses würde wohl aus relativ wenigen Arten bestehen, die mit hohen Individuendichten vertreten wären. Wie lebensfähig ein solches System einschließlich des Menschen wäre, wie sehr dann laufende stabilisierende Eingriffe notwendig würden, sind weitgehend unbeantwortbare Fragen.

Die Alternative bestünde darin, alles zu versuchen, um Artenvielfalt und naturnahe Lebensgemeinschaften zu erhalten bzw. wiederherzustellen.

Sie ist, vorläufig nur mit der Wirkung einer Absichtserklärung, in mehreren Gesetzen des Bundes und der Länder enthalten. Hierzu wäre zweierlei notwendig:

- Reduzierung des vielfältigen Nutzungsdruckes auf ein ökologisch erträgliches Maß. Die Berücksichtigung ökologischer Gesichtspunkte darf nicht davon abhängen, welche Bedeutung ihnen jeder von uns aus wirtschaftlichen, komfortbedingten oder ideologischen Überlegungen zubilligt. Vielmehr müssen ökologische Kriterien eine gleichrangige, inzwischen vorrangige Rolle bei der Beurteilung von Nutzungsansprüchen spielen.
- Die Folgen der bisherigen Eingriffe müssen so wirksam wie möglich gelindert bzw. kompensiert werden, auch wenn darin keine Lösung der verursachenden Probleme gesehen werden kann, sondern eben nur Symptomtherapie.

Dazu gehören Schutz, Pflege und Erhaltung naturnaher Restgebiete unserer Landschaften, auch wenn sie, erdrückt vom Einfluß der sie umgebenden Kulturlandschaft, ihre Vielfalt und Stabilität kaum halten und mangelnde Vielfalt und Stabilität der Kulturlandschaft kaum ausgleichen können.

Hierzu gehört auch die Schaffung selbst kleiner Sekundärbiotope als naturnahe Landschaftsteile.

Dazu gehört vor allem auch die Regulierung des gestörten Artengleichgewichtes. Kulturfolgende, hohe Dichten entwikkelnde Arten können als unmittelbar wirkender Faktor von Umweltveränderungen deren Wirkung auf Arten verstärken und damit den Rückgang von Arten beschleunigen.

Ein kompensierender jagdlicher Eingriff stellt unter diesem Aspekt eine ökologische Notwendigkeit dar.

3.1 Nutzungsansprüche an die Landschaft – Folgen und Konsequenzen

Der Versuch, in einem Teilkapitel dieses Buches eine detaillierte Analyse der verschiedensten Nutzungsansprüche des Menschen an die ihn umgebende Landschaft samt deren Wechsel- und Fernwirkungen erstellen zu wollen, ist sicher nicht möglich. Ergänzend zu den in Kapitel 2 gemachten Feststellungen sollen deshalb einige der wichtigen Faktoren kurz angerissen werden.

3.1.1 Besiedlung

Flächenbeanspruchung

Rund 5% der Gesamtfläche der Bundesrepublik sind von Wohnsiedlungen, Städten, Dörfern und den dazugehörigen Einrichtungen bedeckt. Die gewaltige Inanspruchnahme von meist hochwertigen landwirtschaftlichen Nutzflächen in den vergangenen Jahrzehnten war dabei nur in geringem Maß durch das Bevölkerungswachstum bedingt. Den höchsten Anteil daran haben die steigenden Ansprüche der Bevölkerung an Wohnqualität und Wohnungsgröße in Form von

- mehr Wohnfläche pro Einwohner
- mehr Räumen pro Wohnung, anderer Grundrißgestaltung
- mehr Wohnungen mit Garten
- mehr Einfamilienhäusern

bis hin zur Forderung nach der eigenen Ferien-Zweitwohnung mit einer nicht selten damit verbundenen Zersiedlung.

Mobilität

In vielen Gebieten führt der Wunsch nach Wohnen auf dem Land zu zunehmend größer werdenden Entfernungen zwischen Wohnung und Arbeitsplatz. Das ist mit einer Erhöhung des Individualverkehrs, dem (Aus-) Bau von Verkehrswegen, stärkerer Beunruhigung immer größerer Landschaftsräume verbunden.

Wasserbedarf und Wasserbelastung

Vor allem durch steigende Ansprüche an den Haushaltskomfort (u.a. Wasch-/Spülmaschine, Spülklosett) ist der Wasserverbrauch der Bevölkerung seit etwa 3 Jahrzehnten stark angestiegen. Das Verhältnis zwischen dem Wasserbedarf zunehmender Besiedlung und dem durch Niederschläge regenerierbaren Angebot (beschleunigter Abfluß u.a. durch Versiegelung, verringerte Versickerung usw.) verschlechtert sich immer mehr zu Lasten des Angebotes. 1975 lag der Wasserbedarf von Bevölkerung und Industrie bei ca. 17 Milliarden Kubikmeter. Diese Menge sollte sich laut Hochrechnungen bis zum Jahr 2000 verdoppeln. Von Ballungsgebieten geht seit Jahren ein zunehmender Ausbeutungsdruck auf teilweise weit entfernte Wasservorkommen aus. Er führt dort zu starken Grundwasserabsenkungen bis hin zur Versteppung früherer Feuchtgebiete.

Ansprüche an tatsächliche oder vermeintliche hygienische Bedingungen führen dazu, daß immer mehr Haushaltsgifte (Weich- und Weißmacher, Säuren und Laugen, Geruchstilger, Bakterien- und Pilzgifte usw.) in das Abwasser abgegeben werden und in Kläranlagen kaum zu beseitigen sind.

Folgerung

All diese Nutzungsansprüche entwickelten sich weitgehend dichteunabhängig. Ökologisch dringend erforderlich wäre allerdings, sie dichteabhängig zu begrenzen (Bsp. Flächenbeanspruchung) bzw. nach Wegen zu suchen, die die bisherige Summierung ihrer Wirkung verhindern (Bsp. Möglichkeiten, den Wasserverbrauch bei gleichem Lebensstandard drastisch zu verringern).

3.1.2 Freizeit und Urlaub

Zunehmende Freizeit zusammen mit wachsender Vermarktung der Freizeitbetätigung führen fast überall zu einer unerträglichen Beunruhigung und Belastung von Lebensgemeinschaften. Dazu zählen Ansprüche an hohe Mobilität (Luftbelastung, Forderung nach Straßenbau).

Ein immer dichter werdendes Wegenetz, verbunden mit dem Anspruch eines freien Betretens aller Landschaftsteile, führen zur Gefährdung empfindlicher Lebensräume durch Trittbelastung, zur Beeinträchtigung normaler Tages- und Ernährungsrhythmen selbst bei anpassungsfähigen Tierarten wie Rehwild, zur völligen Verdrängung empfindlicher Arten. Zahlreiche und auch immer neue Varianten der Freizeitbetätigungen überziehen fast flächendeckend die Naturräume unserer Landschaften mit Beunruhigung, Störung, ja Zerstörung. Zu ihnen gehören Surfen, Bootssportarten (Kajak, Kanu, Segel-, Ruder-, Motorboote), Angelsport, Badebetrieb, Camping, Skisport (insbesondere Langlauf, Variantenskisport, Pistenbetrieb), Motorgeländesport, Modell-, Leichtflugzeuge, Wandern, Fotografieren, Naturbeobachtung.

Folgerung

Es wird wesentlich davon abhängen, ob es gelingt, aus der bisher dichteunabhängigen Entwicklung dieser Ansprüche eine dichteabhängige zu machen (vgl. Kap. 1.1.2.3). Unter „dichteabhängig“ sind dabei sicher nicht zuletzt die Begrenzung von Freizeitbeschäftigungen auf bestimmte Flächen, allgemeine Beschränkungen des freien Betretungsrechtes für bestimmte Gebiete (teils auch jahreszeitlich modifiziert) und andere Einschränkungen zu verstehen.

3.1.3 Verkehrswege

Verkehrsflächen (Straßen, Wege, Plätze, Schienenstränge, Flugplätze) nahmen 1979 rund 1 137 790 ha, das sind 4,6% der Gesamtfläche der Bundesrepublik ein. In Baden-Württemberg vergrößerte sich die Verkehrsfläche von 114 374 ha im Jahr 1950 auf 165 689 ha im Jahr 1979, also um 44,3%.

Verinselung der Landschaft

Es ist inzwischen bekannt, daß durch diesen Straßenbau Landschaften in immer kleinflächiger werdende Lebensrauminseln zerschnitten werden, zwischen denen ein Austausch bei vielen Arten nicht mehr oder nur unter hohen Verlusten möglich ist (Abb. 43).

In solchen isolierten Lebensrauminseln können Abwanderung oder Aussterben von Arten nicht in ausreichendem Maß durch Zuwanderung ausgeglichen werden, es kommt zu Artenverarmung und Störung des Gleichgewichts. Ebenso wird der Austausch von Genmaterial zwischen einzelnen isolierten Populationsteilen erschwert oder unterbunden.

Für zahlreiche Kleintiere bis hin zu Mäusen ist diese Wirkung, völlig unabhängig von dem auf den Straßen herrschenden Verkehr, allein durch deren Existenz verursacht.

Abb. 43. Isolationsbarrieren dieser Art lassen keinen Austausch zwischen getrennten Teilen von Tierpopulationen mehr zu.

Ihre Isolationswirkung beruht für diese Tiere auf der Ausbildung eines kleinklimatischen Hindernisses.

Die auf Straßen herrschende hohe Lichteinstrahlung, Oberflächentemperatur, Verdunstung, Trockenheit schafft Lebensraumbedingungen, die von Bewohnern der Vegetationsdecke gemieden werden.

Beiderseits von Straßen wurde zudem eine Veränderung des Artenbestandes unter Gliedertieren (insbesondere Laufkäfern) beobachtet. Während einige umwelttolerante Arten sich hier in größeren Individuendichten etablieren konnten, verschwanden andere, empfindlichere Arten aus der Umgebung des Straßenkörpers.

Diese Wirkung dürfte, da teilweise durch Emissionen hervorgerufen, von der herrschenden Verkehrsdichte abhängen.

Beträchtlich ist die Wirkung von Straßentrassierungen besonders auch dort, wo diese nicht nur bisherige Lebensräume durchschneiden, sondern, etwa einem Waldrand folgend, regelmäßige Wanderbewegungen zwischen Feld und Wald unterbinden. Nicht nur das regelmäßige Austreten des Wildes wird dadurch unterbunden oder zum verlustreichen Unternehmen. Für zahlreiche Kleintiere bedeutet dies, daß sie von lebensnotwendigen Überwinterungs- und Rückzugsräumen abgeschnitten werden. Durch derartige Trassierungen werden also beide Lebensgemeinschaften stark beeinträchtigt und gestört.

Direkte Verluste

Groß sind bekanntlich die direkten Verluste unter Tierarten auf Straßen. Es wird sich zeigen müssen, ob etwa die Igelpopulationen ihren hohen Blutzoll auf Straßen langfristig ausgleichen können. Bestände von Reh und Hase in der Umgebung vielbefahrener Straßen werden ausgedünnt, die eigene Produktion kann die entstehenden Verluste kaum oder nicht ausgleichen, das Vorkommen wird durch Populationsüberschuß aus anderen Gebieten aufrecht erhalten.

Bereits eine Verkehrsdichte von höchstens 20–30 Kraftfahrzeugen pro Stunde reicht aus, um etwa Amphibienpopulationen, die diese Straße auf ihrer Laichwanderung überqueren müssen, innerhalb weniger Jahre aussterben zu lassen.

Versiegelung und Lebensraumverluste

Durch die Versiegelung von Verkehrsflächen fließen große Niederschlagsmengen schnell oberflächig ab und sorgen in kleineren Gewässern für eine beträchtliche Verschärfung von Hochwasserspitzen. (Bsp.: Von einer Straße von 10 m Breite fließen bei einer mittleren Niederschlagsmenge von 1000 mm/m² pro Kilometer und Jahr immerhin 10 000 m³ Wasser sofort in die Vorfluter ab). Mit Neu- oder Ausbauten von Straßen ist deshalb nicht selten ein Ausbau von Gewässern als Vorfluter für Straßenabwässer verbunden.

Ebenso vervielfachen die mit dem Bau verbundenen Eingriffe wie ggf. (Aus-) Bau von Zubringern, Entwässerungen, Abholzungen, Kiesentnahmen, Aufschüttungen usw. die unmittelbar beeinträchtigte Fläche. Zwar ist derzeit noch nicht absehbar, in welchem Umfang Bau und Nutzung von Verkehrswegen tatsächlich an der Verarmung und Störung von Ökosystemen beteiligt sind. Die Zusammenhänge, die bisher bekannt wurden, lassen allerdings schlimmes befürchten. So ist eine Beteiligung von Verkehrsemissionen am sogenannten Waldsterben gesichert.

Folgerungen

Es stellt sich die Frage, wie weit sich die Entwicklung der individuellen Mobilität als dichteunabhängiger Nutzungsanspruch weiterhin selbstverständlich aufrecht erhalten läßt. Beschränkungen oder die Suche nach völlig neuen Alternativen sind dringend erforderlich. Entsprechend müssen auch bei der Neuplanung von Straßen und anderen Verkehrswegen ökologische Aspekte Priorität erlangen. Dies kann Konsequenzen bis hin zur Aufgabe von Projekten erfordern, wenn weitere ökologische Schäden absehbar sind.

3.1.4 Gewerbe und Industrie

In den vergangenen Jahrzehnten kam es zu beträchtlichen Flächenverlusten durch den Bau und die Ausweisung von Gewerbe- und Industriegebieten. Andere Probleme liegen im großflächigen und schnellen Abbau von Braunkohle, Torf, Kies und anderen Bodenschätzen, in der Belastung durch Abgase und Abwässer („Waldsterben", Meeresverunreinigung, Belastung von Flüssen, Seen und Strömen), Folgen von Energiegewinnung usw.

Im folgenden sollen einige Aspekte der Schadstoffbelastung erwähnt werden, auch unter Berücksichtigung der industriell hergestellten, von der Landwirtschaft ausgebrachten Stoffe.

Akkumulation von Giftstoffen in Nahrungsketten

Anfang der 1970er Jahre waren zahlreiche Tierarten durch Konzentration von Giftstoffen im Verlauf der Nahrungskette akut gefährdet. Es handelte sich dabei vor allem um Endglieder von Nahrungsketten wie Greifvögel und Seevögel (vgl. Kap. 1.3). Die damals als besonders schädigend erkannten Stoffe waren vor allem Quecksilberverbindungen und chlorierte Kohlenwasserstoffe wie PCB, Dieldrin und vor allem DDT sowie ihm nahe verwandte Verbindungen.

1970 wurde das „Pestizid-Syndrom" beim Wanderfalken beschrieben: Verspäteter Brutbeginn – verspätete oder ausbleibende Eierproduktion – kleinere Gelege – Zerbrechen der Gelege wegen sehr geringer Eischalendicke – verminderte Befruchtungsrate – Absterben von Embryonen im Ei – hohe Sterblichkeit der geschlüpften Jungen – Verhaltensstörungen der Eltern, die sich in Eierfressen, Abbrechen der Brut, unruhigem Brüten (Zerstörung der Gelege) oder Auffressen der Brut äußern.

Es dauerte aber noch bis 1974, bis in der Bundesrepublik die Anwendung von DDT verboten wurde. Da die Produktion dieses Stoffes nicht verboten war, stieg sie weiter an, der Markt in den Entwicklungsländern floriert weiterhin. In Schweden dauerte es 19 Jahre von der ersten Anwendung quecksilberhaltiger Saatgutbeizen bis zur Erkenntnis ihrer großen Gefährlichkeit für Mensch und Tier. Es dauerte aber weitere acht Jahre, bis diese Erkenntnis in ein Verbot der Mittel umgesetzt war.

1929 wurde mit der Produktion von PCBs begonnen. Seit 1966 ist deren Gefährlichkeit bekannt, bis heute wurden daraus noch nicht die notwendigen Konsequenzen gezogen.

Zunehmender Pestizidverbrauch in der Bundesrepublik Deutschland

Das Tempo, mit dem chemische Stoffe auf den Markt kommen und ihre Verwendung zunimmt, steht also in keinem Verhältnis zu dem Tempo, mit dem auf die Feststellung einer Gefährdung durch solche Stoffe reagiert wird.

Wie rasch der Verbrauch an Pestiziden in der Bundesrepublik zunimmt, zeigt Tabelle 10.

Tabelle 10: Verbrauch von Schädlingsbekämpfungsmitteln in der Bundesrepublik Deutschland in den Jahren 1977 und 1979 (Pflanzenschutz/ZOHREN und Industrieverband Schädlingsbekämpfungsmittel 1981)

Pestizide	Verbrauch in Tonnen 1977	1979	Zunahme ca.
Herbizide	15300	19100	25%
Fungizide	5700	7200	26%
Insektizide	2000	2200	10%
Sonstige	2600	3300	27%
Gesamt	25600	31800	24%
Noch wissen wir über die Langzeitwirkung der wenigsten Giftstoffe Bescheid.			

Gefahren durch Luftschadstoffe

Seit Ende der 60er Jahre wissen wir, daß Luftschadstoffe aus englischen und deutschen Industriegebieten über Skandinavien abregnen und in den dortigen un- oder schwach gepufferten Gewässern schwere Schäden verursachen. 1970 sprach man von jährlich ca. 100 Seen, die allein in Norwegen dadurch fischfrei wurden.

In den 70er Jahren traten wiederum flächige Schäden an den Tannen des Schwarzwaldes, seit den 80er Jahren großflächige und rapide sich verschlimmernde Schäden an mehreren Baumarten auf. Nach über 15 Jahren wurden erstmals Konsequenzen gezogen, die die Gefährdung von Ökosystemen stoppen sollen.

Folgerungen

Es ist dringend erforderlich, ökologische Aspekte und Nutzungsansprüche verschiedenster Art ständig zu überdenken.

Biologische Schädlingsbekämpfung ist möglich, Abgas- und Abwasserreinigung ist möglich. Sie zu unterlassen ist nur kurzfristig billiger. Fast ungehemmte Gift- und Düngeranwendung in Haus- und Schrebergärten ist nicht notwendig; auch wenn gleichmäßig grüne Rasenflächen zum Schönheitsideal hochstilisiert wurden, ist jede Pestizidanwendung zur Erhaltung derart unsinniger „Monokulturen" untragbar; Herbizideinsatz entlang von Straßen, Schienen und Gewässern ist verzichtbar.

Schadstoffgrenzwerte müssen nach ökologischen Gesichtspunkten festgelegt werden.

3.1.5 **Landwirtschaft** (vgl. Kap. 2.4)

Landwirtschaftliche Nutzung hatte im Lauf der Zeit die Kulturlandschaft als Mosaik mehr oder weniger reichhaltiger Lebensräume und Nutzflächen geprägt. Wie kein anderer Erwerbszweig war die Landwirtschaft deshalb in ökologische Beziehungsgefüge integriert. Spätestens seit den 1960er Jahren hatte sich die Form der Landbewirtschaftung grundlegend geändert. Aus einer abhängig von Standortbedingungen unterschiedlich extensiv nutzenden, zumindest teilweise zur Selbstversorgung betriebenen Landwirtschaft wurde der mehr oder weniger spezialisierte Produktionsbetrieb, der ein mit anderen Gewerben vergleichbares Jahreseinkommen abzuwerfen hatte. Neben dem Zwang zur Betriebsvergrößerung war damit die Notwendigkeit zu weitgehender Rationalisierung und Intensivierung verbunden.

Rationalisierung erfordert einen möglichst weitgehenden Einsatz von Maschinen. Dazu ist die Schaffung großer, gleichmäßig befahrbarer und regelmäßig abgegrenzter Nutzflächen notwendig. Intensivierung bedeutet höchstmögliche Steigerung der Erträge pro Flächeneinheit durch Düngung und die Auswahl möglichst ertragreicher Arten.

Voraussetzungen und Folgen der geänderten Landnutzung

Für die Lebensräume und Lebensgemeinschaften der Kulturlandschaft ergeben sich daraus folgende Konsequenzen:

- Großflächige Entwässerungen ermöglichen ebenso wie Drainung kleiner, in andere Flächen eingestreuter Feuchtinseln die maschinelle Bearbeitung. Voraussetzung dafür ist der Ausbau (Begradigung, Tieferlegung) des Vorfluternetzes.
- Verzahnte Grenzlinien zwischen verschiedenen Nutzflächen, zwischen Nutzflächen und Wald, Hecken, Gewässern usw. behindern die Bearbeitung, sie werden nach Möglichkeit begradigt.
- Extensive Nutzung von Flächen ermöglicht zwar die größte Vielfalt an Pflanzen- und Tierarten. Sie läßt auf den meisten Flächen allerdings nur begrenzt Maschineneinsatz zu. Die Erträge sind, im Vergleich zu Intensivflächen, gering. Solche Flächen werden in intensiv genutzte Flächen eingegliedert und umgestaltet oder sie fallen brach.
- Eine Berücksichtigung standörtlicher Verschiedenheiten ist bei Intensivnutzung nicht erforderlich, da durch maximale Düngung, Bewässerung und andere Möglichkeiten eine relativ einheitliche Produktivität erzwungen werden kann.
- Die Spezialisierung der Betriebe führt zu einer starken Entmischung von Anbaugebieten, was insbesondere zu Lasten von Grünflächen geht. So wurden allein zwischen 1971 und 1974 in der Bundesrepublik rund 111 000 ha Grünland umgebrochen. Dieser Verlust an Grünflächen betrifft nahezu alle Feldbewohner. Zudem ist die Zahl auf Grünland brütender Vogelarten sechsmal so hoch wie die von Ackerbrütern.
- Durch Konkurrenzkampf werden kleinbäuerliche, z. T. noch relativ extensiv wirtschaftende Betriebe zur Aufgabe gezwungen und deren Nutzflächen in größere Intensivbetriebe integriert.
- Nicht intensivierbare Flächen fallen brach oder werden anderen, z. T. nicht landwirtschaftlichen Nutzungen zugeführt.

Diese Konsequenzen intensiver Landbewirtschaftung schaffen mehr und mehr eine Trennung der Kulturlandschaft in ökologisch verarmte Produktionssysteme und wenige ökologisch reichhaltige Systeme ehemaliger Nutzflächen, deren Wert häufig nur künstlich durch Nachahmung früherer Nutzung erhalten werden kann.

Folgerungen

Die Loslösung landwirtschaftlicher Produktion aus ökologischen Beziehungsgefügen ist mit schwerwiegenden landschaftsökologischen Schäden verbunden (Artenverarmung, Instabilität, Belastung von Oberflächengewässern und

Grundwasser, Schadstoffbelastung usw.).
Angesichts teurer Halden von Produktionsüberschüssen wäre es dringend erforderlich, diese Entwicklung auf einen ökologisch tragbaren Stand zurückzuschrauben.

Bereits eine konsequente Modifizierung der Nutzungsintensität, etwa nach Standorteignung, würde hier Erleichterung bringen. Erforderlich wäre auch die Abkehr von der Gleichsetzung gewerblicher oder industrieller Produktionskriterien mit denen der Landbewirtschaftung.

3.2 Vielfalt ist nicht mehr selbstverständlich

Die Folge der vielfältigen Nutzung unserer Landschaften ist, daß naturnahe Landschaftselemente, auch wenn sie sich selbst überlassen bleiben, durchaus nicht mehr die erwünschte Vielfalt erreichen können. Eingriffe, die Folgen der Nutzungsansprüche nach Möglichkeit ausgleichen, sind deshalb erforderlich. Einige Beispiele mögen dies belegen.

3.2.1 Nährstoffe und Vielfalt

Die Reichhaltigkeit naturnaher Lebensräume entpuppt sich bei genauer Betrachtung nicht als gleichmäßig verteilte Vielfalt, sondern vielmehr als kleinräumiges Standortmosaik (vgl. Kap. 2.2.1). Die herrschende Nährstoffarmut läßt verschiedene Standortfaktoren für die Besiedlung durch Pflanzen- und Tierarten ausschlaggebend sein. Dadurch ist der Nischenreichtum einer Fläche sehr groß.

In einer Niedermoorfläche sind es etwa kleinräumige Feuchtigkeitsunterschiede, die durch Niveauunterschiede von wenigen Zentimetern verursacht sein können, Unterschiede des Kalkgehaltes in der Umgebung von Quellaustritten oder geringfügige Unterschiede des Nährstoffgehaltes mit zunehmender Entfernung von einem kleinen Bach, die wesentliche Veränderungen der Vegetationszusammensetzung verursachen können. In nährstoffarmen Gewässern können solche Unterschiede durch verschiedene Korngrößen des Gewässergrundes, durch Dauer und Zeitraum der Wasserbedeckung, durch die Wassertiefe und die Temperatur (z. B. dauernd niedrige Temperaturen in Quellnähe) hervorgerufen werden (Abb. 44).

Mit zunehmendem Nährstoffangebot verwischen sich solche Unterschiede mehr und mehr. Sehr anpassungsfähige Arten verdrängen, wenn nur genügend Nährstoffe vorhanden sind, das ursprüngliche Besiedlungsmosaik.

Die Ränder nährstoffarmer Niedermoorstandorte sind oft mit einer hochwüchsigen Mähdesüßflur bewachsen, da dort von Intensivflächen Nährstoffe eingeschwemmt werden. Wo nährstoffbelastetes Grundwasser inmitten eines sonst nährstoffarmen aber kalkreichen Kopfbinsenriedes die Oberfäche erreicht, entstehen ebenfalls Mähdesüßfluren oder Schilf- bzw. Rohrglanzgrasbestände. Mit zunehmender Nährstoffbelastung zeigen auch Gewässerlebensräume nicht mehr den früheren Vegetationsreichtum. Artenarme Röhrichte aus Rohrglanzgras, Wasserschwaden, Ästigem Igelkolben, Breitblättrigem Rohrkolben und/oder Schilfrohr, wenn nicht aus Kanadischer Goldrute oder Brennessel, bedecken nun die Flächen.

So notwendig es vielerorts wäre, etwa Moorflächen wieder durch die Einleitung von Gräben und Bächen stärker zu vernässen, so ist dies in vielen Fällen nicht mehr ratsam, da durch die Nährstofffracht dieser Gewässer die oligotrophen Moore sehr schnell eutrophiert und verändert würden. Für sie ist es weniger schwerwiegend, wenn die ursprüngliche Nässe nicht mehr erreicht wird. Die Veränderungen sind gerin-

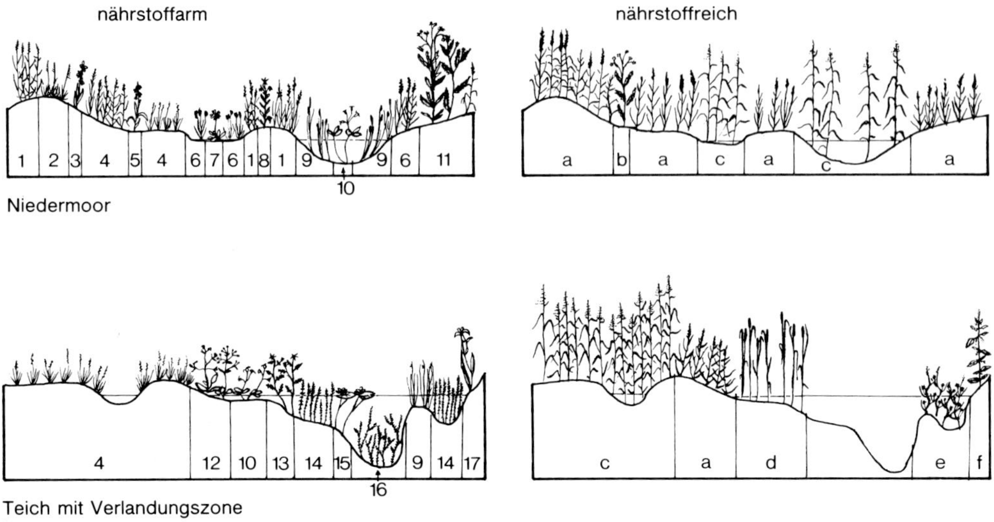

Abb. 44. Auswirkung von Nährstoffbelastung auf die Vegetation eines Niedermoores und eines Teiches mit Verlandungszone.
Arten: 1 – Pfeifengras, 2 – Borstgras, 3 – Salep-Knabenkraut, 4 – Kleinseggenarten, 5 – Fleischfarbenes Knabenkraut, 6 – Kopfriet, 7 – Mehlprimel, 8 – Schwalbwurzenzian, 9 – Großseggenarten, 10 – Fieberklee, 11 – Mähdesüß, Färberscharte, 12 – Froschlöffel, 13 – Sumpfblutauge, 14 – Tannenwedel, 15 – Seerose, 16 – Laichkräuter, 17 – Gelbe Iris, a – Rohrglanzgras, b – Mähdesüß, c – Schilf, d – Rohrkolben, e – Igelkolben(ästiger), f – Brennessel.

ger, wenn durch selteneren Grundwasserkontakt der Kalkreichtum schwindet. Der Wiederherstellung früherer Naßstandorte sind insofern Grenzen gesetzt.

Neuanlagen von Gewässern sollten möglichst vielfältig strukturiert und nischenreich gestaltet sein. Bei hoher Nährstofffracht werden sie dennoch keine entsprechende Vielfalt entwickeln können. Nur durch laufende Eingriffe in Form von Pflegemaßnahmen lassen sich hier stärkere Strukturunterschiede und eine vielfältigere Besiedlung erreichen.

3.2.2 Wenn Hecken zum „Bumerang" werden

Die Rolle von Hecken für die Lebensgemeinschaften der Feldflur wurde in Kapitel 2.5 dargestellt.

Je mehr die umliegende Feldflur durch intensive Nutzung verarmt, desto größer wird die Attraktion der Hecken für zahlreiche, gerade auch räuberische Arten. Diese lernen sehr rasch, daß sie hier nicht nur Wohnmöglichkeiten und Deckung finden, sondern auch die Chance größer ist, Beute zu machen. Deshalb streifen sie nicht nur das gesamte Gelände in ihrem Aktionsbereich ab, sondern suchen vor allem gezielt und sorgfältig diesen Deckungsstreifen ab.

Solche Zusammenhänge wurden bei Untersuchungen am Rebhuhn deutlich. Die Dichte eines Rebhuhnbestandes kann bis zu einer Heckenlänge von 8 km/km² beträchtlich gesteigert werden. Ohne wirksame Räuberkontrolle ergaben sich trotz reichem Heckenangebot aber keine höheren Brutpaardichten als in völlig ausgeräumten Landschaften.

In letzteren verteilen sich die wenigen Rebhuhnpaare offenbar so gleichmäßig über die großen Nutzflächen, daß Rabenkrähe, Fuchs, Marder und Wiesel auch bei großer Dichte kaum eine Chance haben, ein Gelege oder eine brütende Henne bzw. ein Gesperre zu finden. Wenn sich die Rebhuhnbruten allerdings am Rand oder in leicht kontrollierbaren Hecken konzentrieren, wird deren Vorteil durch den erhöhten Räuberdruck vor allem auf diese Strukturen aufgehoben.

Abb. 45. Auch dieses intakte Hochmoorgebiet hat den Status einer „heilen Welt“ längst verloren.

Hecken können ihrer Funktion als Refugien und Brutplätze für das Rebhuhn in der Feldflur folglich nur dann gerecht werden, wenn die Dichte der Räuberarten durch entsprechend wirksame Bejagung verringert wird.

3.2.3 Brachland als künftiger Urwald?

In regional unterschiedlichem Maß werden als Sozialbrache oder auf schwer bewirtschaftbaren Flächen Gebiete aus der landwirtschaftlichen Nutzung entlassen. Auf ihnen entwickeln sich, sofern sie sich selbst überlassen bleiben, im Verlauf von Jahren oder Jahrzehnten standortabhängig verschiedenartige Busch- und Waldgesellschaften (vgl. Kap. 2.2.1, 2.4.1, 2.4.2).

Grundsätzlich ist diese Entwicklung positiv zu beurteilen, entsteht doch, wenn auch in anderer Zusammensetzung, das, was von Natur aus war, nämlich Wald.

Trotzdem wird vielerorts versucht, die durch extensive Nutzung entstandenen reichen Lebensgemeinschaften künstlich zu erhalten. Die Begründung, Streuwiesen, Kalktrockenrasen als Wacholder-Schafweiden, Heidegebiete, feuchte Grünländer verschiedener Form, Weinberge usw. zu konservieren, liegt weniger im Versuch, alte Kulturformen für die Nachwelt zu erhalten. Vielmehr ist es aus landschaftsökologischen Gründen notwendig, den Pflanzen- und Tiergemeinschaften der landwirtschaftlichen Nutzflächen Rückzugsbereiche bereitzuhalten, in denen ein Teil der früheren Vielfalt überdauern kann.

Die heute meist mehr oder weniger intensiv genutzte landwirtschaftliche Fläche umfaßt immerhin 54% der Gesamtfläche der Bundesrepublik Deutschland. Rückzugsgebiete müssen eine vergleichbare Struktur wie die Flächen aufweisen, denen sie zugeordnet sind; diese Struktur ist hier wie dort durch menschliche Bewirtschaftung entstanden.

Der Reiz des „Zurück zur Urform“ erweist sich unter dieser landschaftsökologischen Betrachtungsweise als wenig sinnvoll. Er dürfte mindestens teilweise auch eher in der möglichst billigen „Entledigung“ dieser „Problemflächen“ liegen.

3.2.4 Stabilität in Resten von Naturlandschaft?

In Zusammenhang mit dieser Frage fallen mir Beobachtungen in einem viele hundert Hektar großen, weitgehend intakten Hochmoorgebiet Oberschwabens ein (Abb. 45).

Offene, baum- und buschlose Hochmoorkerne, großflächiger, schütterer Bewuchs mit oft kaum meterhohen Bergkiefern, der nach den Rändern zu in dichte, 4–5 m hohe Bergkiefernurwälder übergeht, ergeben das Bild eines sehr naturnahen Hochmoores. Auch während der letzten hundert Jahre dürfte sich dieser Lebensraum kaum wesentlich verändert haben. Trotzdem ist von den vier oder fünf Brachvogelpaaren, die noch vor weniger als zwei Jahrzehnten in den freien Hochmoorflächen gebrütet hatten, nur ein einziges übriggeblieben. Auch dieses Paar schafft es offenbar nur selten, Junge aufzuziehen.

Die Gründe hierfür wurden durch verschiedene Beobachtungen klar. Aus umliegenden Fichtenwäldern und Kulturland fliegen Rabenkrähen zur Nahrungssuche in das Moor, ihnen entgeht die Brachvogelbrut nicht. Gegen die gleichzeitigen Angriffe von mindestens acht Rabenkrähen mußte das Brachvogelpaar seine Brut verteidigen.

In strengen Wintern und bei starker Nässe wird man im Moor weder Fuchs noch Marder finden. Sowie sich die Bedingungen aber gebessert haben, übt das Moor auf diese Räuber eine große Anziehungskraft aus. Hier können sie fast ungestört auch tagsüber der Nahrungssuche nachgehen. Häufig konnten Besuche von Füchsen im Brutrevier des Brachvogels selbst in den späten Vormittagsstunden festgestellt werden.

Der Habicht ist sicher nicht auf das Moor als Jagdgebiet angewiesen. Aber von randlichen Fichten hat er gute Übersicht, und so dürfte ihm kaum entgehen, was sich dort in Beutegröße bewegt.

Das Moor ist also keineswegs die naturnahe Insel in der Landwirtschaft, in der sich eine lebensraumtypische Lebensgemeinschaft stabil und artenreich erhalten kann. Zu groß ist der Einfluß der sie umgebenden Kulturlandschaft.

Will man nicht zusehen, wie auch das letzte Brachvogelpaar, um nur ein repräsentatives Beispiel zu nennen, diesem Einfluß von außen erliegt, will man nicht einfach davon ausgehen, daß die Zeit des Brachvogels eben in unserer Landschaft abgelaufen ist, dann gilt es – und gerade im Moor – diesen Einfluß zu kompensieren.

Die naturnahe Lebensgemeinschaft muß unter den heutigen Bedingungen künstlich erhalten werden.

4 Ökologie und Jagd

Auch Jagd bedeutet zunächst einmal Nutzung – nämlich von freilebenden jagdbaren Wildtieren. Der Jäger übernimmt in den Ökosystemen (seines Revieres) die Rolle eines übergeordneten Räubers.

Nutzung darf nun natürlich nicht grundsätzlich negativ gewertet werden, auch wenn im vorigen Kapitel von zahlreichen schädigenden Aspekten, Folgen und Auswüchsen von Nutzungen die Rede war. Bedenken wir, daß viele der heute schützenswerten und ökologisch wertvollen Lebensräume ja gerade ein Produkt von Nutzung sind.

Auch der Indianerhäuptling Seattle, dessen überlieferte Äußerungen heute so viel Aktualität gewonnen haben – und, wie ich meine, zu Recht so häufig zitiert werden –, war ein Nutzer.

Gerade sein Beispiel macht aber deutlich, daß der, dem die (ökologischen) Zusammenhänge in seiner Umwelt geläufig sind und dem sie so wichtig sind, daß er sein Handeln an ihnen ausrichtet, nutzen kann, ohne zu zerstören. Wem allerdings die ökologischen Spielregeln weder bekannt noch interessant sind, wem es ausschließlich auf die Erfüllung seiner Nutzungsansprüche ankommt, der kann gar nicht nutzen, ohne zu zerstören.

Dem Jäger ist das Erlebnis der Jagd wertvoll. Er zieht einen gewissen Nutzen aus der Bewirtschaftung von Wildbeständen. Er übernimmt mit seiner „Räuberrolle" aber auch Verantwortung nicht nur für sein jagdbares Wild, sondern für die Lebensräume und Lebensgemeinschaften, in die es eingebunden ist.

Damit kommt ihm auch die Aufgabe zu, diese in ihrer Vielfalt erhalten zu helfen, indem er dazu beiträgt, schädliche Nutzungsansprüche zu begrenzen, naturnahe Ausweichgebiete zu erhalten und neu zu gestalten und gegebenenfalls durch regulierenden Eingriff die Folgen von Umweltveränderungen zu kompensieren. Die letzte Aufgabe kommt ihm allein zu. Mit einigen Anwendungsbeispielen ökologischer Gesichtspunkte auf die Jagd soll der ökologische Teil des Buches deshalb enden.

4.1 Ökologie und Hege

Die Aufmerksamkeit wohl jeden Jägers in seinem Revier gilt zunächst einmal dem Wild. Durch Anlage von Wildäckern mit reichhaltigen Futtermischungen versucht er, Rehen und Hasen vielfältige Nahrung auch dann zu bieten, wenn die Äcker abgeerntet sind oder wenn der Waldbestand eine solche nicht in ausreichendem Maß enthält.

Er bemüht sich, in den Feldern für Reh und Hase, für Rebhuhn und Fasan Dekkung zu schaffen. An Gewässern ist er bestrebt, der Stockente sichere Brutmöglichkeiten zu bieten. Und schließlich bedürfte es nicht der gesetzlichen Verpflichtung, daß er Notzeiten durch Fütterung zu überbrücken hilft.

Über all diesen vielfältigen Bemühungen kann allerdings auch die Gefahr entstehen, sich ausschließlich auf wenige jagdbare Arten zu konzentrieren. Diese Gefahr ist freilich um so geringer, je besser der Jäger mit den ökologischen Zusammenhängen in den Ökosystemen seines Reviers vertraut ist.

Der Jäger kann seiner wichtigen Aufgabe nicht mehr gerecht werden, wenn er beginnt, Hege und Jagd nur noch unter dem Gesichtspunkt einer maximalen Förderung einiger weniger jagdbaren Arten zu sehen, die zudem nur Bestandteile von Ökosystemen, nicht aber deren Hauptsache sind. Er würde dann Nutzungskonzepte, denen sich der Landwirt zur Erwirtschaftung hoher Erträge kaum entziehen kann, ohne Not auch in Lebensräume und Lebensgemeinschaften hineintragen, die bisher von ihnen noch wenig betroffen waren.

Mag die Gefahr ökologisch falscher Hege etwas überspitzt dargestellt sein, so wird vielleicht die falsche Tendenz verschiedener Hegeansätze umso klarer, die tatsächlich hier und da zu beobachten sind.

4.1.1 Sinn und Unsinn bei Wildäckern

Bereits an früherer Stelle wurde die Problematik erwähnt, die mit der Anlage von Wildäckern auftreten kann.

Wildäcker sind unbedingt sinnvoll, wo es, zumindest zeitweise, an ausreichender Nahrungsvielfalt und -qualität mangelt. Dieser Sinn geht allerdings verloren, wenn sie auf Flächen angelegt werden, deren ökologischer Wert und deren Nahrungsvielfalt (ggf. nach Pflege) bereits höher sind, als sie durch die Wildackeranlage je sein können.

Artenreiche Reste mageren Grünlandes sind in vielen Gebieten als Rückzugsgebiete für Arten der umliegenden Intensivflächen und als Flächen mit reicher Insekten- und zumindest zeitweise wichtiger Pflanzennahrung für viele Feldbewohner wichtig. Meist können sie aus irgendwelchen Gründen nicht in die intensive Nutzung einbezogen werden. Sie sind folglich relativ leicht für die Anlage von Wildäckern zu erhalten und werden auch so genutzt.
Richtig wäre es, die wertvollen Restflächen, deren ökologische Funktion ein Wildacker nicht erfüllen kann, zu erhalten und zu pflegen. Dieser sollte auf einem ohnehin eutrophierten Streifen, möglichst im Anschluß an den Grünlandrest, angelegt werden.

Es bedarf auch sehr genauer Überlegungen, ob es vertretbar ist, auf Wildäckern die Formen intensiver Landbewirtschaftung nachzuvollziehen, die in mehr oder weniger intensiver Düngung oder gar Herbizidanwendung bestehen. Wie wir sahen, liegt ein großes Problem unserer Lebensräume im allgemeinen Nährstoffüberangebot, in der Eutrophierung der Landschaft. Wäre es nicht verantwortungsvoller, auf Pflanzenarten zu verzichten, die starke Düngung voraussetzen, Pflanzenarten zu wählen, die bei vorhandenem Nährstoffangebot gedeihen, Kompost einzubringen, der durch die notwendige Mahd einer Wildwiese gewonnen wurde? Gerade der Jäger muß sich sehr genau fragen, ob in einem bestimmten Rehwildterritorium ein Wildacker sinnvoll ist (auch diesen Gesichtspunkt der Territorialität gilt es zu berücksichtigen), wie er den Wildacker ggf. anlegen muß, daß der erreichte Vorteil nicht geringer wiegt als der ökologische Nachteil, der dafür in Kauf genommen wird.

Ein weiterer Ansatz ergibt sich aus den Möglichkeiten, notwendige Deckung zu schaffen.

4.1.2 Formen der Deckung

Ohne Zweifel kann mit der Pflanzung einer Fichtengruppe sehr rasch ein beträchtlicher Deckungs- und Heckeneffekt erreicht werden. Ebenso rasch ist diese Pflanzung aber nur noch Deckung, und bald danach dient sie bestenfalls noch dem Rehwild, da die jetzt herrschende Lichtarmut alle Krautvegetationen unterdrückt. Die Begründung eines gebüschreichen Feldgehölzes aus gebiet- und standorttypischen Gehölzen würde den Deckungseffekt vielleicht um einige Jahre hinauszögern, aber mit ihm wäre dauerhaft Raum für eine reiche Pflanzen- und Tierwelt geschaffen.

Es ist also wichtig, notwendige Hegemaßnahmen für jagdbare Arten unter dem Aspekt zu prüfen, wie bei gleichem Effekt auch die anderen Glieder der Lebensgemeinschaft berücksichtigt werden können.

4.1.3 Blutauffrischungen

Zeitweise wurde versucht, darniederliegende Bestände etwa des Feldhasen durch „Blutauffrischungen" aus anderen Gebieten zu stärken. Nun ist die Gefahr der Inzucht unter wildlebenden Beständen, auch wenn diese noch so klein geworden sind, praktisch nicht gegeben. Zu groß ist die Genvielfalt und die Wahrscheinlichkeit des Genaustausches durch wandernde Tiere. Unter diesem Aspekt ist die Verwirklichung der wohl aus der Tierzucht stammenden Überlegung nicht sinnvoll.

Andererseits bergen „Blutauffrischungen" zwei akute Gefahren, die eher eine weitere Reduzierung der Bestände erwarten lassen: Es hat sich gezeigt, daß Tiere anderer, oft weit entfernter Gebiete Krankheiten mitbringen können, gegen die ihre Ursprungspopulation bereits weitgehend immun ist. Den Tieren des „aufzufrischenden" Bestandes können diese Erkrankungen neu sein, sie haben ihnen wenig entgegenzusetzen und erleiden Verluste.

Die zweite Gefahr besteht darin, Erbmaterial weit entfernter Populationen oder gar Rassen in größeren Mengen in das Genpotential der geschmolzenen Restpopulation einzubringen. Die Anpassung von Populationen an bestimmte Räume bzw. deren klimatische oder sonstige Bedingungen ist lebenswichtig (vgl. Kap. 1.1.2.1). Diese Anpassung kann sich zumindest vorübergehend verschlechtern.

4.1.4 Einseitige Förderung von Arten

Auch die gutgemeinte Förderung von Stockentenbeständen kann Probleme schaffen. In einem steilufrigen Wasserbekken mit eintönigem Pflanzenbestand kann durch Entenbruthäuser der Stockentenbestand ohne weiteres erhöht werden. Dies gilt natürlich erst recht für reich gegliederte und bewachsene, relativ nährstoffarme Gewässerlebensräume. Die Attraktivität ist noch leicht zu erhöhen, wenn durch Getreideschütten am Ufer und im flachen Wasser fast ganzjährig zugefüttert wird. Ist es da noch weit hin zur Auslassung künstlich erbrüteter Jungentenschofe im August, um höhere Jagdstrecken erzielen zu können? Ist damit nicht die Grenze einer ökologisch verantwortungsbewußten Jagd überschritten? Wo liegen die Bedenken?

Was nützt ein hoher Bruterfolg in steilufrigen Wasserbecken, wenn darin die Küken an Nahrungsmangel zugrunde gehen? Was nützt die Überbrückung der unsicheren Brutphase, wenn die Küken mangels effektiver Räuberkontrolle diesen zum Opfer fallen? Gerade die Stockente ist so anpassungsfähig, daß sie am wenigsten von allen Entenarten einer Nisthilfe bedarf, vorausgesetzt, die Räuberdichte gibt ihrem Gelege die Überlebenschance, die auch die Küken brauchen.

Getreideschütten locken zwar Enten an, sie können aber auch wertvolle Flachwasserbereiche mit Nährstoffen belasten und die Ausbildung der Ufervegetation verhindern.

Ausschließlich Stockentenförderung erbringt keine Vorteile für die Besiedlung durch andere Entenarten, ja, eine hohe Stockentendichte kann ggf. sogar für andere Arten als Konkurrenz wirken.
Schließlich vernachlässigt die Schaffung einer „Parkteichsituation" an Gewässern die Lebensbedingungen all der übrigen Wasserbewohner, von der reichen Gewässervegetation bis hin zu Libellen, Amphibien und ggf. Fischarten.

4.1.5 Aussetzungen

Es ist, um zum letzten Beispiel zu kommen, verständlich, wenn der Jäger danach trachtet, ein möglichst vielfältiges Angebot jagdbarer Wildarten in seinem Revier zu wissen. Dazu wird er ggf. beitragen wollen, etwa durch den Besatz mit Fasanen. Auch eine solche Bereicherung bedarf allerdings vorher der sehr verantwortungsbewußten Überlegung. So kann der Fasan etwa in den Auebereichen des Rheins durchaus den für das Rebhuhn suboptimalen Raum einnehmen und sich gut entwickeln, während er in den Feldgebieten seltener bleibt. Es gibt allerdings auch Hinweise darauf, daß er sowohl für das Rebhuhn als auch für das Birkhuhn (in Moorgebieten) zum ernsthaften Konkurrenten und Störer wird.

Dieses Problem stellt sich aber ganz allgemein und verstärkt bei dem Versuch, neue, bisher noch nicht vorhandene gewesene Arten in einem Lebensraum anzusiedeln. Es ist davon auszugehen, daß sie in Lebensräumen ausgelassen werden, die ihren ursprünglichen möglichst gleichen. Hier sind aber alle Nischen schon besetzt. Die neue Art wird demzufolge versuchen, ihre Nische zu finden. Ist sie konkurrenzstark genug, dies zu erreichen, müssen dafür eine oder mehrere einheimische Arten weichen. Der Gewinn einer Art ist also mit dem Verlust mindestens einer Art verbunden, und es erhebt sich die Frage, worin nun der Vorteil dieser Aktion gelegen hat.

Sicher ist es richtig und sinnvoll zu versuchen, die Vielfalt der vorhandenen Tierwelt in einem Gebiet zu erhöhen, ehe an die Einführung neuer Arten aus anderen Erdgebieten gedacht wird.

4.2 Entnahme von Tieren

Jagd bedeutet natürlich auch Töten von Tieren. Von der Schnepfe bis zum Hirsch liegt es dabei im Interesse des Jägers, so zu entnehmen, daß der Bestand der einzelnen Arten durch die Nutzung nicht beeinträchtigt wird. Es lassen sich zwei Formen des Eingriffs unterscheiden.

4.2.1 „Gezielte Nutzung“

Wir finden sie etwa bei der Bejagung von Schalenwild. Machen wir uns ihr Prinzip am Beispiel des Rehwildes klar.

Es ist bekannt, daß bei einem Herabsetzen der Populationsdichte jede Population, so auch die des Rehwildes, zunächst mit verstärkter Fortpflanzung reagiert. Dies kommt sowohl durch ein früheres Erreichen der Geschlechtsreife als auch durch Erhöhung der Kitzzahl pro Satz zustande. Damit setzt eine Phase exponentiellen Wachstums ein, bis sich der Bestand wieder der Kapazitätsgrenze nähert. In diesem Bereich wird dann die Wachstumsgeschwindigkeit wieder deutlich verlangsamt. Die Alterspyramide der Population (siehe Abb. 12) zeigt einen sich rasch verbreiternden Fuß von noch nicht fortpflanzungsfähigen Jungtieren und einen sich rasch verjüngenden Pyramidenverlauf bei den reproduktionsfähigen und schließlich den nicht mehr reproduktionsfähigen Altersphasen der Population. Nähert sich die Population der Kapazitätsgrenze, so gleichen sich die Anteile dieser drei Altersstufen mehr und mehr aus. Die höchste natürliche Sterblichkeit haben wir auch hier in der Gruppe der Kitze und Schmaltiere zu erwarten.

Aus diesen Feststellungen lassen sich nun leicht Kriterien für eine sinnvolle Rehwildbejagung finden, die auch ökologischen Gesichtspunkten wie denen einer reichhaltigen natürlichen Vegetation gerecht werden. Es darf nicht übersehen werden, daß durch Verbiß die Vegetation nicht nur übernutzt werden kann, sondern daß Verbiß auch einen für die Reichhaltigkeit der Vegetation notwendigen Faktor darstellt.
Ziel der Anlage von Wildäckern und Fütterungen ist nicht, die Kapazitätsgrenze des Lebensraumes nach oben zu verschieben. Es sollen vielmehr starke Kapazitätsschwankungen ausgeglichen und dem Reh eine gute Kondition gesichert werden.

4.2.2 „Abschöpfende Nutzung“

Ihr Ausmaß wird durch teils wenig beeinflußbare Bestandsschwankungen bestimmt. Wir finden sie vor allem bei der Bejagung des Niederwildes, also von Stockente, Rebhuhn, Fasan und Feldhase. Auch diese Bejagung muß natürlich gezielt erfolgen, indem sich das Ausmaß der Entnahme an der jährlichen Bestandsgröße und Zusammensetzung orientiert. Ist in einem Jahr etwa durch Witterungsereignisse der Fortpflanzungserfolg gering geblieben, würde ein entsprechend hoher Eingriff zu Lasten des „Grundstockes“ des Bestandes gehen. Der Eingriff würde dann über dem Maß der Kompensation der natürlichen Sterblichkeit liegen und den Bestand dezimieren. Andererseits kann der Eingriff in ei-

Tabelle 11: Schema für die Bejagung eines Rehwildbestandes

Ziel	Eingriff	Erfolg und ökologischer Effekt
Grundbestand befindet sich deutlich unter der Kapazitätsgrenze des jeweiligen Lebensraumes	starker Eingriff bis zum Erreichen des Ziels	die im jeweiligen Lebensraum mögliche maximale Fortpflanzungsrate wird erreicht, gleichzeitig mäßige Beweidung der Vegetation
Grundbestand besteht überwiegend aus Geißen und Böcken (Verhältnis 1 : 1) des optimalen Reproduktionsalters sowie dem notwendigen Nachwuchs	stärkste Entnahme bei Kitzen, Abschöpfen der Tiere, die das Reproduktionsalter überschritten haben, von Böcken je nach Zielsetzung der Hege	beste Schonung der Vegetation bei anhaltend maximaler Nutzung
Erreichen des Grundbestandes möglichst vor Einbruch des Winters	starker Eingriff so früh wie möglich	höchste Kompensation der natürlichen Sterblichkeit (Winter). Geringer werdende Nahrungsreserven werden vermehrt für Grundbestand nutzbar, dieser kommt mit besserer Kondition durch den Winter. Vegetation wird geschont, Konkurrenzfaktor Verbiß bleibt erhalten.

nem Jahr mit hoher Fortpflanzungsrate um so höher sein, wenn er möglichst vor oder während der Zeit höchster natürlicher Sterblichkeit erfolgt.

4.3 Jäger als Naturschützer

4.3.1 Schwankende Kapazitätsgrenze

Eine Folge der intensiven Nutzung von Landschaften ist für viele Arten die zunehmende Unausgeglichenheit ihrer Lebensraumkapazitäten.

Diese Kapazitätsschwankungen erfolgen abrupt und extremer, als dies bei der natürlichen Sommer-Winter-Schwankung der Fall ist, an die die Tiere angepaßt sind. Teilweise sind sie auch vom tatsächlich vorhandenen Nahrungsangebot unabhängig.

Das Nahrungsangebot auf Wiesen und Äckern im späten Frühjahr und Frühsommer setzt die Kapazitätsgrenze etwa für Reh und Hasen weit hinauf. Nach der Ernte kann sie dagegen abrupt so weit absinken, daß es auch bei geringen Beständen zu Nahrungsengpässen kommt (Ernteschock) und die herbstliche Bildung von Fettdepots (Feist) verhindert oder verringert wird. Die Kondition, mit der die Tiere in den Winter kommen, bestimmt nicht nur ihre Überlebenschance, sondern auch ihr Nahrungsverhalten und die Fortpflanzung im kommenden Frühjahr.

Bei starker Störung durch Erholungsdruck kann die Nahrungsaufnahme selbst bei allgemein gutem Angebot behindert werden.

Beim Gamswild sahen wir, daß die Kapazitätsgrenze eines Lebensraumes auch durch solche Einflüsse bestimmt werden kann.

4.3.2 Welche Bestandsgröße ist ökologisch richtig?

Die Frage, welche Bestandsgröße die ökologisch richtige ist, kann also immer weniger beantwortet werden, da die Bezugsgröße Lebensraumkapazität immer weniger definiert werden kann.

Es ist, wie gesagt, nicht nur eine Hege-, sondern ebenso eine Naturschutzaufgabe des Jägers, hier stabilisierend einzugreifen. Zum Maßnahmenkatalog gehört neben der Mitwirkung bei der Ausweisung von Schutz- und Ruhezonen auch die Anlage bzw. Pflege von Wildäckern, Wildwiesen, Rainen, krautreichen Gebüsch- und Heckenstreifen sowie von Fütterungen.

Von ähnlich großer Unsicherheit geprägt ist auch die Frage des „richtigen" Räuberbestandes.

Starke Bussardansammlungen entstehen nicht grundlos und auch nicht, weil Bussarde häufiger, als mitunter zugegeben wird, auch Rebhuhn und Hase auf ihrem Speisezettel haben. Sie sammeln sich vielmehr, weil der Feldmausbestand eine Massenvermehrung erlebt. Für das Feldmausangebot ist die erreichte Bussarddichte sicherlich „richtig". Ist sie aber nicht zu groß für Rebhuhn und Hase? Wäre es sinnvoll, die Bussarddichte zu verringern und der Feldmausentwicklung ihren Lauf zu lassen? Nun, wir sahen, daß deren Gradation von der Bussarddichte ohnehin nicht mehr beeinflußt werden kann. Andererseits gibt es Beobachtungen, wonach Bussarde und andere Räuber eine solche Gradation in der Entstehungsphase verhindern können. Ist es da eine Alternative, zugunsten anderer Beutetiere die Räuberdichte zu begrenzen, dafür aber entstehende Feldmausschäden durch den Einsatz von Pestiziden zu verhindern, durch Mittel also, die sich nicht nur auf den Räuberbestand auswirken können?

Der Graureiher erreicht heute vielerorts sehr hohe Bestände und dies nicht, weil die Nahrungsbasis des natürlichen Fischbestandes so gut ist. Wäre er vielmehr auf die in den Gewässern natürlicherweise noch vorhandene Fischbesiedlung angewiesen, würde er vielerorts wohl kaum noch lebensfähige Populationsdichten erreichen können. Seine Bestandsdichten werden oft dadurch ermöglicht, daß selbst stark ausgebaute und begradigte Fließgewässer zugunsten einer angelsportlichen Nutzung mit viel zu hohen Fischdichten besetzt werden. Von diesem Angebot zehrt er ebenso wie von dem in Hobbyzuchtteichen, in Weiherzuchten, Teichzuchtanlagen usw. Welche Kapazität soll nun für den Reiher gelten? Die natürliche? – Dann dürfte es vielerorts keine Reiher geben. Wird die künstliche Kapazität zugrunde gelegt, so führt die dadurch künstlich geschaffene Reiherdichte dazu, daß lokal natürliche Restvorkommen von Fischarten gefährdet werden (ganz zu schweigen vom wirtschaftlichen Verlust, mit dem Berufszüchter diese Dichte finanzieren).

Ähnlich stellt sich die Problematik bei einer ganzen Reihe von kulturfolgenden Arten, denken wir etwa an Habicht, Fuchs, Marder, Aaskrähe, Wiesel und Waldkauz.

4.3.3 Regulierung auch als Symptomtherapie?

Mir scheint, eine befriedigende Antwort auf diese Fragen gibt es nicht, da keine Maßnahme das eigentliche Problem, den gestörten Zustand der Lebensräume, berührt. Es bleibt dennoch zunächst einmal nur die Symptomtherapie, z. B. Räuber so weit zu regulieren, daß die Vielfalt anderer Arten erhalten werden kann.

Regulieren bedeutet dabei natürlich nicht, den Eingriff im Bereich der Kompensation natürlicher Sterblichkeit zu halten. Dieser würde hier so wenig wie bei Hasen die Bestandsgröße verringern. Regulierung muß ggf. über die Kompensationsgrenze hinausgehen, wobei sehr genau zu prüfen ist, ob es nicht auch genügend Gebiete gibt, in denen Räuber durchaus ihre unter Kulturlandbedingungen erreichbare Dichte verwirklichen können. Andererseits haben einige dieser Arten über viele Jahrzehnte hinweg bewiesen, daß auch sehr starke Eingriffe sie nicht so leicht in Ausrottungsgefahr zu bringen vermögen.

An Symptomen zu laborieren ist nie befriedigend. Die wirklichen Probleme können dadurch nicht gelöst werden.

Gerade der Jäger, der wie wenige andere Menschen Störungen (und Folgen der Störungen) der Ökosysteme und damit unserer gesamten Umwelt vor Augen haben muß, kann sich der Verantwortung nicht entziehen, sich der Lösung der wirklichen Probleme konsequent zu widmen, wie sie in den früheren Kapiteln deutlich wurden.

Dieser Verantwortung sollte er im privaten Bereich, in seinem Revier, wie auch in seinen sonstigen Einflußbereichen gerecht werden.

Teil 2

Hege des Wildes

Von Wildmeister Günter Claußen

5 Winterfütterung des Schalenwildes

Die intensive Nutzung und Erschließung des Waldes, insbesondere die Verringerung des Laubholzanteiles zugunsten wirtschaftlich schneller nutzbarer Nadelbäume, sowie die ständige Beunruhigung durch das erweiterte Freizeitverhalten der Menschen haben zu einer wesentlichen Verschlechterung der Lebensverhältnisse des Schalenwildes geführt. Fast allen Wildarten mangelt es in der langen Zeit der Vegetationsruhe an ausreichender Äsung. Die Folge sind Wildschäden in Land- und Forstwirtschaft. Um die ökologischen Mängel auszugleichen, ist die Fütterung des Wildes in vielen Revieren unumgänglich. Besonders in Gegenden mit schneereichen Wintern müssen zusätzliche Futtermittel gereicht werden.

Während es in der Vergangenheit hauptsächlich darum ging, Trophäen und Wildbretgewichte durch reichliche und gezielte Fütterung zu verbessern, wird heute meist nur eine den biologischen Bedürfnissen des Wildes entsprechende Erhaltungsfütterung während der Notzeit empfohlen. Es kommt vor allem darauf an, daß das an natürliche Abläufe gebundene Wild nicht in seiner Verhaltensweise gestört oder zu sehr an den Menschen gewöhnt (domestiziert) wird.

5.1 Rotwildfütterung

Der ausgesprochene Rudeltrieb des Rotwildes führt oft zu Wildmassierungen an den Futterplätzen. Solche Ansammlungen auf engem Raum aber sind es, die immer wieder Anlaß zur Kritik geben. Um Ärgernisse zu vermeiden, sollte die Fütterung innerhalb eines Rotwildgebietes nach bestimmten, vorher von allen Jagdausübungsberechtigten vereinbarten Regeln durchgeführt werden. So lassen sich Wildkonzentrationen vermeiden, wenn die gemeinsame Auswahl der Futterplätze und genau festgelegte Termine über Beginn und Ende der Fütterungsperiode eine möglichst angemessene Verteilung des Wildbestandes auf das gesamte Gebiet bewirken.

5.1.1 Futterplatz

Wildkonzentrationen lassen sich vermeiden, wenn mehrere gleichmäßig über das Revier verteilte Fütterungen zur Verfügung stehen. Bei normalen Wilddichten ist für eine Waldfläche von 300 ha ein Futterplatz, der mit Einrichtungen für 10 Stück Rotwild bestückt wird, ausreichend. Bei der Standortwahl sind Lebensweise und das angeborene Verhalten des Wildes zu berücksichtigen. Wie alle Fluchttiere nimmt auch das Rotwild das Futter am besten dort an, wo es gute Rundumsicht hat und somit eventuell nahende Gefahren rechtzeitig wahrnehmen kann. Diese Voraussetzungen erfüllen windgeschützte, sonnenseitige Altholzbestände und Blößen. Um unnötige Schäl- und Verbißschäden von vornherein auszuschließen, ist die direkte Nachbarschaft von Kulturflächen, Dickungen und gefährdeten Stangenhölzern zu meiden.

Rotwild ist stets auf Sicherheit bedacht und bevorzugt Fütterungen, die es von den Einständen gegen die Hauptwindrichtung ziehend erreicht. Zwar müssen die Plätze so angelegt sein, daß Störungen durch Waldbesucher möglichst vermieden werden, doch ist die Erreichbarkeit zum Beschicken und Kontrollieren von festen Wegen abhängig. Unwegsames Gelände, das die Anfahrt mit dem Kraftfahrzeug unmöglich macht, ist für die Anlage eines Futterplatzes nicht geeignet.

5.1.2 Fütterungseinrichtungen

Rotwildfutterplätze bestehen grundsätzlich aus mehreren Einrichtungen. Zentrum ist stets ein für die Einlagerung von Kraftfutter und Heu geeigneter Futterschuppen. Saftfutter wie Rüben oder Silage werden entweder in einem eigens dafür gebauten Futterkeller oder in Mieten bzw. Silos eingelagert. Sie müssen durch hohe Drahtzäune vor dem Zugriff durch das Wild abgesi-

Abb. 48. Rotwildfütterung – eine wichtige Hegemaßnahme zur Verhütung übermäßiger Wildschäden.

chert werden. Direkt am Futterschuppen, oft auch mit diesem kombiniert, sollte sich eine Raufe für das Rauhfutter (Heu) befinden.

Raufen, die an der Wand des Futterschuppens angebracht sind, werden jedoch in der Regel nicht so gerne angenommen, weil dem Wild keine Durchsicht gewährt ist und somit ein Unsicherheitsfaktor entsteht. Freistehende Futterraufen sollten je nach Wildvorkommen 3–6 m lang sein und so groß gebaut werden, daß sich dort Heu für mehrere Tage bevorraten läßt. Sehr wichtig ist es, die Stirnseiten der Raufen gut zu verblenden, damit das Wild dort nicht einsteigen kann. Es ist hierbei schon häufig zu Unfällen gekommen.

Für die Verabreichung von Kraftfutter, Silage, Äpfeln und zerkleinerten Rüben stehen Tröge zur Verfügung, die etwa 50 cm lang und 30 cm breit und hoch sind. Sie stehen offen auf eingegrabenen Pfählen genagelt. Damit Regenwasser abfließen kann, werden in den Trogboden mehrere Löcher gebohrt. Um zu gewährleisten, daß alle Stücke gleichzeitig Futter aufnehmen können, sollte möglichst für jedes am Futterplatz erscheinende Stück Wild ein Trog bereitstehen. An Futtertischen können mehrere Stücke gleichzeitig Saftfutter und Silage aufnehmen. Die Tische bestehen aus umrandeten Holzplatten, die auf vier Pfosten liegen.

Rotwild ist am Futterplatz oft sehr unverträglich. Eine unzureichende Zahl von Fütterungseinrichtungen führt immer dazu, daß die älteren und starken Stücke die Tröge und Raufen besetzen, während die Kälber leer ausgehen. Andererseits verlangt es der Rudeltrieb, daß auch die noch hungrigen Stücke den stärkeren folgen, wenn diese satt sind und fortziehen. Um das zu verhindern, werden an Futterplätzen, an denen viel Rotwild erscheint, eigens für Kälber und schwache Stücke Kälberställe errichtet. Zu diesem Zwecke wird

Abb. 49. Die Haltbarmachung von Saftfutter (Silage) gelingt am besten in einem Erdsilo.

eine Fütterung mit einem 1,80 m hohen Lattenzaun umgeben, dessen lichte Weite 20–25 cm beträgt, so daß stärkeren Stücken der Zugang verwehrt bleibt.

5.1.3 Futtermittel

Der Zweck der Erhaltungsfütterung ist, das Wild mit einfachen Futtermitteln über die Entbehrungen des Winters hinwegzuhelfen. Grundsätzlich aber darf das Futterangebot nicht einseitig sein, z.B. nur aus Heu bestehen, sondern es sollte in seiner Zusammensetzung zumindest in etwa den Anforderungen entsprechen, die der Wildkörper an eine vollwertige Ernährung stellt. Futter für Rotwild muß, wie für alle Wiederkäuer, mehrere Komponenten enthalten: 1. Rauhfutter, um den hochkomplizierten Verdauungsvorgang durch reichliche Aufnahme von Rohfaser aufrechtzuerhalten. 2. Kraftfutter, damit die notwendigen Energievorräte ergänzt werden. 3. Saftfutter, um den Wasserhaushalt zu decken.

5.1.3.1 Rauhfutter

Die wichtigste Grundlage der Erhaltungsfütterung bietet das Rauhfutter. Es wird in Form von gutem Heu verabreicht. Die Qualität des Heus ist von verschiedenen Faktoren abhängig: 1. Zeitpunkt der Gewinnung. Heu vom zweiten bzw. dritten Schnitt ist am besten. 2. Witterung. Viel Regen und lange Trocknungszeiten während der Ernte mindern den Wert. 3. Kräuteranteil. Je mehr Klee und Kräuter im Heu enthalten sind, desto höher ist der Nährstoffgehalt. Am wertvollsten sind Klee- und Luzernenheu ab dem 2. Schnitt. Vom Rauhfutter wird dem Wild möglichst so viel in die Raufen vorgelegt, wie es annimmt.

5.1.3.2 Kraftfutter

Die im Rahmen einer Mast anfallenden natürlichen Kraftfuttermittel wie Kastanien, Eicheln und Bucheckern sind meistens die billigsten. Zwar fehlt es diesen Früchten an Eiweiß, Phosphorsäure und Calzium, die den Geweihaufbau fördern, dafür sind sie aber gesund und sorgen für ungestörte Verdauung. Statt dessen kann auch geschrotetes Getreide, Sesam- oder Sojaschrot gefüttert werden. Solche hochwertigen und sehr teuren Futtermittel sollten jedoch nicht pur, sondern als Beimischung von Silage angeboten werden.

5.1.3.3 Saftfutter

Der hohe Flüssigkeitsbedarf des Rotwildes wird normalerweise mit der Aufnahme saftiger Grünäsung und durch direktes Schöpfen von Wasser gedeckt. Bei der Winterfütterung aber, vor allem dann, wenn starker Frost alle Gewässer unzugänglich macht, ist es besonders wichtig, für reichliches Saftfutter zu sorgen. Es gibt viele Möglichkeiten, den Wasserhaushalt des Wildes über saftige Futtermittel abzudecken. Sehr gut geeignet sind Rüben, Kartoffeln und Äpfel, die entweder ganz, besser aber zerstoßen in Trögen gereicht werden. Auch silierte Futtermittel wie Apfeltrester, Gras, Rübenblätter, Naßschnitzel und Maissilage haben sich gut bewährt. Mit Ausnahme von Apfeltrester, der eigentlich immer sofort und sehr gut angenommen wird, bedarf es bei den meisten Silagen allerdings zunächst einer gewissen Gewöhnungszeit. Für die Kalkulation bei der Futtermittelbeschaffung ist es sehr wichtig, den mengenmäßigen Bedarf des Rotwildes zu kennen. Im Rahmen der Erhaltungsfütterung wer-

Abb. 50. Damkahlwild beim Anwechseln zum Futterplatz. Übersichtliche Altholzbestände sind ideal.

den pro Stück und Tag die folgenden Rationen benötigt:
5 kg Rüben, Kartoffeln oder Silage
0,7 kg Kraftfutter in Form von Eicheln, Kastanien oder industriemäßig hergestelltem Preßlingsfutter
0,5 kg Heu
Wenn man eine Fütterungsperiode von 100 Tagen zugrunde legt, müssen für einen Futterplatz, an dem sich 10 Stück Rotwild einfinden, 50 dt Saftfutter, 7 dt Kraftfutter und 5 dt Rauhfutter bereitgestellt und am besten an Ort und Stelle eingelagert werden.

5.2 Damwildfütterung

Um Wildschäden einzudämmen und das Wild vor dem Hungertod zu bewahren, ist die Fütterung des Damwildes unerläßlich. Oft beginnt die Notzeit schon gleich nach der relativ spät stattfindenden Brunft. Der hohe Gewichtsverlust der Hirsche läßt sich bei dem geringen Äsungsangebot bis zum Winter kaum wieder aufholen, so daß das Wild nur über zusätzliches Futter die für die Notzeit wichtigen Kraftreserven ansammeln kann. Durch seine große Anpassungsfähigkeit bereitet das Füttern dieser Wildart überhaupt keine Schwierigkeiten. Damwild nimmt die Fütterungen stets schnell und auch regelmäßig an. Die Ansprüche an die Futtermenge sind allerdings im Vergleich zum Rotwild geringer. Diese Genügsamkeit erklärt sich vor allem daraus, daß die Hauptverbreitungsgebiete durchweg inmitten landwirtschaftlich genutzter Gegenden mit günstigen klimatischen Verhältnissen liegen. Dort wird der überwiegende Teil des Nahrungsbedarfes in Form von natürlicher Äsung wie Gräsern, Raps, Wintersaaten und Proßholz aufgenommen.

5.2.1 Futterplatz

Übersichtliche Altholzbestände und freie Blößen in windgeschützten, sonnenbe-

Abb. 51. Futterautomat für Kraftfutter.

schienenen Lagen, vor allem solche Stellen, an denen sich das Wild häufig aufhält, sind ideal. Zwar müssen die Futterplätze zu jeder Zeit mit dem Fahrzeug erreichbar sein, doch dürfen sie niemals so angelegt werden, daß sie von Straßen oder Wegen aus eingesehen werden können. Dort würde das tagaktive Damwild nur die Aufmerksamkeit von Spaziergängern auf sich ziehen und somit eine Touristenattraktion schaffen. Zudem bietet die Präsentation des Wildes an solchen Plätzen gar zu leicht einen Anreiz zu Jagdwilderei. Ziel der Fütterung sollte es vor allem auch sein, Wildmassierungen zu vermeiden.

Eine Verteilung des Wildbestandes läßt sich nur duch die Anzahl der Fütterungen erreichen. Futterplätze, die je 200 ha Revierfläche mit den entsprechenden Einrichtungen und Futtermengen für höchstens 10 Stück Wild ausgestattet sind, führen meist zur Auflösung der Großrudel, die bekanntlich oft den Anlaß für Ärgernisse geben.

5.2.2 Fütterungseinrichtungen

Zum Futterplatz des Damwildes gehören Raufen, Tröge, ein Silo bzw. eine Erdmiete und ein Vorratsraum in Form einer kombinierten Raufe oder eines Futterschuppens. Da Damwild im Gegensatz zu Rotwild weniger Heu, dafür aber mehr Saftfutter aufnimmt, empfiehlt es sich, das Silo bzw. die Erdmiete als Zentrum des Futterplatzes zu wählen. Die eingelagerten Vorräte wie Rüben müssen natürlich gut abgesichert sein, indem sie mit 1,8 m hohem Knotengeflecht umzäunt werden. Die Tröge werden in den Maßen $50 \times 30 \times 30$ cm gebaut und entweder fest montiert oder transportabel gehalten. Um Verschmutzungen vorzubeugen, die nicht nur unschön sind, sondern auch krankheitsfördernd wirken, sollten die Tröge so konstruiert sein, daß man sie regelmäßig umstellen kann.

Der Trend bei der Rot- und Damwildfütterung geht dahin, in erster Linie die vom Wild gut angenommene und sehr nährstoffreiche Maissilage anzubieten. Bei der Damwildfütterung ergeben sich dabei insofern Probleme, als pro Futterplatz höchsten 3 m^3 verbraucht werden. Das Einsilieren von Mais gelingt jedoch nur dann, wenn das dafür notwendige Erdsilo mit mindestens 10 m^3 gefüllt wird. So empfiehlt es sich, im Damwildrevier das Silo an zentraler Stelle anzulegen und von dort eine für jeweils mehrere Tage reichende Menge an die einzelnen Futterplätze zu fahren.

5.2.3 Futtermittel

Im Gegensatz zum Rotwild nimmt Damwild nur wenig Heu an. Nur etwa 8% der Gesamtration wird als Rauhfutter aufgenommen, sofern es sich um zartes, blattreiches Wiesen-, Klee- oder Luzernenheu handelt. Man rechnet pro Stück und Tag mit 200 g. Den Hauptfutteranteil bildet Saftfutter, das in Form von Rüben oder Silage angeboten wird. Hier müssen für die Erhaltungsfütterung Tagesmengen von 3 kg zerstoßener Rüben oder 2 kg Maissilage einkalkuliert werden. Hinzu kommen für jedes Stück 250 g Kraftfutter wie Eicheln, Kastanien, Hafer oder industriemäßig hergestelltes Mischfutter.

Bei einer als Mindestzeit vorgesehenen Fütterungsperiode von 100 Tagen sind für 10 Stück Damwild, die sich an einem Futterplatz einfinden, insgesamt 30 dt Rüben oder 20 dt Maissilage, 2,5 dt Kraftfutter und 2 dt Rauhfutter notwendig.

Abb. 52. Einfache transportable Hölztröge haben sich bei der Rehwildfütterung sehr gut bewährt.

5.3 Rehwildfütterung

Rehwild gilt allgemein als sehr genügsam und es übersteht in allen Revieren mit normaler Feld-/Waldstruktur durchweg die winterlichen Notzeiten verlustfrei. Insbesondere dort, wo Wildäcker mit ausreichender Winteräsung angelegt sind oder ein intensiver Zwischenfruchtanbau betrieben wird, erübrigt sich eine zusätzliche Fütterung. Notwendig wird eine zusätzliche Futterbereitstellung in den schneereichen Mittel- und Hochgebirgen sowie in allen Revieren, die durch Monokulturen, insbesondere Nadelwald, geprägt sind. Dort lassen sich nur mit einer gezielten Fütterung die z.T. erheblichen Wildverluste durch Hunger und Kälte verhindern. Nicht zuletzt ist die Fütterung als Ablenkungsmaßnahme oft dringend erforderlich. So lassen sich in allen Revieren mit unzureichender natürlicher Äsung die z.T. erheblichen Verbißschäden an den Forstkulturen nur dadurch verhindern, daß der Nahrungsbedarf am Futterplatz gedeckt wird. Die Qualitätsverbesserung des Rehwildes durch Fütterung ist zwar möglich und sowohl im Gatter Schneeberg von Vogt als auch in den steirischen Revieren des Herzogs von Bayern experimentell nachgewiesen, doch entsprechen solche zweifellos sehr interessanten Versuche nicht den heute allgemein gültigen Zielvorstellungen von Hege.

5.3.1 Futterplatz

Nach den heutigen Bewirtschaftungsrichtlinien dürfen allgemein nur maximal 10 Rehe pro 100 ha Revierfläche herangehegt werden. Diese Zahl gilt auch bei der Fütterung auf einem entsprechenden Areal als oberste Grenze. Größere Wildkonzentrationen, die an zentralen Futterstellen leicht vorkommen, müssen in jedem Fall vermieden werden, denn sie führen meist zu wechselseitigen Infektionen mit parasitären Krankheiten. Bei der Wahl des Standortes werden vor allem die vom Wild ohnehin bevorzugten Plätze berücksichtigt. Der ideale Standort läßt sich z.B. dadurch ermitteln, daß vorher provisorische Futterplätze angelegt werden, z.B. durch ausgefahrene Rüben oder Äpfel. Dies erleichtert nicht nur die spätere Gewöhnung an die Fütterungseinrichtungen, sondern gibt auch gute Hinweise auf den richtigen Platz. Meist sind es die windgeschützten und sonnenseitig gelegenen Altholzflächen in der Nähe der Einstände, die bevorzugt aufgesucht werden, denn auch das Rehwild fühlt sich am Futterplatz nur dann wohl, wenn es eventuell nahende Gefahren, wie Menschen oder Hunde, frühzeitig eräugen kann. Futterplätze direkt an Dickungsrändern, wo das Wild plötzlich überrascht werden kann, meiden die Rehe. Wie bei jeder Fütterung, die bevorratet und später regelmäßig beschickt werden muß, ist es auch hier besonders wichtig, den Platz so zu wählen, daß er sich jederzeit mit dem Fahrzeug erreichen läßt. In den von Menschen wenig besuchten, ruhigen, abgeschiedenen Revierteilen wird der Futterplatz direkt am Wegrand eingerichtet. Im bergigen Gelände sollten in jedem Fall Südhanglagen gewählt werden.

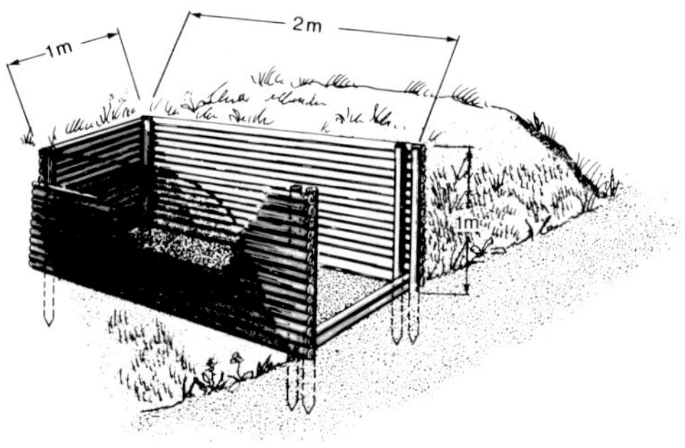

Abb. 53. Ein $2\,m^3$ großes Erdsilo faßt 7,5 dt.

Abb. 54. Der einfache transportable Futterautomat dient der Verabreichung von Kraftfutter.

5.3.2 Fütterungseinrichtungen

Als Zentrum des Rehwildfutterplatzes wird ein Erdsilo für die Einlagerung von Saftfutter, insbesondere Apfeltrester, angelegt. Gräbt man das 2 m lange Silo in einen leichten Schräghang ein, so kann später eventuell sich ansammelndes Wasser abfließen und zugleich wird das Futter weitgehend frostfrei gelagert. 1 m^3 Apfeltrester wiegt 7,5 dt. Um die für 10 Rehe notwendige Menge von 15 dt einlagern zu können, sind also 2 m^3 nötig. Die Menge läßt sich in einem Erdsilo aus Brettern von 2 m Länge, 1 m Breite und 1 m Höhe schnell und einfach einlagern und ohne Verlust entnehmen. Alle anderen Einrichtungen wie Tröge, Futterautomaten und Raufen müssen so konstruiert werden, daß sie sich aus

Abb. 55. Raufe für Rauhfutter wie z. B. Laubheu.

Hygienegründen leicht von einem Platz auf einen anderen verstellen lassen. Saftfutter wie Apfeltrester, Äpfel, zerstoßene Rüben oder Kartoffeln werden grundsätzlich in Trögen gereicht. Die etwa 25 cm hohen Trogwände gewährleisten, daß nicht zu viel

Futter auf den Erdboden fällt. Für jeden Futterplatz sind 5 Tröge notwendig. Je nach den zur Verfügung stehenden Futtermitteln wird darin auch das Kraftfutter verabreicht. Preßlinge, Hafer u. ä. können aber auch in Futterautomaten angeboten werden. Eine gewisse Gefahr besteht, wenn Automaten für hochkonzentriertes Eiweißfutter verwendet werden. Das überreichliche Angebot kann zu tödlich endenden Eiweißvergiftungen führen. Darüber hinaus wird viel Futter unnötig verschwendet, denn das Wild kann nur geringe Mengen an Eiweiß verdauen. Dort, wo auch Heu angenommen wird, sind Raufen notwendig. Einfache Raufen, die sich leicht an Baumstämmen aufhängen lassen, haben sich am besten bewährt. Die optisch sehr wirkungsvollen kombinierten Futterraufen sind für die Rehwildfütterung im Grunde unpraktisch, zumal sie sich nicht verstellen lassen.

5.3.3 Futtermittel

Daß es möglich ist, durch entsprechende Fütterung eine Qualitätsverbesserung des Rehwildes zu erreichen, wurde in der Vergangenheit wiederholt bewiesen. Allerdings setzt eine solche Steigerung sowohl des Körpergewichts als auch der Gehörnqualität eine sehr gezielte Fütterung mit hochwertigen, eiweißreichen Kraftfuttermitteln wie Sesam- und Kokuskuchen, Sojaschrot usw. und eine ganzjährige Fütterung voraus. Die Fütterung außerhalb der Notzeiten ist aber heute in den meisten Bundesländern verboten, so daß schon aus diesen Gründen eine Aufartung der Bestände nicht möglich ist. Im übrigen gilt das Heranhegen von Mastrehen als die erste Form der Domestikation und wird deshalb allgemein abgelehnt. Zur Erhaltung des Wildes genügen einfache Futtermittel, die in ihrer Zusammensetzung der natürlichen Äsung ähneln. Kraftfutter wird gereicht, um eine heute oft nicht mehr vorhandene Herbstmast zu simulieren und damit den Aufbau der für den Winter notwendigen Feistreserven einzuleiten. Am besten sind Eicheln geeignet. Statt dessen kann aber auch geschrotetes Getreide und industriemäßig hergestelltes Kraftfutter gereicht werden. Als Saftfutter werden entweder silierter Apfeltrester, Zuckerrüben oder Kartoffeln angeboten. Kartoffeln, Rüben und Äpfel sollten mit einem Spaten oder Stampfer zu etwa walnußgroßen Stücken zerstoßen werden. Heu wird in der Regel nur in den Revieren angenommen, in denen es von Natur aus wenig Proßholz gibt, z.B. in reinen Nadelholzbeständen.

Allerdings zeigt sich das Rehwild auch dort sehr wählerisch. Wiesenheu wird grundsätzlich verschmäht. Gut angenommen werden Klee- und Luzernenheu und die jungen Triebe der Himbeeren, Eichen, Aspen usw., während die im Juli gewonnenen und auf Reutern getrockneten, oberen Teile der Topinamburstauden als Leckerbissen gelten. Voraussetzung für eine Annahme durch das Wild ist, daß alles Rauhfutter im Freien auf Reutern oder direkt im Futterhaus gelagert wurde. Heu, das vom Stallboden stammt und dem die Gerüche der Menschen und Haustiere anhaften, verschmäht das Rehwild. Die Erhaltungsration der Rehe beträgt pro Stück und Tag 1,5 kg Silage oder Gehaltsrüben und 0,25 kg Eicheln, Hafer oder industriemäßig hergestelltes Kraftfutter. Die mit 200 g veranschlagte Heumenge wird nur bei Bedarf gereicht. Als in jedem Fall sehr vorteilhaft erweist sich die zusätzliche Verabreichung von Mineralstoffen. Bekannt ist, daß jedes Reh täglich 2,5 g Phosphorsäure und 2,5 g Calzium benötigt. Diese insbesondere für den Gehörnaufbau wichtigen Mineralien können in der Zeit der Vegetationsruhe kaum mit der natürlichen Nahrung aufgenommen werden. Man verabreicht diese Aufbaustoffe in Form von phosphorsaurem Futterkalk. Davon werden pro Stück und Tag 5 g unter das Kraftfutter oder die Silage gemischt.

5.4 Muffelwildfütterung

Die Fütterung des sehr genügsamen Muffelwildes ist an sich nicht notwendig, denn

Abb. 56. Muffelwildfütterung – in Notsituationen wichtig, damit Schälschäden verhindert werden.

auch im Winter findet es ausreichende, natürliche Äsung in Form von Beerkraut, Proßholz, Krautäsung usw. Allerdings besteht die Gefahr, daß es in Notsituationen auch zum Schälen von Baumstämmen kommt. Das Risiko ist natürlich groß, daß solche anfangs nur von einzelnen Stücken verübten Untugenden von den anderen Rudelmitgliedern erlernt und später allgemein zur Gewohnheit werden.

Es empfiehlt sich daher, grundsätzlich von November bis März Ablenkungsmaßnahmen zu betreiben, indem man das Nahrungsangebot durch Kraftfutter, Saftfutter und Rauhfutter bereichert.

5.4.1 Futterplatz

Da Muffelwild bekanntlich tagaktiv ist und somit am Tage die Futterplätze aufsucht, müssen diese so angelegt sein, daß Störungen durch Menschen ausgeschlossen sind. Besonders günstig sind die abseits der Wege gelegenen und mit dem Fahrzeug gut erreichbaren Plätze inmitten großer Altholzbestände. Es sollten vor allem die Stellen ausgewählt werden, die das umherziehende Muffelwild häufig durchwechselt.

5.4.2 Fütterungseinrichtungen

Gut bewährt hat es sich, als Zentrum der Fütterungen einen von oben wasserdicht abgedeckten Heustadel oder Reuter aufzustellen, von dem das Wild direkt äsen kann. Für die Einlagerung von Rüben und Kartoffeln ist eine mit 2,5 m hohem Maschendraht umzäumte Erdmiete oder ein aus Brettern gebautes Erdsilo erforderlich. Die wichtigsten Einrichtungen sind die entsprechend dem Wildvorkommen möglichst zahlreich vorhandenen Tröge. Für 2 Stück Muffelwild rechnet man 1 transportablen Trog. Bei hohem Wildvorkommen werden für die Bevorratung des Kraftfutters Magazine oder Automaten aufgestellt.

5.4.3 Futtermittel

Das anspruchslose Muffelwild begnügt sich mit einem einfachen Erhaltungsfutter. Als Saftfutter werden Gehaltsrüben, Kartoffeln, Äpfel und silierter Apfeltrester gefüttert. Es empfiehlt sich, alle Knollenfrüchte zu zerkleinern und in den Trögen zu verabreichen. Kraftfutter, wie Eicheln, Kastanien, Hafer, Bohnen, Mais oder In-

Abb. 57. Muffelwild klettert gerne, deshalb müssen die Stirnseiten der Raufe auch verschlossen sein.

dustriekraftfutter, wird entweder dem Saftfutter beigemischt oder in eigens dafür gebauten Futterautomaten angeboten. Heu wird im Stadel nach Bedarf angeboten. Auf ein Teil Trockenfutter kommen etwa drei Teile Saftfutter. Entsprechend werden die pro Stück und Tag benötigten Rationen eingeteilt:
1,5 kg Saftfutter, 500 g Kraftfutter, 200 g Rauhfutter

5.5 Schwarzwildfütterung

Zwar gelten die Sauen allgemein als sehr robust, doch gerät auch dieses Wild in manchen Jahren in große Not. Besonders in Wintern ohne Eichel- und Buchecker-mast können hoher Schnee und strenger Frost besonders die nach der Rauschzeit oft stark geschwächten Keiler in arge Bedrängnis bringen. Mangel an Fraß besteht allerdings oft auch noch im Frühjahr, wenn alle überwinternden Früchte und Samen gekeimt sind und frisches Gras noch nicht wächst. Maikäfer, Engerlinge und Mäuse, die früher als wichtige Nahrungsquelle galten, fehlen ohnehin. Solche Situationen führen meist zu erheblichen Wildschäden. So ist die Fütterung des Schwarzwildes nicht nur notwendig, um in Notzeiten Hilfestellung zu geben, sondern auch besonders wichtig als Ablenkungsmaßnahme gegen anstehende Wildschäden.

5.5.1 Futterplatz

Als wehrhaftes Wild scheut das Schwarzwild etwaige Überraschungen nicht und bevorzugt im Gegensatz zum übrigen Schalenwild als Futterplatz die Deckung. Kleine Blößen inmitten der als Einstände dienenden Dickungen sind ideal, zumal es den Sauen dort möglich ist, auch am Tage, zumindest bereits in den frühen Abendstunden, Fraß aufzunehmen. In jedem Fall muß der Ablenkungseffekt stets im Vordergrund der Betrachtungen bei der Auswahl des Platzes stehen. Es geht vor allem darum, das Wild von den Feldern fernzuhalten. Das läßt sich nur dadurch erreichen, daß die Sauen möglichst lange im Wald beschäftigt werden. Dabei hat sich folgende Methode bewährt: An drei möglichst weit (500–600 m) voneinander entfernt liegenden Plätzen werden auf Blößen oder ruhigen Schneisen im Bereich der Einstände Körnungen angelegt.
Zwischen den einzelnen Futterstellen, die ein großes Dreieck bilden, liegen die Tränken und Suhlen. Gefüttert wird täglich, außerhalb der Notzeit jedoch nur dann, wenn die Felder gefährdet sind. Das Schwarzwild, das die Futterplätze regelmäßig aufsucht und sich dort im wahrsten Sinne des Wortes „anbinden“ läßt, hat die einzelnen Fütterungen, die zunächst durch Futterbahnen mit ausgestreutem Mais miteinander verbunden werden, sehr bald gefunden und wird dort allnächtlich erscheinen.
Es zieht von einer Körnung zur anderen und wird durch die dazwischen liegenden Suhlen und Tränken zum Verweilen angehalten. Wenn es sich an jeder Körnung, entsprechend der Futtermenge, etwa 1 ½–2 Stunden aufhält, dann reicht die Zeit der relativ kurzen Sommernacht kaum noch aus, um heraus auf die Felder zu ziehen.

Es sollte selbstverständlich sein, daß an den Futterplätzen nicht geschossen wird, weil sich alle Bemühungen sonst in ihr Gegenteil verkehren.

Abb. 58. Schwarzwildfütterung – dient in erster Linie als Ablenkungsmaßnahme zur Schadensabwehr.

5.5.2 Fütterungseinrichtungen

Normalerweise genügt es, das Futter für die Sauen einfach auf den Erdboden auszustreuen. Um allerdings das für die erfolgreiche Ablenkung so wichtige Verweilen möglichst lange hinauszuzögern, sind Einrichtungen, die das Futter nur in sehr kleinen Mengen freigeben, oft unerläßlich. Gut bewährt haben sich verschiedene bei Hausschweinhaltung verwendete Futterautomaten. Geräte dieser Art müssen, bevor sie den darin befindlichen Mais in einzelnen Körnern auswerfen, von den Sauen gedreht werden. Auch Fässer, die an mit Wirbeln versehenen Ketten gebunden sind, müssen von den Sauen bewegt werden, wenn die aus 2 cm großen Löchern rieselnden Maiskörner aufgenommen werden sollen. Es gibt auch Automaten, die mit Batterien versehen sind und zu ganz bestimmten Zeiten genau dosierte Mengen Futter abgeben. Gute Dienste leisten auf Schwarzwildfutterplätzen die sogenannten Frischlingsrechen. Es sind ähnlich den Kälberställen speziell für Frischlinge gebaute Staketenzäune in Sechseckform. Die Abstände zwischen den einzelnen Sprossen liegen maximal bei 30 cm. Doch lassen sich die Einschlupföffnungen durch Verschieben einer zweiten, in Form einer Leiter angebrachten Staketenreihe verringern. Im Frischlingsrechen wird in Trögen spezielles Ferkelaufzuchtfutter oder Getreide angeboten. So kommen also die an normalen Futterplätzen stets abgebissenen Frischlinge auch zu ihrem Recht.

5.5.3 Futtermittel

Als Allesfresser ist das Schwarzwild hinsichtlich seiner Nahrung keineswegs wählerisch. Höchst anziehende Wirkung übt

Abb. 59. Frischlingsstall, die Fütterung für den Nachwuchs dient vor allem der Hege.

zweifellos der Mais aus. Doch sollte bei der Wahl der Futtermittel stets bedacht werden, daß sich durch ein entsprechendes Fraßangebot am leichtesten gezielte Ablenkung betreiben läßt. Wiesenschäden z.B., die fast immer nur aufgrund von Eiweißmangel entstehen, lassen sich durch Verfüttern von tierischem Eiweiß in Form von Fleisch oder Fisch verhindern. Andererseits kann eine übermäßige Maisfütterung die Schäden noch fördern. Das denkbar ungünstige Eiweiß-Stärke-Verhältnis von Mais führt oft dazu, daß der Appetit auf Würmer, Schnecken, Käfer und Larven, über die der Bedarf an tierischem Eiweiß am leichtesten gedeckt wird, zunimmt, so daß es meist zu großen Schäden auf dem Grünland kommt. Mit Ausnahme von Mais, der ganzjährig gerne aufgenommen wird, sind die Ansprüche jahreszeitlich unterschiedlich. Während im Herbst und Winter Getreide und Eicheln die größte Anziehungskraft ausüben, wird im Frühjahr Fleisch, Kartoffeln, Zuckerrüben und Topinamburknollen der Vorzug gegeben. Knollenfrüchte allerdings müssen frisch sein. So empfiehlt es sich, Kartoffeln, Zuckerrüben usw. einzugraben, damit sie nicht eintrocknen. Sehr strenge Maßstäbe müssen auch beim Verfüttern von Fleisch angelegt werden. Die Tatsache, daß die meisten Seuchengänge der Schweinepest bei Haus- und Wildschweinen durch Verfüttern von Fleischabfällen und Wurstwaren von Hausschweinen verursacht wurden, macht deutlich, daß die Verabreichung solcher Abfälle höchst gefährlich ist.

Neben Schlachtabfällen von Rindern wie Därmen, Blättermägen und Pansen können die Aufbrüche des Schalenwildes, mit Ausnahme des Schwarzwildes und Fallwildes, das der Straße zum Opfer gefallen ist, angeboten werden. Auch Fische und das als Hundefutter angebotene Trokkenfleisch sind geeignet. Doch bedarf es bei solchen Futtermitteln meist einer gewissen Gewöhnungszeit. Schließlich kann in Trögen das eiweißreiche Ferkelaufzuchtfutter gereicht werden. Das Verfüttern von reinem Fischmehl muß wegen der Gefahr der Eiweißvergiftung unterbleiben.

5.6 Parasitenbekämpfung

Bekanntlich nehmen die Übertragungsmöglichkeiten von Krankheiten mit steigender Wilddichte zu. Das ist besonders an Fütterungen der Fall, wo über Jahre hinweg an ein und demselben Platz und stets aus den gleichen Einrichtungen gefüttert wird.

Dort treten häufig verstärkt Krankheiten auf, die sich, sofern sie Parasiten als Verursacher haben, erfolgreich mit Wurmmitteln behandeln lassen. Das sehr gut bewährte Mittel "Panakur" (Höchster Farbwerke) ist geruch- und geschmacklos und läßt sich somit sehr leicht über das Futter anbringen. Es wirkt gegen Magen-, Darm- und Lungenwürmer. Zwar lassen sich durch eine medikamentöse Behandlung parasitäre Krankheiten nicht ausschließen, doch bewirkt die stoßweise Anwendung, bei Beginn und Ende der Fütterungszeit durchgeführt, zumindest eine vorübergehende Befreiung von den lästigen, die Körperfunktionen stark behindernden Parasiten. Die Anwendung der verschiedenen Wurmmittel sollte stets nach den genauen Vorschriften der Gebrauchsanweisung und nur unter fachmännischer Anleitung eines Tierarztes vorgenommen werden.

5.7 Wartung des Futterplatzes

Die Sauberkeit am Futterplatz ist neben der Sorgfalt der Futterzusammenstellung das erste Gebot bei der Fütterung des Schalenwildes. In der Praxis sieht es leider oft so aus, daß das Wild bis zu den Knien im Schlamm steckt, der aus Losung, Futterresten und Erde besteht. Unter solchen Bedingungen finden Parasiten oftmals geradezu hervorragende Lebensbedingungen, so daß oft schon ein von parasitären Krankheiten befallenes Stück Wild ausreicht, um einen ganzen Bestand zu verseuchen.

Die starken Verschmutzungen entstehen fast immer dadurch, daß das Wild an ein-

Abb. 60. Verschmutzte Futterplätze sind gefährlich. Sie begünstigen die Ausbreitung parasitärer Krankheiten.

zelnen stationären Futterstellen über Jahre hinweg massiert gefüttert wird. Um das zu vermeiden, sollte die Zahl der Futterplätze so bemessen werden, daß Wildmassierungen nicht vorkommen. Viele Fütterungseinrichtungen, insbesondere Tröge, die sich leicht und ohne Schwierigkeiten verstellen lassen, geben die beste Gewähr dafür, daß Sauberkeit herrscht. Werden z.B. im Wechsel von 3–4 Wochen sämtliche Tröge und Raufen eines Rehwildfutterplatzes umgestellt und die verschmutzten Plätze gründlich gesäubert, indem Losung und Futterreste mit einem Laubbesen zusammengekehrt, auf abseits gelegene Misthaufen gelagert und dort dick mit Branntkalk abgedeckt werden, so ist die Gefahr der Ausbreitung von Krankheiten schon weitgehend gebannt. Das immer wieder propagierte Abkalken des Futterplatzes im Frühjahr kann man sich ersparen, denn die als Zwischenwirte parasitärer Krankheiten in Frage kommenden Würmer bzw. Schnekken sitzen – wie z.B. der Regenwurm – meist tief im Boden und werden durch solche Maßnahmen nicht betroffen.

Abb. 61. Bau eines Erdsilos; die Seitenwände werden außen mit Holzschutzmittel behandelt.

Das Gegenteil ist oft der Fall. Die mit einer Kalkung verbundene Bodenverbesserung fördert den Wuchs süßer Gräser und Kleearten. An den Spitzen dieser Pflanzen aber sitzen die entwicklungsfähigen Larven z.B. des großen Lungenwurmes. Sie werden beim Äsen der begehrten Blätter mit aufgenommen, so daß eine neuerliche Ansteckung erfolgt.

5.8 Einlagerung der Futtermittel

Das bei der Winterfütterung benötigte Futter muß oftmals für den ganzen Zeitraum der Vegetationsruhe, also fast 6 Monate lang, eingelagert werden. Dabei kann es durchaus vorkommen, daß einzelne Futtermittel verderben. Heu z.B. wird wertlos, wenn Feuchtigkeit zur Schimmelbildung geführt hat. Auch Getreide und Kraftfutter verlangen eine trockene Lagerstatt, um Pilzen und Fäulnisbakterien die Grundlage für ihre oft verheerende Zerstörung zu nehmen. Bei den als Saftfutter dienenden Knollenfrüchten ist es vor allem der Frost, der für sehr unangenehme Überraschungen sorgen kann. Allein die Tatsache, daß Mieten und Rübenkeller während der ärgsten Kälte, die zugleich auch die schlimmste Notzeit ist, am häufigsten geöffnet werden müssen, birgt die Gefahr in sich, daß die Kälte eindringt. Kartoffeln sind besonders empfindlich. Sie verfrieren schon bei geringen Minustemperaturen und fangen anschließend sofort an zu faulen. Große Probleme bereiten auch die in Mieten und Futterhäuser eingedrungenen Mäuse und Ratten. Der Schaden, den sie durch Zernagen von Abdeckfolien und Säcken anrichten, ist oft weit höher als der Futterverlust. Aber allein durch die von ihnen angerichtete Verschmutzung wird die Qualität des Futters erheblich gemindert.

5.8.1 Silieren von Saftfutter

Das bei der Winterfütterung außerordentlich wichtige Saftfutter, früher hauptsächlich in Form von Rüben, Kartoffeln und Äpfeln angeboten, wird heute bevorzugt als Silage gefüttert. Doch gehen bei den zum Teil mit primitiven Mitteln und ohne Sachkenntnis durchgeführten Behelfslösungen viele Versuche daneben. Es lohnt deshalb, auch bei der Wildfutterzubereitung die in der Landwirtschaft üblichen Regeln zu befolgen.

Richtiges Silieren heißt, das Futter unter Ausschluß von Sauerstoff durch Milchsäuregärung haltbar zu machen. Bei sachgerechter Durchführung sind die Nährstoffverluste dabei relativ gering.

Eine Silage kann allerdings niemals besser sein als das eingebrachte Futter. Qualitativ minderwertiges Grüngut lohnt also kaum den Aufwand. Auch gibt es im Hinblick auf die Silierbarkeit zwischen den verschiedenen Pflanzenarten erhebliche Unterschiede. In der Landwirtschaft, die uns immer als Vorbild dienen sollte, gelten Silomais, Rübenblätter, Kohlarten, Naßschnitzel und Trester als gut silierbar. Wiesengras, Kleegras, Milchhafer und Grünmais bereiten auch den Bauern manchmal Schwierigkeiten. Schlechte Silier-Eigenschaften haben Luzerne, Klee, Grüngetreide und alle Kreuzblütler wie Raps u. ä.

Bei diesen Pflanzen neutralisiert der hohe Eiweißgehalt die so wichtige Milchsäure in der Silage, und die fehlende Säure kann die Haltbarkeit negativ beeinflussen.

Neben diesen Erkenntnissen müssen wir bei unseren Planungen aber auch berücksichtigen, daß längst nicht jede Silage vom

Abb. 62–64. In die ausgehobene Erdgrube wird der „Silo-Mantel“ aus Brettern auf den vorher gelegten Fußboden gestellt. Vor dem Einfüllen wird das Silo mit Folie ausgelegt und nach dem Einstampfen luftdicht abgedeckt.

Wild angenommen wird. Und es ist auch nicht alles als Wildfutter geeignet. Maissilage z. B. gilt in der Landwirtschaft als hervorragendes Kraftfutter bei der Rindermast. Auch für Rot-, Dam- und Muffelwild ist Silomais gut geeignet. Bei Rehwild allerdings kann dieses Futter dazu führen, daß Fallwildverluste auftreten; es wurde in jüngster Zeit wiederholt beobachtet.

Schließlich darf nicht verkannt werden, daß die in der Landwirtschaft in großem Stil und mit vielseitigem technischen Aufwand betriebene Silierung von seiten der Jäger kaum praktiziert werden kann. Um eine gute Gärung und die darauf beruhende Haltbarkeit zu gewährleisten, kommt es in erster Linie darauf an, den Sauerstoff aus der Futtermasse herauszupressen, denn nur unter Luftausschluß produzieren die Bakterien aus vergärbarem Zucker Milchsäure.

Schon dieses Problem bereitet bei den von uns verwendeten kleinen Mengen bei allen grobfaserigen Futtermitteln größte Schwierigkeiten. Der Landwirt benutzt für Gras, Rübenblätter und Mais schwere Walzen, oder er fährt mit einem großen Traktor so lange auf der kleingehäckselten Masse herum, bis die Luft restlos herausgepreßt ist.

Das wird uns durch Einstampfen mit unseren Füßen nicht annähernd so gut gelingen, wenn wir grünes Laub oder Blätter in Plastiksäcken oder -fässern zu silieren versuchen.

Mit etwas mehr Mühe und Aufwand lassen sich aber auch grobfaserige Pflanzen wie Topinambur, junge Laubholztriebe, Mais usw. in kleinen Mengen für unsere Zwecke haltbar machen. Den Schlüssel hierzu finden wir in sogenannten Silier-Hilfsmitteln. Gut bewährt hat sich das Mittel "Luprosil". Es handelt sich dabei um reine Propionsäure, die allgemein in der Natur vorkommt und während der Stoffwechselvorgänge auch vom Wild gebildet wird. Das zerkleinerte Siliergut, z. B. gehäckselter Mais, wird vor oder während des Einfüllens mit Luprosil gut vermischt. Für 1500 kg Grünmasse benötigt man 20 ml dieses Mittels. Um es gut verteilen zu können, empfiehlt es sich, Luprosil mit Wasser im Verhältnis 1 : 3 zu vermischen und beim Einfüllen in das Silo oder in Plastikfässern das Futter damit gleichmäßig zu besprühen. Selbstverständlich muß die Masse, so gut es geht, verdichtet werden, was mit schweren Stampfern oder mit den Füßen geschieht. Auch der luftdichte Abschluß mit Plastikplane oder sicher schließendem Deckel ist wichtig. Eine geschmacksbeeinträchtigende Wirkung des Silier-Hilfsmittels auf das Wild konnte nicht festgestellt werden.

Bei Futtermitteln wie Apfeltrester und Naßschnitzel, die sich leicht verdichten lassen, bedarf es beim Einsilieren keiner Zusätze. Die Zugabe von Kraftfutter, Kalk und Salz beim Einsilieren von Apfeltrester ist nicht zu empfehlen. Durch Umwandlung während des Gärprozesses geht ein hoher Prozentsatz der Nährstoffe verloren, oder es wird der Gärvorgang gestört. Lediglich das Miteinsilieren von Eicheln und Kastanien, die in dünnen Schichten im Trester eingelagert werden, hat sich bewährt, denn nirgendwo sonst bleiben die gesammelten Waldfrüchte so frisch.

Saftfutter wird vom Schalenwild bekanntlich in großen Mengen aufgenommen. Ein Reh verbraucht beispielsweise pro Tag etwa 1,5 kg Apfeltrester. Allein um 10 Rehe während einer Fütterungsperiode von 100 Tagen ausreichend zu versorgen, sind 15 dt notwendig. Diese Mengen in Plastiksäcken oder -fässern abzufüllen und einzustampfen, bereitet einen enormen Arbeitsaufwand. Hinzu kommt als weitere Erschwernis, daß die gewichtigen Behältnisse später alle transportiert werden müssen. Nicht zuletzt besteht die Gefahr, daß ein Teil des Tresters verdirbt, denn an undichten Stellen eingdrungene Luft führt grundsätzlich zur Fäulnisbildung.

Deshalb ist es zweckmäßig, die vorgesehene Menge an Ort und Stelle im Revier einzulagern. Bewährt haben sich für Rehwildfütterungen einfache Erdsilos aus Brettern mit folgenden Maßen: Länge 2 m, Breite 1 m, Höhe 1 m. Dieses 2 m^3 große Silo (s. Abb. 53 S. 114) faßt 15 dt Apfeltrester. Der vorgesehene Platz muß so gelegen sein, daß er mit dem Fahrzeug, das den Trester bringt, erreicht werden kann. Möglichst an einem Hang wird das vorgefertigte Silo, das von außen mit einem Holzschutzmittel, von innen mit Silolack gestrichen ist, bis zur Hälfte ins Erdreich eingelassen. An den herausragenden Teilen wird die ausgehobene Erde beigefüllt. Die herausziehbaren Bretter der Stirnseite sitzen beiderseits in einer Nut. Vor dem Einfüllen wird das Silo mit einer stabilen Plastikfolie (0,2 mm) ausgelegt. Die Folie hängt an den Seiten so weit über, daß sie später, umgeklappt, das Silo von oben ganz abdeckt.

Gelingt es, einen Lastwagen-Kipper für den Transport des Tresters von der Mosterei ins Revier bereitzustellen, so kann das Saftfutter direkt ins Silo gekippt werden. Gutes Einstampfen beim Einfüllen ist wichtig. Ist das Silo randvoll, so wird es auch von oben luftdicht mit der bereitliegenden Folie abgedeckt.

Ein gut aufliegender Deckel, der mit Teerpappe belegt ist, verschließt das Ganze und verhindert das Eindringen von Mäusen. Der Trester wird im Winter aus dem Silo heraus in transportable Tröge gefüllt und im Verhältnis 10 : 1 mit Kraftfutter vermischt, so daß eine krümelige Masse entsteht, die bei strengen Frösten nicht zum Klumpen zusammenfriert. Ihn pur zu verfüttern, wäre Betrug am Wild: Die im Apfeltrester enthaltenen Nährstoffe reichen bei weitem nicht aus. Der Vorteil dieser Methode: Man muß sich im Winter bei Eis und Schnee nicht mit Säcken und Fässern abmühen, und man ist auch nicht unbedingt von einem Fahrzeug abhängig. Zur Not läßt sich die Beschickung der Fütterungen sogar zu Fuß oder auf Skiern bewerkstelligen. Ein im Silo deponierter Sack mit Kraftfutter und eine Schaufel genügen, um auch im tiefverschneiten Revier für einen gedeckten Tisch zu sorgen.

5.8.2 Einmieten der Knollenfrüchte

Rüben

Diese für die Winterfütterung außerordentlich wertvollen Früchte vertragen, solange sie im Boden sind, mehrere Grade unter Null. Nach der Ernte jedoch sind Rüben sehr empfindlich. Sie müssen, sobald es kälter wird, frostsicher eingelagert werden.

Abb. 65. Rübenmiete, mit Stroh und Folie abgedeckt.

Bisher mußte man viel Zeit und Arbeit aufwenden, um Futter- oder Zuckerrüben nach der Ernte einzulagern. Heute macht eine in der Landwirtschaft erprobte und bewährte Methode das Anlegen von Rübenmieten durch die Anwendung des kombinierten Folien-Strohbedeckungssystems schnell und arbeitssparend.

Die gekauften oder auf dem Wildacker geernteten Rüben werden direkt am Futterplatz ebenerdig zu einer etwa 3 m breiten und 1,8–2 m hohen Miete aufgeschüttet; das Ausheben einer Grube entfällt. Damit das Wild die Miete nicht aufschlägt, wird der Platz mit 2 m hohem Maschengeflecht oder Knotengitterdraht umzäunt.

Der Rübenhaufen bleibt bis zur ersten akuten Frostgefahr offen liegen, damit die Rüben auskühlen können. Erst dann wird eine ca. 30 cm dicke Strohschicht auf die Rüben gelegt und darüber wird eine 0,1 bis 0,15 mm dicke Folienbahn aus Polyäthylen-Kunststoff (erhältlich im Landhandel) gespannt. Um das Lösen der Folie bei Sturm zu verhindern und sie gleichzeitig zu straffen, werden die Folienränder mit einem etwa 50 cm breiten Erdaufwurf bedeckt. Das wird von den Landwirten mit einem Pflug gemacht und ist rasch geschehen. Wegen der besseren Witterungsbe-

ständigkeit, und um die Miete rein optisch nicht zu sehr in Erscheinung treten zu lassen – was die Gefahr in sich birgt, den Umweltschutz auf den Plan zu rufen –, empfehlen sich deckend schwarz eingefärbte Folienbahnen.
Da eine starke Erwärmung der Rüben in der Miete gefährlich ist, müssen in die Folien auf dem First in Abtänden von 2 m etwa 50 cm lange Schlitze eingeschnitten werden. Die Lüftungsschlitze werden dann mit Strohballen abgedeckt. In Gebieten, wo im Winter Dauertemperaturen von unter –20° C üblich sind, empfiehlt es sich, zur Erhöhung der Frostschutzwirkung eine zweite Folie zu spannen. In diesem Fall wird auf die gut ausgekühlten Rüben zunächst eine 0,05 – 0,1 mm dicke Folie aufgelegt. Am First müssen wieder Lüftungsschlitze oder eine durchgehende Öffnung vorhanden sein. Abschließend wird die Miete – wie oben beschrieben – mit Stroh abgedeckt und mit einer stärkeren Folie bespannt. Die Entnahme von Rüben aus Mieten dieser Art ist mühelos. Die Mieten können schnell geöffnet und genauso schnell wieder geschlossen werden.
Selbstverständlich müssen die nicht mehr benötigten Folien restlos beseitigt werden, damit sie nicht – wie man es leider an den Rübenmieten der Landwirte oft beobachten muß – noch wochen- oder gar monatelang in den Bäumen und Büschen der Feldgemarkung herumwehen.

Kartoffeln

Ganz gleich, ob es sich um Speise-, Saat- oder Futterkartoffeln handelt, diese Knollen müssen wegen ihrer absoluten Frostempfindlichkeit fachgerecht eingelagert werden. Die ideale Lagerstätte für die Überwinterung der Kartoffeln ist ein trokkener, kühler Keller, der eine Temperatur von ungefähr + 8° C, am besten konstant + 4° C aufweist. Höhere Temperaturen fördern nicht nur das vorzeitige Keimen, sondern führen auch zu erhöhter Fäulnisbildung.

Die Einlagerung in Scheunen birgt die große Gefahr in sich, daß bei extremen Kälteperioden die Temperaturen unter den Gefrierpunkt sinken, was grundsätzlich zum Verfrieren und anschließenden Verfaulen führt. In Ermangelung geeigneter Räumlichkeiten, vor allem aber wenn es darum geht, größere Mengen Saatgut oder Futterkartoffeln winterfest einzulagern, hat sich die Erdmiete nach wie vor am besten bewährt.

Zu diesem Zweck benötigt man einen gegen Nord- und Ostwind möglichst ge-

Abb. 66. Kartoffelmiete, wird auch von oben mit einer dikken Strohschicht und danach mit Erde bedeckt.

schützten, trockenen Platz im Garten oder auf einem Acker. An der vorgesehenen Stelle wird der Boden fein säuberlich eingeebnet und geglättet, damit die Entnahme beziehungsweise das Einsacken im nächsten Frühjahr problemlos mittels einer Kartoffelforke durchgeführt werden kann. Die meist in Säcken angelieferten Knollen werden im Laufe des Oktobers auf ebener Erde 1,20 bis 1,50 Meter breit und in einer Höhe von 0,50 bis 1 Meter aufgeschüttet.

Dabei ist wichtig, darauf zu achten, daß die Früchte unbedingt trocken bleiben. Bei Regenwetter oder zu erwartenden Schauern empfiehlt es sich deshalb, den aufgeschütteten Haufen zunächst provisorisch mit einer Plastikplane abzudecken. Die endgültige Abdeckung erfolgt mit Stroh und Erde.

Man wählt am besten die von den Landwirten nach der Getreideernte mit einer Hochdruckpresse gefertigten Strohballen. Nachdem die Bindfäden der Ballen aufgeschärft wurden, wird das Stroh leicht aufgeschüttet, ellenbogentief schichtweise über die Kartoffeln ausgebreitet und anschließend mit einer leichten, etwa zehn Zentimeter dicken Erdschicht bedeckt. Scholliges Erdreich wird mit einer Harke geglättet, damit Regenwasser gut ablaufen kann.

Nur bei extremen Kälteeinbrüchen mit Temperaturen unter –20° C ist es zuweilen notwendig, die Miete während dieser Perioden zusätzlich mit einer Plastikplane oder Pferdemist abzudecken. So eingelagert, bleiben Kartoffeln keimfrei und frisch bis zum Mai des nächsten Jahres.

Abb. 67. Trocknung von Heu auf Schwedenreuter.

Abb. 68. Kleeheu auf Dreibockreutern.

Abb. 69. Laubheu (Topinambur) auf der Heuhütte.

5.8.3 Laubheugewinnung

Rauhfutter wird zwar nicht von allen Wildarten bevorzugt angenommen, doch wenn man das im Frühsommer geerntete Laubheu anbietet, gehen sogar die bei diesem Futter sehr zurückhaltenden Rehe an die Raufen. Der Zeitpunkt der Ernte ist wichtig, denn der Gehalt an Nährstoffen ist dann am größten, wenn die Triebe noch nicht verholzt und die Blätter noch zart sind. Das ist im Monat Juni der Fall, also zum Zeitpunkt der sonstigen Heugewinnung, die stets kurz vor der Blüte erfolgen soll.

Für die Laubheugewinnung eignen sich besonders: Eberesche, Ahorn, Eiche, Birke, Aspe, Linde, Buche, Himbeere, Brombeere, Brennessel, Heidekraut und Topinambur. Die etwa 30–40 cm langen, belaubten Triebe werden zunächst geschnitten und gebündelt. Sehr schnell läßt sich der Schnitt mit einer motorgetriebenen

Heckenschere durchführen. Himbeeren und anderes Beerkraut kann man auch mit der Sense und besonders leicht mit einer Motorsense mähen. Die Bündel oder die im Schwad gemähten Triebe bleiben zum Vortrocknen auf dem Boden liegen. Damit die Blätter ihre grüne Farbe behalten, werden sie mindestens einmal gewendet.

Da bei diesen Pflanzen mit der Methode der gewöhnlichen Heubereitung die wertvollen Blätter beim häufigen Wenden jedoch leicht abfallen, ist es zweckmäßig, die Bündel nach etwa zwei Tagen auf Gerüste, wie zum Beispiel Reuter zu schichten. Bei dieser Methode der langsamen Trocknung, die bekanntlich auch bei Klee angewendet wird, gehen Nährwerte wie Eiweiß und Zucker nicht so leicht verloren. Beim Aufpacken ist es sehr empfehlenswert, die Schichten laufend mit Kochsalz zu überstreuen. Man rechnet auf den Zentner Heu etwa 0,5 kg. Durch dieses Einsalzen wird das Heu schmackhafter und vom Wild lieber angenommen. Auch wird die Bildung von Pilzen dadurch eingeschränkt. Nach der vollständigen Trocknung wird das so gewonnene Heu am zweckmäßigsten in einer Scheune oder direkt an der Fütterung im Futterhaus trocken eingelagert. Stallböden, die bekanntlich starke Gerüche der Haustiere ausstrahlen, sind für die Lagerung von Wildheu denkbar ungeeignet.

6 Winterfütterung des Niederwildes

Der Lebensraum des Niederwildes befindet sich heutzutage durchweg in der vom Menschen beherrschten Zivilisationslandschaft. Zwar haben es die als Kulturfolger bekannten Wildarten verstanden, selbst in den landwirtschaftlich intensiv bewirtschafteten Feldrevieren zu überleben, doch gelingt dies in vielen Fällen nur mit Hilfe eines zusätzlichen Futterangebotes. Besonders im Winter fehlt es in vielen Revieren an ausreichender, natürlicher Äsung. Es sind vor allem die schutzbedürftigen Wildarten wie Fasanen, Rebhühner und Enten, die sich in den wenig vorhandenen Dekkungsinseln und eisfreien Gewässern nicht ausreichend ernähren können. Um Wildabwanderungen vorzubeugen oder zu verhindern, daß zum Beispiel Fasanen gezwungen werden, zur Futteraufnahme die freien Feldflächen aufzusuchen, wo sie schutzlos den vielzähligen natürlichen Feinden ausgesetzt sind, ist es notwendig, in den Notzeiten zusätzliche Nahrungsquellen bereitzustellen. Niederwildfütterungen sollten allerdings niemals dem Zweck dienen, das angelockte Wild dort zu erlegen.

6.1 Fasanenfütterung

Ursprünglich in Asien beheimatet, wanderte der Fasan mit dem vorhandenen Nahrungsangebot je nach den dort vorherrschenden Trocken- und Regenzeiten. Diese Eigenschaft hat er bis heute nicht verloren. Sobald also die natürliche Äsung (Körner- und Insektennahrung) knapp wird, beginnt er auch bei uns umherzuziehen. Deshalb muß in Fasanenrevieren nach der Devise: "Wenn der Bauer die letzte Fuhre einholt, fährt der Jäger die erste aus", gefüttert werden.

6.1.1 Futterplatz

Kaum eine andere Wildart läßt sich so leicht durch die Fütterung lenken wie gerade der Fasan. Grundsätzliches Ziel sollte es darum sein, ihn mit dem Futter an die Revierteile zu binden, die bei Gefahr den besten Schutz gewähren. Das sind dichte Feldgehölze, lange breite Hecken, Schilfpartien, Fichtenstangenhölzer usw. Der Futterplatz wird nicht am Rande, sondern stets innerhalb der Deckung angelegt und zwar so, daß er gegen Greifvögel von oben dicht abgeschirmt ist und auf dem Boden freie Sicht gewährt, um anschleichendes Raubwild zu erkennen. Niemals sollten die Futterstellen in der Nähe einzelner Bäume liegen.

6.1.2 Fütterungseinrichtungen

Die altbewährte Fasanenschütte, vorn 80 cm hoch, hinten 40 cm mit einem wasserdichten 2 × 2 m großen Dach, hat sich am besten bewährt. Hier findet der Fasan beim Scharren in der darunterliegenden trockenen Spreu immer einzelne Körner und Samen, so daß die anziehende Wirkung auch dann, wenn das Beschicken einmal vergessen wurde, stets erhalten bleibt. Das ist bei Futtereimern, wenn sie einmal leer sind, nicht der Fall. Deshalb sollten diese Einrichtungen nur in Verbindung mit Schütten aufgehängt werden, um die Fasanen an den Platz zu binden. Stehen reichlich Drusch- oder Reinigungsabfälle von Getreide zur Verfügung, genügt es, unter dichten Hecken einfach Kaffhaufen aufzuschütten. Große Spreuhaufen entwickeln Gärungswärme und bleiben schneefrei, so daß die Fasanen stets scharren und nach Körnern suchen können.

Abb. 71. Fasanenschütte. Bei dieser idealen Kombination wird Futter und Wasser angeboten.

Abb. 72. Wenn es im Winter keine Grünäsung mehr gibt, brauchen Rebhühner zusätzliches Futter.

6.1.3 Futtermittel

Im wesentlichen kommt es darauf an, die Fasanen lange zu beschäftigen und somit zum Verweilen in der schützenden Dikkung zu zwingen. Hauptbestandteil der Fütterung sollte Spreu oder Kaff sein, wobei sich die bei der Getreidereinigung anfallenden Abfälle, die neben verschiedenen Unkrautsämereien auch Schmach- und Halbkörner enthalten, besonders bewährt haben. Diese Haufen werden bei Bedarf mit Weizen, Gerste und Mais angereichert. Das Verfüttern von Rosinen erübrigt sich. Mais wird viel lieber und gieriger angenommen. Großkörnige Futtermittel wie Eicheln und Bucheckern können zusätzlich angeboten werden. Sie sorgen in kalten Winternächten dafür, daß der Kropf lange gefüllt bleibt. Als Saftfutter werden in der Mitte durchgeteilte Futter- oder Zuckerrüben gereicht.

6.2 Rebhuhnfütterung

Rebhühner leben während der Wintermonate in erster Linie von Grün. Eine Fütterung ist aus diesem Grunde eigentlich nur dann notwendig, wenn hoher Schnee Saaten und Wildkräuter bedeckt. Dann ist schnelle Hilfe dringend geboten, denn die rasch einsetzende Schwächung infolge des Nahrungsmangels führt grundsätzlich zu hohen Verlusten durch Greifvögel.

6.2.1 Futterplatz

Die außerordentlich standortgebundenen Rebhühner lassen sich im Gegensatz zum Fasan nicht zu einem willkürlich festgelegten Futterplatz hinfüttern. Am besten hat sich folgende Methode bewährt: Sobald der erste Schnee gefallen ist, fährt man mit einem geländegängigen Fahrzeug, z. B. dem Traktor, das Revier ab. Überall dort, wo man die im Schnee leicht erkennbaren Ketten liegen sieht oder deren Geläufe findet, wird auf freiem Feld gefüttert. Es sollte jedoch darauf geachtet werden, daß keine einzelnen Bäume und Telegrafenmasten, die den Greifvögeln als Anwartplätze dienen, in der Nähe stehen.

6.2.2 Fütterungseinrichtungen

Als Bewohner der Krautsteppe lieben Rebhühner die freie Landschaft. Deshalb sind

Abb. 73. Niederwildacker mit zusätzlicher Winterfütterung. Mit Getreide und Rüben angereicherte Spreuhaufen bieten Körneräsung und Saftfutter. Ausgelegtes Reisig bietet dem Flugwild Deckung.

feste und überdachte Fütterungseinrichtungen unangebracht. Die beste Hühnerfütterung ist ein aufgeschütteter Spreuhaufen – zur Not kann man auch Heusamen oder kurzgehäckseltes Stroh verwenden –, der mit sperrigem Reisig als Unterschlupf und Schutz gegen Schneeverwehungen umbaut wird. Zur Sicherheit gegen Überraschungsangriffe durch Greifvögel hat es sich bewährt, über den Futterplatz eine zum Giebeldach geformte Baustahlgewebematte zu stellen, die nicht verblendet werden sollte.

6.2.3 Futtermittel

Der als Grundlage dienende Spreuhaufen wird reich mit Weizen beschickt, damit die Hühner schnell satt werden und bei guter Kondition bleiben, denn nur so sind sie, dank ihrer Wachsamkeit und Schnelligkeit, allen Feinden überlegen. Halbierte Rüben und Winterkohl gelten als gute Ergänzung.

6.3 Entenfütterung

Keine andere Wildart ist so dankbar für die Fütterung wie die Stockente. Allerdings sollte der im Revier angelegte Futterplatz nicht dazu benutzt werden, die Enten dort zu erlegen. Vielmehr gilt es, den in winterlicher Notzeit oft in arge Bedrängnis geratenden Enten zu helfen und sie dadurch ans Revier zu binden. Werden Stockenten im Bereich günstiger Biotope bis in das Frühjahr hinein regelmäßig gefüttert, schreiten sie dort auch zur Brut.

6.3.1 Futterplatz

Im Grunde können die Ränder aller Gewässer, auf denen zuweilen Enten angetroffen werden, zu Futterplätzen hergerichtet werden. Besonders geeignet sind Ausbuchtungen an Flüssen und Bächen und die Ausflüsse an Teichen und Seen, also Stellen, die im Winter meist eisfrei bleiben. Der Platz muß von Bäumen und Büschen freigeschlagen werden, um Start und Landung und das frühzeitige Erkennen einer eventuell nahenden Gefahr zu ermöglichen. Das Futter wird entweder breitwürfig am Ufer ausgestreut oder bei Flachgewässern einfach ins Wasser geworfen, wo es gründelnd aufgenommen wird.

6.3.2 Fütterungseinrichtungen

Normalerweise sind bauliche Einrichtungen bei Entenfütterungen nicht notwendig. Spezielle Futtereimer haben zwar den Vorteil, daß unliebsame Mitesser wie beispielsweise Ratten weitgehend ausgeschlossen werden, doch führen sie oft zu einer unnötigen Verschandelung schöner Uferzonen.

Abb. 74. Wildenten haben ein großes Sicherheitsbedürfnis. Dort wo Raubwild am Futterplatz zu erwarten ist, empfiehlt es sich diesen mit Maschendraht zu umzäunen und mit einer Kastenfalle zu sichern. Totfangende Knüppelfallen u. ä. sollten an Entenfutterplätzen nicht aufgestellt werden, denn auf der Suche nach Brutplätzen, die bereits im Spätwinter beginnt, passiert es immer wieder, daß sich Enten in den Fallen fangen.

Abb. 75. Getreideabfälle sind gutes Futter, sollten aber, um Verschmutzungen vorzubeugen, nicht ins Wasser geworfen werden.

Abb. 76. Der Futterplatz für Stockenten muß von Bäumen und Büschen freigeschlagen werden, um den Enten Start und Landung zu erleichtern. Auch erkennen sie so besser die Annäherung von Feinden.

Das Rattenproblem, das sich an allen Gewässern, wo Futtermittel verabreicht werden, früher oder später ohnehin einstellt, wird besser durch gut getarnte Rattenfutterkisten gelöst. So genügt es, einen möglichst übersichtlichen Platz zu schaffen, wo entweder am Ufer oder im flachen Wasser gefüttert wird. Um anschleichendes Raubwild, insbesondere den Fuchs, abzuhalten, empfiehlt es sich zuweilen allerdings, den Futterplatz zum Land hin mit einem 1 m hohen Maschengeflechtzaun abzusperren. Bei tiefen Fließgewässern mit Steilufern sind aus Brettern zuammengenagelte Schwimmflöße oft sehr dienlich. Solche an einer Kette befestigten, flach auf dem Wasser liegende oder leicht eingetauchte Inseln sind von einem aufgenagelten Lattenkranz umgeben, der das unnötige Vergeuden der Futtermittel verhindert. Sie dürfen jedoch nur so hoch sein, daß der Einstieg nicht erschwert wird. Einige am Boden angebrachte Styroporplatten gewährleisten die Schwimmfähigkeit.

6.3.3 Futtermittel

Enten sind Allesfresser und stellen hinsichtlich der Futtermittel keine besonderen Ansprüche. So können abseits des Gewässerrandes aufgeschüttete Haufen mit Getreidereinigungsabfällen durchaus genügen, doch ist diese Art der Fütterung wie auch die Verabreichung von Weichfutter nur dann praktikabel, wenn von vornherein gewährleistet ist, daß die später verfaulenden Rückstände nicht ins Wasser gelangen. Dies führt besonders bei stehenden Kleingewässern zu starker Verschmutzung, wobei der Sauerstoffgehalt derart reduziert wird, daß das Gewässer "umkippt" und jegliches tierisches Leben erlischt. Es ist also dringend geboten, nur solche Futtermittel anzubieten, die gut und schnell aufgenommen werden und keine derartigen Wirkungen hervorrufen. Reines Getreide wie Mais, Weizen, Hafer und Gerste sowie Eicheln gelten bei Enten nicht nur als besondere Leckerbissen, sondern haben auch den Vorteil, daß sie in Maßen gereicht die Wasserqualität nicht negativ beeinflussen.

6.4 Hasenfütterung

Im allgemeinen leidet der Hase nicht unter Futternot. Es sind vielmehr die vielen negativen Auswirkungen innerhalb der Zivilisationslandschaft, die sein Leben erschweren. In Notzeiten jedoch gelten die in der allseits genutzten Kultursteppe kaum noch vorhandenen Leckerbissen als besondere Bereicherung seines Speisezettels.

6.4.1 Futterplatz

Fütterungseinrichtungen, wie sie bei anderen Wildarten zuweilen durchaus notwendig sind, erübrigen sich beim Hasen. Der Platz allerdings muß sorgfältig gewählt werden. Wie alle Fluchttiere, äst er am liebsten an den Stellen, die eine gute Übersicht und somit Sicherheit gegenüber seinen Feinden bieten. Da die Fütterung grundsätzlich erst während winterlicher Notzeiten bei Schnee notwendig ist, orientiert man sich bei der Wahl des Platzes am besten nach dem Spurenbild. Im deckungsreichen Gelände füttert man den Hasen dort, wo er auseinanderhoppelnd den Paß verläßt. Ansonsten sind alle Freiflächen in Wald und Feld, auf denen viele Spuren eine vom Hasen gern besuchte Stelle erkennen lassen, grundsätzlich günstig. Allerdings sollten die Futterplätze niemals in direkter Nähe wildschadengefährdeter Flächen (Weingärten, junge Obstplantagen, Gemüsefelder und Sonderkulturen) angelegt werden, sondern vielmehr auch dazu dienen, das Wild von diesen Flächen gezielt abzulenken.

Abb. 77. Die Hasenfütterung verlangt keinen großen Aufwand. Das Dach schützt vor Feinden.

Abb. 78, 79. Die Futterplätze liegen dort, wo die Hasen auseinanderhoppelnd den Paß verlassen. Äpfel gelten als besondere Leckerbissen.

6.4.2 Futtermittel

Im allgemeinen ist der Hase recht anspruchslos, der im Winter schon das Auslegen einiger Rüben, Karotten und Äpfel dankbar begrüßt. Willkommener ist eine den jahreszeitlichen Ansprüchen genügende Naturnahrung. So gelten die beim jährlichen Obstbaumschnitt anfallenden Zweige von Apfel, Birne und Kirsche als besonderer Leckerbissen. Frühzeitig ins Revier gefahren, werden alle Triebe schneeweiß geschält. Sie bieten nicht nur die lebenswichtige Rohfaser, sondern auch eine Vielzahl hochwertiger Nährstoffe, die für das Überleben erforderlich sind.

6.5 Winterfütterung der Singvögel

Wenn man durch Aufhängen von Nistkästen zum einen dafür Sorge trägt, daß sich die Singvögel erfolgreich vermehren, ist es andererseits auch Verpflichtung, in Notzeiten zu füttern. Eine Fütterung ist allerdings nur bei geschlossener Schneedecke und besonders bei Glatteis, Rauhreif und Harschschnee mit Temperaturen unter –5° C notwendig. Die in den Feldrevieren vorkommenden Buch- und Bergfinken, Goldammern und Feldsperlinge finden sich meist zahlreich an den Fasanenschütten und Rebhuhnfutterplätzen ein, wo wir speziell für sie zusätzlich Hanf und Sonnenblumenkerne ausstreuen sollten. Im Wald sind es vor allem die Meisen, die sich sehr dankbar erweisen. Auch für sie sind Hanfsamen und Sonnenblumenkerne voll ausreichend. Um den täglichen Gang zum Beschicken der Fütterungen zu ersparen, empfiehlt es sich, Futtersilos mit einem entsprechenden Fassungsvermögen zu verwenden, die meist mehrere Tage vorhalten. Den Weichfressern wie Drosseln, Rotkehlchen, Heckenbraunelle und Zaunkönig werden auf besonderen Futterplätzen Haferflocken, Rosinen, getrocknete Ebereschenbeeren und ungesalzenes Fett sowie z. B. ein Gemisch aus Rindertalg und Weizenklee angeboten.

Abb. 80. Das kleine Hessische Futterhaus. Das Futter ist nur den flugewandten Meisen zugänglich.

7 Besondere Revierpflegemaßnahmen

Das Wild ist in den heutigen Zivilisationslandschaften in vieler Hinsicht von der Hilfe des Jägers abhängig. Neben ausreichender Nahrung verlangt es zu seinem Wohlbefinden dringend nach einigen ganz speziellen Hilfsmaßnahmen. Die Tatsache zum Beispiel, daß es in der nach wirtschaftlicher Übernutzung stark verarmten Vegetation an ausreichenden Mineralien fehlt, erklärt die Gier verschiedener Wildarten nach Salz. Abhilfe läßt sich schaffen, indem für Schalenwild, Hasen, Kaninchen und Tauben in ausreichender Zahl Salzsulzen angelegt werden.

Auch das Bedürfnis, regelmäßig zu baden (suhlen), ist bei einigen freilebenden Tierarten so stark ausgeprägt, daß sie aus den durch Wasserwirtschaftsmaßnahmen trockengelegten Revieren ohne eine entsprechende Lebensraumverbesserung abwandern. Deshalb werden insbesondere in Rot- und Schwarzwildrevieren an geeigneten Plätzen Suhlen angelegt, die das Wild ans Revier binden. Die Bereitstellung von Feuchtstellen mit Wasser ist überhaupt eine der wichtigsten Hegemaßnahmen, denn viele Wildarten ziehen täglich zur Tränke und können ohne Wasser nicht leben. Fasanen, Enten, Tauben, Rot- und Schwarzwild und viele Singvögel verlangen, um ihre Existenz zu sichern, die Anlage künstlicher Tränken oder kleiner Teiche.

So ist es also in vielen Bereichen dringend erforderlich, die Lebensansprüche des Wildes durch zusätzliche Revierverbesserungsmaßnahmen günstig zu beeinflussen. Der Aufwand lohnt in jedem Fall, denn je angenehmer der Lebensraum gestaltet wird, um so wohler fühlen sich die dort lebenden Tiere. Schließlich tragen die meisten der fast immer nur mit geringem Aufwand durchführbaren Maßnahmen dazu bei, daß Wildverluste, insbesondere solche durch Straßenverkehr und Krankheiten, von vornherein vermieden werden.

7.1 Salzlecken

Der praktische Nutzen des Kochsalzes für das Wild ist bisweilen umstritten. Zwar regt Chlornatrium die Äsungslust und die Verdauung an und fördert somit den Stoffwechsel, doch wird ein günstiger Einfluß auf die Geweih- und Gehörnbildung – wenn überhaupt – nur mittelbar ausgeübt. Da Kochsalz aber für Schalenwild, Hasen und Tauben einen höchst angenehmen Geschmack besitzt, so kann man damit diese Wildarten anlocken. Allein die Tatsache, daß man mit Salz das Wild ans Revier oder bestimmte Revierteile fesseln, vielleicht von Straßen und Bahnlinien ablenken kann, ist es wert, den positiven Effekt herauszustellen und Salzsulzen anzulegen.

7.1.1 Stocksulze

Auf Blößen und Kahlschlägen – also überall dort, wo es keine Baumstämme gibt – werden Stocksulzen angelegt. Diese Methode des Salzangebotes hat Vor- und Nachteile: Ein großer Vorteil ist es, daß man nicht unbedingt an Salzsteine gebunden ist, deren Beschaffung zuweilen Schwierigkeiten bereitet; man kann statt dessen normales Speise- oder Viehsalz verwenden. Es darf jedoch auf keinen Fall das mit Eisenoxyd vergällte Viehsalz genommen werden, das als Streusalz Verwendung findet! Der Nachteil der Stocksulze besteht darin, daß sich Fuchs und Marder gerne auf dem Stock lösen. Schräg über die Sulze eingeschlagene Pfähle verhindern diese Beeinträchtigung. In Revieren mit Schwarzwildvorkommen wird der Salzstein oft von den Sauen verschleppt. Es ist also wichtig, ihn entsprechend zu sichern.

7.1.2 Die Stammsulze

Innerhalb der Bestände kommen Stammsulzen in Frage. Der Salzstein wird je nach Wildvorkommen so hoch angebracht, daß das Wild nicht am Stein selbst, sondern am Holz lecken muß. Die konzentrierte Aufnahme von Salz, die gefahrvoll sein kann,

Abb. 82–84. Links: Stammsulze mit Sicherheitskeil, Mitte: Kistensulze auf Holzstamm, rechts: einfache Stammsulze. Der Vorteil dieser Salzsulzen: Das Wild kann nicht direkt am Stein lecken.

wird dadurch verhindert. Es gibt verschiedene Methoden, die je nach Stärke der vorhandenen Bäume Anwendung finden. In der Regel benutzt man 15–20 cm starke Buchen, Eichen oder Fichten, die in Rehwildrevieren etwa einen Meter über dem Boden abgesägt und deren Stümpfe von oben her gespalten und durch einen Keil auseinandergehalten werden. Die bei stärkeren Stämmen mit einer Motorsäge ausgehöhlten Stammsulzen haben den Vorteil, daß man auch loses Salz verwenden kann. Die gefährliche Arbeit darf nur von einem Fachmann (Forstwirt) ausgeführt werden!

7.1.3 Die Kistensulze

In Revieren, in denen man die sich meist sehr schnell auflösenden künstlichen Mineraldeckelsteine verwenden will, bedient man sich zweckmäßigerweise der Kistensulze. Flache Holzkisten mit durchlöcherten Böden werden auf Stämme oder Pfähle genagelt. Wurmmittel enthaltende, künstlich hergestellte Lecksteine, die heute relativ teuer angeboten werden, sind jedoch abzulehnen und sollten nicht eingesetzt werden, denn das Wild wäre niemals in der Lage, die Menge des Wurmmittels, die benötigt wird, um Parasiten abzutreiben, aus dem Stein heraus aufzunehmen. Resistente Parasitenstämme wären wahrscheinlich die Folge.

7.1.4 Die Lehmsulze

Bei kaum einer Wildart ist das Salzbedürfnis so groß wie bei den Tauben – ein Umstand, der uns die Möglichkeit gibt, Tauben, die bekanntlich erhebliche Wildschäden anrichten können, mit Salz an einen bestimmten Platz zu locken, um sie dort bei der Ansitzjagd zu erlegen. So ist der Ansitz an der Taubensulze nicht nur eine sehr interessante, sondern auch lohnende Jagdart. An einer übersichtlichen Tränke oder auf einem freien Feld, wo oft und regelmäßig Ringeltauben zu beobachten sind, wird eine Lehmsulze hergerichtet. Zu diesem Zweck wird eine etwa 20 cm hohe und

50 × 50 cm breite Kiste ebenerdig eingegraben und wechselweise mit einer 5 cm dikken Schicht aus fettem Lehm und einer 1 cm starken Lage Kochsalz unter ständigem Stampfen bis zum Rand gefüllt. Die Beigabe eines Fläschchens Anisöl erhöht den Erfolg. Bei der Auswahl des Platzes sollte darauf geachtet werden, daß ein Baum in unmittelbarer Nähe ist, auf dem die Tauben, bevor sie die Sulze annehmen, einfallen können. Das erleichtert dem unsichtbar in einem Schirm ansitzenden Jäger den Schuß mit der Flinte und bei entsprechend sicherem Hinterland auch mit der Kleinkaliberbüchse.

7.2 Suhlen

In Hochwildrevieren mit Rot- und Schwarzwildvorkommen sind Suhlen unentbehrlich. Beide Wildarten benötigen das lebensnotwendige Schlammbad während des ganzen Jahres; einmal, um sich abzukühlen, was nicht nur im Sommer geschieht, sondern besonders häufig während der Brunft des Rotwildes, vor allem aber zur Bekämpfung leidiger Parasiten, die beim Suhlen mit Schlamm umwickelt und später abgeschüttelt oder an den Malbäumen abgestreift werden.

7.2.1 Rotwildsuhle

Bevorzugt angenommen werden die Suhlen im Bereich der Einstände und an den Brunftplätzen. Harte Gegenstände wie Steine und Äste sind sorgfältig zu entfernen, damit sich das Wild behaglich strekken und ungehindert hin und her werfen kann. Sind keine natürlichen Suhlen vorhanden, sollten künstliche geschaffen werden. An tiefgelegenen, quelligen Stellen werden im Schatten der Bäume 2 × 2 m große Löcher in Form einer flachen Wanne ausgehoben und mit fettem Lehm oder Ton eingestampft. Dabei leiten Stichgräben das bei Regen anfallende Wasser in die Suhle, damit sie stets feucht bleibt. Das Wasser darf allerdings die Suhle nur ganz leicht bedecken.

7.2.2 Schwarzwildsuhle

Am liebsten suhlt das Schwarzwild an Plätzen, die es von den Tageseinständen aus ungestört erreichen kann. So sind Suhlen

Abb. 85. Rothirsch beim Suhlen; das Schlammbad ist ein außerordentlich wichtiges Bedürfnis.

Abb. 86. Schwarzwildsuhle – ein ganzjährig benutzter Tummelplatz der Sauen.

innerhalb der Standdickungen oder in den angrenzenden Stangenhölzern oft schon am Tage Tummelplatz der Sauen. Wichtig zu wissen ist aber, daß es dem Wild nur darum geht, sich in möglichst stark haftendem Schlamm zu wälzen, so daß Läuse, Flöhe und Zecken tatsächlich von diesem umwickelt werden. Sobald blankes Wasser darin steht oder die Suhlen restlos ausgetrocknet sind, ist die anziehende Wirkung verschwunden. Es ist also geboten, an den natürlich vorhandenen Suhlen durch Schaffung von Zuläufen in Form von Stichgräben für Wasser zu sorgen. Gleichzeitig müssen Abflüsse gegraben werden, die einen Stau verhindern. Auf sandigen und steinigen Böden empfiehlt es sich, an feuchten Stellen mit hohem Grundwasserstand künstliche Suhlen anzulegen. Dort wird in Form einer Wanne eine 2 × 2 m große und 80 cm tiefe Grube mit schrägen Wänden ausgehoben und anschließend mit Lehm vollgeschüttet, der schichtweise unter Hinzufügen von Wasser und 50 kg Viehsalz, das die Anziehungskraft auf die Sauen enorm erhöht, eingestampft wird. Die Suhle muß soweit angefüllt werden, daß bei Regen das sich sammelnde Wasser den Schlamm wohl durchnäßt, der Wasserspiegel aber die Oberfläche nicht bedeckt. In Trockenzeiten ist es zuweilen notwendig, in geeigneten Fässern zusätzlich Wasser anzufahren.

7.2.3 Malbäume

Die in der Nähe einer Suhle befindlichen Baumstämme dienen dem Rot- und Schwarzwild nach dem Schlammbad als Scheuerbäume (Malbäume). Besonders Schwarzwild zeigt ein großes Bedürfnis, dort ausgiebig die Schwarte abzureiben. Abgestreiftes Haar und die Höhe der nassen Scheuerspuren geben Aufschluß über den Benutzer und dessen Größe. Schwarzwild bevorzugt Nadelbäume, weil das bei starker Verletzung der Rinde oft reichlich auslaufende Harz als Schutzschicht gegen Verletzungen und Parasiten hilft. So werden Malbäume, die mit Holzteer eingerieben wurden, besonders gerne von den Sauen angenommen.

7.3 Künstliche Tränken

Wasser ist für die Existenz und das Wohlbefinden fast aller bei uns vorkommenden

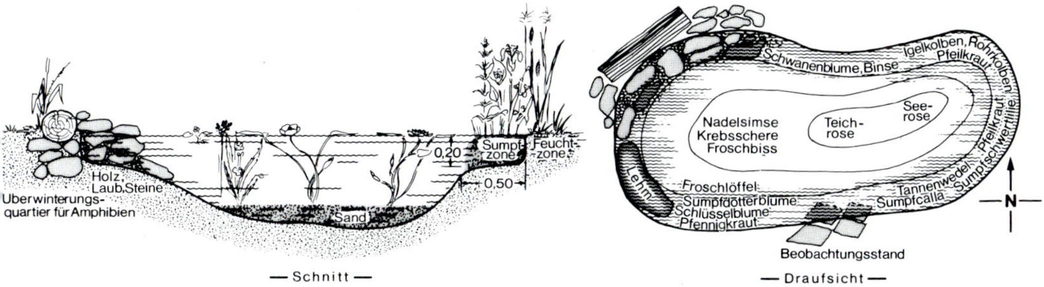

Abb. 87. Skizze eines mittels PVC-Plane (Plastoplan) angelegten Teiches.

Tiere notwendig. Besonders für viele Vögel – wie Fasanen, Rebhühner, Tauben und Singvögel, von dem Wassergeflügel einmal ganz abgesehen – ist die tägliche Wasseraufnahme von Wichtigkeit. Das trifft auch für das Schalenwild und das übrige Haarwild zu, das sein Flüssigkeitsbedürfnis meist durch Schöpfen am offenen Wasser deckt. Der in der Folge von Flurbereinigungen und durch Begradigungen der natürlichen Wasserläufe zum Teil stark abgesenkte Grundwasserspiegel gewährleistet die natürliche Wasseraufnahme, besonders in Trockenperioden, nicht mehr, und die daraus resultierenden Folgen werden meist verkannt.

So führt Wassermangel zum Teil zu erheblichen Wildschäden, weil Haar- und Flugwild in trockenen Jahren die saftigen Knollen der Feldfrüchte äsen, um auf diese Weise den Wasserhaushalt zu decken. Auch Wildabwanderungen und Wildverluste können durch fehlendes Wasser hervorgerufen werden. Abhilfe läßt sich durch die Anlage künstlicher Tränken und kleiner Tümpel leicht schaffen.

Geländemulden sowie am Fuße von Hängen liegende tiefe Stellen werden nach gründlichem Säubern und Vertiefen in Form einer flachen Wanne mit einer starken PVC-Plane (Plastoplan) ausgelegt. Die Ränder der Folie werden eingegraben bzw. mit Grassoden abgedeckt. Durch geschickt angelegte Rinnen und Gräben wird das bei starken Regenfällen oft überreichlich anfallende Wasser so in die Tränke geleitet, daß sie sich stets selbständig füllt.

Abb. 88, 89. Einfache Tränke, mit Plastikplane ausgelegt; Regenwasser füllt den „Himmelsteich".

Kommt neben Niederwild auch Schalenwild in stärkerem Maße vor, wird der Teich mit einem zusätzlichen Schutzbeton versehen, damit die Folie nicht durch die spitzen Schalen des Wildes beschädigt wird.

Abb. 90. Für die Hühnervögel ist das Staubbad sehr wichtig, es befreit von lästigen Insekten.

7.4 Huderplätze

Während Rot- und Schwarzwild zur Körperpflege die Suhle benötigen, alle Wasservögel, Tauben und Singvögel im Wasser baden, nehmen die Hühnervögel ein Staubbad, um sich von lästigen Parasiten im Gefieder zu befreien. Diesem außerordentlichen Lebensbedürfnis muß bei der Hege, Aufzucht und Haltung von Fasanen, Reb- und Rauhfußhühnern unbedingt Rechnung getragen werden. Besonders bei Rebhühnern bedeutet das Fehlen geeigneter Huderplätze die schlimmste Entbehrung. Die unausgesetzte Belästigung durch Flöhe und Läuse verursacht einen merklichen Blutverlust, was ganz allgemein zu Schwächungen führt und den Keim für spätere Krankheiten legt. Deshalb werden künstliche Huderstellen in Form von Schütten angelegt, deren Boden ausgegraben und mit einer dicken Lage aus Sand und Holzasche ausgefüllt wird. Als Abdeckung eignen sich am besten die in Form von Eternitplatten hergestellten, durchsichtigen Polyesterplatten, die das Sonnenlicht durchlassen und deshalb Wärme gewährleisten. Besonders beliebt als Huderplätze sind windgeschützte, sonnige Stellen an Böschungen, Wällen, Hängen und Hecken. Ein daneben aufgeschütteter, kleiner Kieshaufen, vermischt mit Muschelkalk, dient der Aufnahme lebensnotwendiger Magensteine.

7.5 Schneepflug

Bei hoher Schneelage, insbesondere aber, wenn Harschschnee das Fortkommen des Wildes erschwert und die Äsungsaufnahme vom Boden unmöglich macht, werden mit dem Schneepflug Wege in die Einstände des Wildes gefahren. Sie führen als Wechsel zu den Äsungsflächen und Fütterungen. Besonders Heide- und Beerkrautflächen im Wald sowie Saat- und Rapsäcker in den Feldrevieren werden auf diese Weise dem Wild zugänglich gemacht.

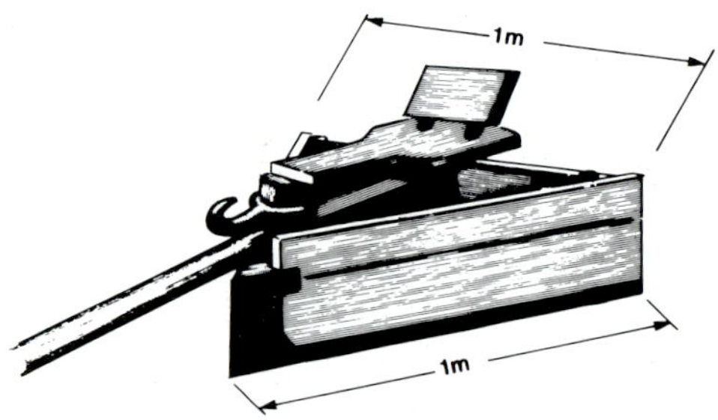

Abb. 91. Mit dem Schneepflug werden Wege in die Einstände des Wildes gefahren.

8 Biotopverbesserung durch Anlage von Äsungsflächen

Die Schaffung von Äsung und Deckung und die Ausnutzung aller anderen in der heutigen Zivilisationslandschaft noch gegebenen Möglichkeiten der Biotopverbesserung gelten als wichtigster Beitrag zur Erhaltung der freilebenden Tierwelt. Die Verhältnisse und auch die Lebensansprüche des Wildes sind in den einzelnen Landschafts- und Klimazonen recht unterschiedlich. Wir unterscheiden zwischen Feld- und Wald-, Hoch- und Niederwildrevieren. So gibt es Biotope, die ausgezeichnete Deckung aufweisen, wo es aber an Äsung mangelt. In anderen Revieren schwelgt das Wild inmitten fruchtbarer Äkker, zumindest im Sommer, förmlich in Äsung, aber es fehlt in der ausgeräumten Landschaft an Schutz und Deckung.

Kurzfristig können solche Biotopmängel nur durch gezielte Anlage von Äsungsflächen, wie Wildäckern und -wiesen, behoben werden.

8.1 Bodenbearbeitung

Fast alle Kulturpflanzen stellen nicht nur gewisse Ansprüche an die Güte, sondern auch an den Zustand des Bodens. Je länger ein Boden unbearbeitet liegt, desto dichter und fester wird er. Erst durch die mit der Bearbeitung verbundene Lockerung entstehen Hohlräume, die sich mit Sauerstoff füllen und somit das für Gare und Fruchtbarkeit so wichtige Bakterienleben fördern. Neben der Belüftung aber wird auch der Wasserhaushalt günstig beeinflußt. Während auf festen, verschlemmten Böden das Regenwasser meist abfließt oder verdunstet, dringt es bei zuvor aufgelockertem Erdreich leicht ein und sorgt nachhaltig für gute Feuchtigkeit. Schließlich ist eine Bodenbearbeitung schon deshalb erforderlich, damit vorhandene Unkräuter beseitigt und die als Konkurrenz zu den Kulturpflanzen ständig nachwachsenden in Grenzen gehalten werden.

8.1.1 Pflügen

Von allen Bodenbearbeitungsgeräten lokkert und wendet der Pflug den Boden am gründlichsten. Schwere Böden und solche mit starkem Bewuchs sollten nach Möglichkeit bereits im Herbst umgepflügt werden, damit die Pflanzenteile im Winter ver-

Abb. 93. Das Pflügen – die wichtigste Bodenbearbeitungsmaßnahme – lockert das Erdreich auf.

Abb. 94. Flächen, die sich pflügen lassen, können in vielfältiger Art als Wildäcker genutzt werden.

Abb. 95. Vor allem im Frühjahr ist es wichtig, daß die oft groben Ackerschollen sofort mit der Egge zerkleinert werden.

rotten können und das schollige Erdreich durch starke Belüftung und Frost eine feine Krümelung (Frostgare) erhält. Sandböden können jederzeit gepflügt werden. Wenn allerdings Mist als Naturdünger in das Erdreich gebracht werden soll, empfiehlt es sich, dies im Herbst zu tun. Bei hohem Grasbestand muß der Bewuchs vor dem Pflügen abgemäht und abgeräumt oder mittels Fräse oder Scheibenegge zerkleinert werden. Die Pflugfurche sollte eine Tiefe von 20–25 cm nicht unterschreiten.

8.1.2 Eggen

Als Ergänzung zum Pflug ist die Egge unerläßlich. In erster Linie dient dieses Gerät dem Zerkleinern grober Ackerschollen. Besonders bei der im Frühjahr gezogenen Pflugfurche ist das Abeggen sofort nach dem Umbruch notwendig. Bei schweren Böden würden die Schollen zu steinharten Klumpen zusammentrocknen, auf sandigen Böden käme es ohne Oberflächenzerkleinerung zum Verlust der wichtigen Bodenfeuchtigkeit. Eggen werden sehr vielseitig eingesetzt. Sie dienen sowohl dem Einebnen und Verdichten einer zu lockeren Oberfläche als auch der Auflockerung verkrusteter Böden bei der Saatbeetvorbereitung, der Zerstörung junger Unkrautpflanzen, dem Einarbeiten breitwürfig ausgestreuten Saatgutes und dem Herausreißen von Wurzeln (Quecke) und Knollen (Topinambur).

8.1.3 Fräsen

In der Landwirtschaft dient das Fräsen in erster Linie dem Zweck, Stoppeln und Gründüngerpflanzen zu zerhäckseln und gleichzeitig in den Boden einzuarbeiten. Die auf einer vom Schlepper angetriebenen, schnell rotierenden Welle sitzenden Fräsmesser zerkleinern bis zu einer Tiefe von 15 cm den Boden so, daß er für verschiedene Pflanzen saatfertig ist. Besonders auf ungenutzten Schneisen, Schnei-

Abb. 96. Motorfräse – sehr gut für Kleinflächen.

Abb. 97. Vom Traktor gezogene Ackerfräsen machen auch verwucherte Flächen zu anbaufähigen Äckern.

senrändern, Blößen und Brachflächen lassen sich durch Fräsen leicht Äsungsflächen schaffen. Allerdings darf der Boden nicht zu steinig sein. Pflanzen wie Raps, Ölrettich, Buchweizen, Kräuter- und Wildwiesenmischungen gedeihen auf Flächen, die nur gefräst wurden, stets gut.

8.1.4 Grubber

Die mit langen Federzinken versehenen Grubber stehen in ihrer Wirkung zwischen Pflug und Egge. Sie lockern, durchwühlen und mischen den Boden, ohne ihn zu wenden. So dienen sie vor allem dazu, die oft grobschollig daliegenden Äcker als Saatbeet herzurichten. Außerdem werden nicht bestellte Felder gegrubbert, um den Boden aufzulockern, aufwachsendes Unkraut zu unterdrücken und Dünger einzuarbeiten. Damit der Boden aber nicht zu sehr austrocknet, sollte im Frühjahr stets die Egge folgen, die auch mit dem Grubber gekoppelt werden kann. Geradezu ideal ist dieses Gerät, um im Spätwinter die dann für das Wild besonders wichtigen Topinamburknollen herauszureißen.

8.2 Düngung

Bei der Schaffung von Äsungsflächen wird die Düngung meist vernachlässigt. Besonders die ertragreichen Kulturplanzen wie Getreide, Kohl, Rüben, Kartoffeln, Raps etc. werden ohne zusätzliche Mineralien kaum die erwünschten Erträge an Äsung bringen, die das Wild dringend benötigt. In welcher Form Pflanzennährstoffe ausgebracht werden, ist eigentlich egal. Die von den Pflanzen benötigten Mineralien sind in chemisch stets gleichbleibender Form sowohl im Naturdünger (z. B. Kuhmist) als auch im Handelsdünger enthalten. Zwar ist dem Mist der Vorzug zu geben, zumal er eine gute Humusversorgung garantiert, doch bereitet seine Beschaffung stets große Schwierigkeiten. Humus wird in Ermangelung von Dung heute meist in Form von Gründünger in den Boden gebracht, und die von den Pflanzen in unterschiedlicher Dosierung benötigten Nährstoffe kommen einzeln oder auch in Form von Volldünger zur Anwendung. Zwar wird dabei häufig von "Kunstdünger" und "Gift" gesprochen, es handelt sich im Grunde aber um natürliche Mineralien, die der Boden ganz einfach für seine Fruchtbarkeit benötigt.

Bei der Neuanlage von Wildäckern oder -wiesen sollte man zunächst grundsätzlich eine Bodenuntersuchung vornehmen lassen, um eine genaue Kenntnis über den Vorrat der Grundnährstoffe Kalk, Phosphat, Kali und Magnesium zu erhalten. Dabei wird in pH-Werten zugleich auch die Stärke der im Boden befindlichen Säuren ermittelt. Der Vorrat an Stickstoff läßt sich nicht feststellen. Fehlende Nährstoffe werden sodann in genau abgewogener Dosierung ersetzt. Die Düngung muß also möglichst harmonisch gestaltet werden. Es darf kein Nährstoff fehlen, es sollte allerdings auch keiner im Überfluß vorhanden sein. Um den Sinn und Zweck der Düngung richtig zu verstehen, ist es vor allem wichtig, daß man weiß, was die Grundnährstoffe im einzelnen bewirken.

8.2.1 Kalk

Kalk (Calcium) beseitigt durch Abstumpfung oder Bindung im Boden vorkommende Säuren, die das Pflanzen- und Bakterienleben stark schädigen.

Abb. 98. Das dreifarbige Stiefmütterchen zeigt mit seinem Bewuchs versauerten Boden an.

Abb. 100, 101. Schafgarbe (oben) und Wegerich (unten) zeigen gute Kalkvorräte an.

Abb. 99. Die Kalkung bereitet im Winter, wenn der Boden gefroren ist, keine Probleme.

Mit Ausnahme von Serradella und Lupinen verlangen alle Schmetterlingsblütler (Leguminosen) sowie Rüben, Weizen, Kohl und Mais einen gut gekalkten Boden, den man bei Bodenuntersuchungen an der hohen pH-Zahl erkennt. Oft weisen schon Wildpflanzen wie Sauerampfer, Stiefmütterchen und Spörgel auf Kalkmangel hin. pH-Werte um 4 und 5 zeigen saure Böden an. Durch Kalkung lassen sich die Werte erhöhen. Den Wert 7 weist ein neutraler Boden auf. Bei pH-Werten über 7 bezeichnet man den Boden als alkalisch. Ein solcher Zustand sollte aber niemals durch Düngung angestrebt werden, denn einerseits verlangen viele Pflanzen einen leichten Säureanteil, andererseits wird durch übermäßige und häufige Kalkung der Stoffumsatz zu sehr gefördert. Humus- und Mineralstoffvorräte werden durch die mit der übertriebenen Kalkung enorm aktivierten Bodenbakterien in pflanzenlösliche Nährstoffe umgesetzt. Sie gelangen zum großen Teil ungenutzt in den Wasserkreislauf und werden ausgewaschen. Das führte zu dem Sprichwort: "Kalk macht reiche Väter und arme Söhne". Im Rahmen einer Erhaltungskalkung genügt es, wenn saure Böden auf Wildäckern in Abständen von 3–4 Jahren je nach Säuregrad und Pflanzenanbau mit 8–15 dt/ha kohlensaurem Kalk (bei Verwendung von Branntkalk die Hälfte) im Spätherbst oder frühen Frühjahr gedüngt werden.

8.2.2 Phosphat (Phosphorsäure)

Fördert bei den Pflanzen die Korn-, Samen- und Knollenausbildung und beschleunigt gleichzeitig die Reife. So läßt sich mit dem schnell wirkenden Superphosphat der Reifeprozeß z.B. bei Mais enorm beschleunigen, was besonders in Gegenden mit kurzen Sommern besonders hilfreich ist. Allgemein wird Phosphorsäure in Form von Thomasmehl oder Thomasphosphat ausgebracht. Das ist ein Vorratsdünger mit langer Wirkungsdauer. Der hohe Kalkanteil von 45% ist für den Boden zudem eine willkommene Zugabe. 3–4 dt/ha sind mangels genauer Kenntnis des Bodenvorrates übliche Gaben, die im Frühjahr vor der Aussaat ausgebracht werden. Besonders wichtig ist das Mineral auch für Wildwiesen, um die Kräuter und süßen Gräser zu fördern.

8.2.3 Kali (Kalium)

Zwar enthält Kali keine Baustoffe, die das Wachstum fördern, dennoch ist gerade dieses Mineral für die Pflanze unentbehrlich. Unter seiner Mitwirkung werden Stärke und Zucker gebildet sowie die Zellausbildung gefördert. Das macht die Pflanzen nicht nur schmackhafter, sondern sichert auch die Standfestigkeit. Ausreichend mit Kali versorgte Wildäcker, insbesondere solche mit Hackfrüchten einschließlich Raps und Klee, werden vom Wild viel besser angenommen und bieten auch länger Deckung. Mais und Topinambur z.B. bleiben nach ausreichender Kaliversorgung auch im Winter fest auf dem Halm stehen, weil die sich verstärkt bildenden Holzstoffe das Gewebe härter und fester gemacht haben. 3–4 dt/ha 40%iger Kali gelten in der Regel als ausreichende Düngergabe.

8.2.4 Thomaskali

In Anbetracht der Tatsache, daß alle Pflanzen sowohl Phosphorsäure als auch Kalium benötigen, werden aus arbeitstechnischen Gründen die beiden Mineralien als Mischdünger unter der Bezeichnung Thomaskali in einem ausgewogenen Verhältnis zueinander angeboten und im Frühjahr als Grunddünger ausgestreut.

8.2.5 Stickstoff

Das eigentliche Wachstum der Pflanzen bewirkt der Stickstoff. Er fördert außerdem den Eiweißgehalt der Pflanze. Allerdings sollte Stickstoff nur in Maßen gedüngt werden. Zu hohe Gaben, man erkennt das später an der dunkelgrünen Farbe der Pflanzen, mindern die Standfestigkeit. Es kommt zur Lagerfrucht. Auch die Reife wird bei übertriebener Düngung verzögert. Schließlich kann zuviel Stickstoff bei Weidevieh schwere Eiweißvergiftungen hervorrufen, was bei freilebenden Tieren allerdings nur selten beobachtet wird. Das Wild reagiert auf zu hohe Stickstoffgaben meist mit Ablehnung der auf dem Wildacker angebauten Pflanzen. In erster Linie beschränkt sich die Stickstoffdüngung auf solche Pflanzen, die viel Blattmasse und Eiweiß erzeugen, wie z.B. Kohl und Raps. Bei den Schmetterlingsblütlern (Leguminosen) jedoch, die den Stickstoff bekanntlich selbst aus der Luft sammeln, kann man auf dieses Mineral ganz verzichten.

In der Regel wird Stickstoff als Kalkammonsalpeter (2–3 dt/ha) ausgebracht. Er wirkt in dieser Form relativ schnell und zugleich nachhaltig. Eine besonders gute Langzeitwirkung hat Kalkstickstoff, der im Frühjahr auf den Wildäckern mit Hackfrüchten eingesetzt wird, weil er zugleich die aufkeimenden Unkräuter wirksam bekämpft. Soll Stickstoff sofort zur Wirkung kommen, z. B. bei spät gesätem Raps oder nach langen Trockenperioden, wenn es bei Wildwiesen darauf ankommt, daß sie schnell wieder ergrünen, dann wird Kalksalpeter gewählt, dessen Wirkung auf das Wachstum der Pflanzen innerhalb kürzester Zeit zu verzeichnen ist.

8.2.6 Volldünger

Die einzelnen Mineralien, einschließlich Magnesium und verschiedener Spurenelemente, sind in ausgewogener Form auch im Volldünger enthalten. Wurde keine Bodenanalyse duchgeführt, empfiehlt es sich, einen solchen Mehrstoffdünger z. B in Form von Blaukorn zu wählen.

Seine Anwendung hat zum einen den Vorteil der Arbeitsersparnis, zum anderen unterlaufen bei Einhaltung der empfohlenen Aufwandmengen keine Düngungsfehler. So kann Volldünger auch bedenkenlos in bereits höher gewachsene Pflanzenbestände geworfen werden, ohne daß es zu schädlichen Verbrennungen führt. Für die großflächige Anwendung ist Volldünger zu teuer.

8.2.7 Gründünger

Diese natürliche Art der Bodenverbesserung geschieht mit Pflanzen, insbesondere Stickstoffsammlern, die zur Düngung grün oder abgestorben untergepflügt werden.

Besonders der gezielte Anbau der den Stickstoff aus der Luft sammelnden Leguminosen ist nicht nur wirtschaftlich, sondern auch ökologisch sehr interessant. So gelten Klee- und Hülsenfrüchte als beste Vorfrucht, denn sie versorgen nicht nur sich selber, sondern auch die nachfolgenden Pflanzen ausreichend mit Stickstoff, der mittels der Knöllchenbakterien in den Wurzeln gespeichert wird. Gleichzeitig wird das Äsungsangebot bereichert.

Abb. 102. Gründüngerpflanzen (hier Winterwikken) werden zur Bodenverbesserung untergepflügt.

Auch die als Zwischenfrüchte angebauten Gründüngerpflanzen wie Raps, Senf und Ölrettich gelten als besonders wildfreundlich. Zwar liefern sie keinen Stickstoff, dafür aber viel Grünmasse zur Humusbildung, die im Herbst und Winter zugleich gute Äsung und Deckung liefert. Den Hauptgrund für den Anbau dieser Pflanzen aber sieht der erfahrene Landwirt darin, daß die mit Gülle ausgebrachten und im Rahmen der Mineralisierung freiwerdenen Nährstoffe festgelegt werden, statt daß sie ins Grundwasser gelangen. Durch die tiefe Bewurzelung wird das Erdreich aufgeschlossen, wodurch sich wiederum das Bakterienleben enorm aktiviert und somit die Bodengare ganz wesentlich verbessert. Neueste Erkenntnisse aus der Landwirtschaft führen zu der Empfehlung, nach dem Anbau von Zwischenfrüchten nur noch zu fräsen und auf das Pflügen ganz zu verzichten. Es kommt also im wesentlichen auf die Bewurzelung und weniger auf das Unterpflügen der Grünmasse an. Für das Wild bringt diese Erkenntnis den großen Vorteil, daß mit Zwischenfrüchten bestellte Felder oft auch über Winter stehenbleiben.

8.3 Anlage von Äsungsflächen

Die Art der zu schaffenden Äsungsflächen richtet sich nicht nur nach dem Nahrungsbedarf der vorkommenden Wildarten, sondern auch nach den zeitlich und örtlich im Revier vorherrschenden Gegebenheiten. In reinen Feldrevieren, in denen nur wenig Niederwild und kaum Schalenwild vorkommt, würde z. B. ein Wildacker mit reiner Sommeräsung kaum Beachtung finden. In solchen Gebieten kommt es darauf an, für die lange Zeit der Vegetationsruhe Äsung und Deckung anzubieten. Es muß auch nicht in jedem Fall ein großartiger Wildacker sein, zumal dieser den höchsten Aufwand erfordert; oftmals genügt schon ein Äsungsstreifen an Schneisen, Wegerändern und unter Stromleitungen. Dort, wo die Bodenverhältnisse eine Bearbeitung unmöglich machen, wird man sich mit der Schaffung von Daueräsungsflächen beschäftigen müssen. Aber wie auch immer die örtlichen Revierverhältnisse beschaffen sind, die Vielzahl der heute zur Verfügung stehenden Pflanzen und Methoden erlaubt es, in jedem Revier Optimales zu tun.

8.3.1 Standardwildacker

In wildreichen Hoch- und Niederwildrevieren kommt es im wesentlichen darauf an, über einen langen Zeitraum gute Äsung und ausreichende Deckung anzubieten. Um das Wild mit einem entsprechenden Pflanzenangebot ans Revier zu binden und zur Vermeidung von Wildschäden an anderen Kulturpflanzen fernzuhalten, sollte man bei der Anlage eines Wildackers grundsätzlich von der Überlegung ausgehen, eine Äsungsfläche zu schaffen, die als Ersatz für die künstliche Fütterung anzusehen ist. Die Pflanzenauswahl muß deshalb so getroffen werden, daß Äsung und Deckung vom Sommer über Herbst und Winter bis in das nächste Frühjahr hinein zur Verfügung stehen.

Schon aus diesem Grund, aber auch um den tatsächlichen Lebensbedürfnissen der einzelnen Wildarten annähernd gerecht zu werden, müssen die Flächen aufgeteilt und mit verschiedenen Pflanzen bestellt werden. Neben der ausreichenden Qualität der Äsung und Deckung kommt es außerdem darauf an, daß wir entsprechend den Ansprüchen des Schalenwildes die von der künstlichen Fütterung her bekannten drei Komponenten zur Verfügung stellen: Kraftfutter, Saftfutter, Rauhfutter.

Diese Voraussetzungen und zugleich eine gesicherte Langzeitwirkung erfüllen, nebeneinander angebaut, insbesondere folgende Pflanzen: Westfälischer Furchenkohl (Saftfutter), Topinambur (Rauhfutter) und Rotklee (Sommeräsung). Sie gedeihen auf fast allen Böden, die sich bearbeiten lassen und eignen sich in dieser Zusam-

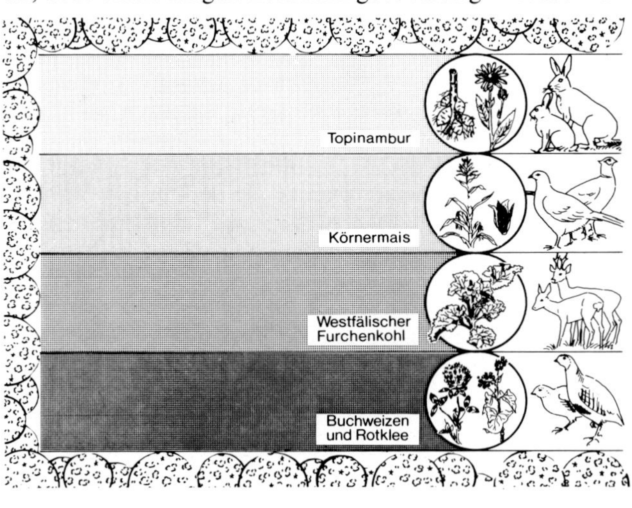

Abb. 103. Wildäcker mit mehreren nebeneinander angebauten Pflanzen bieten vielen verschiedenen Haar- und Federwildarten nicht nur gute Äsung, sondern auch über einen längeren Zeitraum Deckung. Der besondere Vorteil der Standardwildäcker: sie ersetzen die mit großem finanziellen Aufwand und viel Arbeit verbundene künstliche Fütterung weitestgehend.

Abb. 104. Standardwildacker im Spätsommer: Topinambur, Furchenkohl und Mais bieten Äsung, Schutz und Deckung.

Abb. 105, 106. Gierig angenommen: Furchenkohl und Steckrüben.

Abb. 107. Körnermais auf einer Brandschneise im „Wild und Hund"-Versuchs- und Lehrrevier in Lanze.

mensetzung für alle Wildarten, sei es in Feld- oder Waldrevieren.

Größe und Standort eines solchen Wildackers richten sich zunächst einmal nach Art und Zahl des vorkommenden Wildes. In einem Niederwildrevier mit einem normalen Rehwildbestand sollte pro 100 Hektar Revierfläche ein Wildacker in der Größe eines Morgens (2500 m²) angelegt werden. In einem Hochwildrevier muß der Acker entsprechend der Wilddichte erheblich größer sein.

8.3.2 Wildwiese

Wildwiesen bieten in der Hauptsache Sommeräsung an. Von den dort wachsenden Gräsern und Kräutern sterben die oberirdischen Teile bei den ersten stärkeren Frösten meist ab oder verdorren oft schon vorher. Aus diesem Grunde lohnt die Anlage einer speziell für das Wild geschaffenen Wiese in Niederwildrevieren in der Regel meist nicht, zumal z. B. das Reh aufgrund seines Sozialverhaltens im Sommer als Einzelgänger lebt und somit die große Menge an Grünmasse nur wenig nützt. Wenn allerdings die Pflegekosten und der Arbeitsaufwand gegen kostenloses Überlassen des Heuertrages von interessierten Landwirten übernommen werden, gelten Grünlandflächen durchaus als interessante Bereicherung des Biotops. Sie verbessern nicht nur das Sommeräsungsangebot mit wertvollen

Tabelle 12: Bestellung und Fruchtfolge des Standardwildackers

	Teil I	Teil II	Teil III	Teil IV
1. Jahr	Westfälischer Furchenkohl	Körnermais	Buchweizen + Rotklee	Topinambur
2. Jahr Topinambur	Körnermais	Westfälischer	Furchenkohl	Rotklee
3. Jahr	Körnermais	Buchweizen + Rotklee	Westfälischer Furchenkohl	Topinambur
4. Jahr	Westfälischer Furchenkohl	Rotklee	Körnermais	Topinambur

Abb. 108. Auf großen Wildäckern wird im „Wild und Hund"-Revier ausreichende Äsung angeboten.

Kräutern, sondern bieten dem Wild und der Vogelwelt auch die bevorzugt angenommenen Kinderstuben und Brutplätze. Um Jungwild nicht zu gefährden, sollte die jährlich mindestens einmal notwendige Mahd jedoch erst ab Juli erfolgen.

Noch interessanter ist eine Dauergrünlandäsungsfläche in Hochwildrevieren. Zwar dient sie auch dort nicht primär als Äsungsfläche, doch läßt sich eine Wildwiese beim wiederkäuenden Hochwild zur Gewinnung von Heu oder Grassilage für die Winterfütterung viel besser nutzen. Rehwild nimmt bekanntlich beides nicht an.

Bei der Neuanlage von Wildwiesen ist es besonders wichtig, den Grasanteil gering zu halten, da sich Gräser ohnehin sehr schnell einstellen und vermehren, dafür aber möglichst viele Kräuter einzubringen (es gibt im Fachhandel spezielle Wildkräutermischungen). Besonders die in der Kulturlandschaft immer seltener werdenden Wildkräuter, die als Heilkräuter auch für die Tierwelt von großer Bedeutung sind, lassen sich auf Wildwiesen ansiedeln. Die meisten dieser Pflanzen gedeihen allerdings nur auf Böden mit hohen pH-Werten. Es kommt also oft ganz wesentlich darauf an, die Böden nach vorhergehender Untersuchung ausreichend mit Kalk zu versorgen.

Mineraldünger dagegen darf nur in Maßen zur Anwendung kommen. Stickstoff z. B. sorgt wohl für große Grünmasse, wirkt sich aber sehr negativ auf die Schmackhaftigkeit der Pflanzen aus. Deshalb sollte man bei Wildwiesen auf Kalkammonsalpeter am besten ganz verzichten. Dagegen verbessern Phosphorsäure und Kali die Äsungsqualität und fördern eine vielseitige Pflanzengesellschaft. Diese beiden Mineralien werden im Frühjahr in Form von Thomaskali ausgebracht.

8.3.3 Niederwildacker

Der Rückgang des Niederwildes, insbesondere der Hasen und Rebhühner, hängt zweifellos mit der starken Reduzierung der Unkrautflora zusammen. Es sind vor allem die die Kulturpflanzen begleitenden Wildkräuter, die als Heilkräuter für diese Wildarten lebenswichtig sind. Aber auch alte Kulturpflanzen, wie Lein, Klee, Luzerne und verschiedene Hülsenfrüchte, die vom Niederwild bevorzugt geäst werden, findet man kaum noch in der heutigen Feldmark. Dort, wo Sozialbrachen und andere unrentable Ackerflächen anfallen, sollten diese

Abb. 109, 110. Für Verbißgärten haben sich die außerordentlich schnellwüchsigen Salweiden (Salix caprea) sehr gut bewährt. Sie liefern nicht nur reichlich Proßholz, sondern auch eine vorzügliche Bienenweide. Salweiden vermehren sich in der Natur allerdings nur über die Samen.

Felder als Niederwildäcker genutzt werden, bevor sie restlos vergrast sind und dann bekanntlich nichts mehr bieten.

Die Anlage solcher Flächen ist einfach. Nach dem Pflügen und Abeggen im April wird breitwürfig ein Gemisch aus Lein (Flachs), Buchweizen, Hirse, Rotklee, Luzerne, Erbsen, Wicken und Lupinen ausgesät und eingeeggt. Die Unkräuter stellen sich von alleine ein. Im zweiten Jahr ist eine Bearbeitung meist überflüssig. Danach allerdings muß wieder gepflügt oder gegrubbert und neu eingesät werden, denn die Unkrautflora hält sich nur dort, wo eine Bodenbearbeitung stattfindet. Eine leichte Düngung mit Thomaskali schadet in keiner Weise, sondern unterstützt vor allem die besonders wichtigen Schmetterlingsblütler.

8.3.4 Verbißgarten

Die vom Wild besonders gerne angenommenen Gehölze werden in sogenannten Verbißgärten, hauptsächlich in Waldrevieren, angepflanzt und dienen dazu, Schalenwild und Hasen von gefährdeten Forstkulturen abzulenken. Auf unkrautfreien und mit Nährstoffen (Kalk und Thomaskali) gut versorgten Flächen werden in erster Linie Weichhölzer gepflanzt, die als besondere Leckerbissen gelten und zugleich ein hohes Ausschlagvermögen (Regenerationsfähigkeit) besitzen. Gut geeignet sind Weiden, Pappeln, Robinien, Ebereschen, Weißdorn, Wildäpfel, Kornelkirschen, Eichen, Weißbuchen, Eschen und Aspen. Die Pflanzung im Herbst oder Frühjahr erfolgt im 1 Meter-Verband. Während der etwa 2 Jahre dauernden Anwuchsphase ist eine Umzäunung (Gatterung) notwendig.

Danach, wenn die Pflanzen eine Mindesthöhe von 1,5 m erreicht haben, wird der Verbißgarten für das Wild geöffnet. In Rotwildrevieren bleiben die Zäune im Sommer geschlossen, damit sich die Pflanzen erholen können. Um große Schlag- und Fegeschäden durch die Hirsche zu vermeiden, erfolgt die Freigabe erst nach der Brunft. Im März/April sind die Flächen dort wieder zu schließen. In Rehwildrevieren dagegen bleiben Verbißgärten nach der Anbauphase grundsätzlich ganzjährig dem Wild als Äsungsfläche und Einstand zugänglich.

8.3.5 Hasengartenmischung

Die Äsungsgrundlagen für den Feldhasen sind durch den Herbizideinsatz in der

Landwirtschaft zum Teil erheblich zerstört worden. Die Veränderungen in der Vegetation haben die Lebensbedingungen für den auf eine vielseitige Ernährungsweise angewiesenen "Mümmelmann" zunehmend verschlechtert. So werden heute viele Krankheiten, insbesondere solche mit Durchfallerscheinungen, in erster Linie auf nicht artgerechte Äsung zurückgeführt.

Wissenschaftlich durchgeführte Magenuntersuchungen z.B. haben gezeigt, daß Hasen 77 verschiedene Pflanzen aufnehmen, von denen die meisten Wildkräuter sind. Gerade solche mit Heilwirkung sollten auf Wildäsungsflächen speziell für den Hasen angebaut werden. Die im Versuchs- und Lehrrevier von Wild und Hund entwickelte Hasengartenmischung enthält neben 8 verschiedenen Gräsern und 7 Kleesorten besondere Heilpflanzen wie Anis, Bellis, Fenchel, Hahnenfuß, Hirtentäschel, Wilden Kümmel, Löwenzahn, Wilde Möhre, Wilde Petersilie, Pimpinelle, Schafgarbe, Vogelmiere und Wegerich.

Es genügt, dieses Pflanzengemisch auf Kleinflächen in der Größe zwischen 500–1000 m^3 anzubauen. Oft bieten sich dafür stille Feldwege mit breiten Wegerändern, ungenutzte Schneisen und Blößen an. Um stets junges Grün anzubieten, sollten die Kräuterwiesen einmal im Jahr (im Juli) gemäht werden.

Abb. 111. Hasengartenmischung – eine Vielzahl von Kleearten, Gräsern und Kräutern.

8.3.6 Proßholzflächen

Als Proßholz bezeichnet man die holzigen Zweige samt Rinde der Weichhölzer und Obstbäume, die von Schalenwild, Hasen und Kaninchen besonders gerne angenommen werden. Zusätzlich zur Äsungsverbesserung angelegte Flächen werden in erster Linie mit Pflanzen bestückt, die sehr regenerationsfähig sind, d.h. die sich laufend auf den Stock setzen lassen und im Folgejahr wieder ausschlagen.

Hervorragend geeignet sind die schnell hochwachsenden Weiden, Pappeln und Aspen. Ob es sich um Kopfweidenanlagen handelt oder um Pappelpflanzungen und Weidendickichte, alle vier bis fünf Jahre sollten die langen Zweige und Äste zurückgeschnitten werden, damit sich die Bäume und Sträucher verjüngen. Bei dieser Fütterung mit der Axt fällt Knospen-, Trieb- und Rindenäsung an, die sich durch einen besonders hohen Anteil an Spurenelementen auszeichnen. Der reiche Gehalt an Calcium und Phosphor der Weiden und Aspen bewirkt eine starke Verminderung der Schälschäden an den weniger schmackhaften und gehaltvollen Fichten und Buchen. Proßhölzer werden im Frühwinter geschnitten und ausgelegt. Vor allem sollte

Abb. 112, 113, 114. Falsche Akazie; die auf den Stock gesetzten Robinien bilden schnell wieder dichtes Gebüsch. Weitere Vorteile: Gute Bienenweide und menschenabwehrende Stacheln.

das beim Obstbaumschnitt in den Hausgärten anfallende Reisig von Apfel, Birne und Kirsche ins Revier gefahren werden. Bis zum Frühjahr sind sämtliche Zweige meist schneeweiß geschält und alle zarten Triebe und Knospen abgeäst.

8.3.7 Äsungsstreifen im Wald

In der heute allenthalben intensiv genutzten Land- und Forstwirtschaft bereitet es oft große Schwierigkeiten, Flächen für die Biotopverbesserung zu erhalten. Im Wald sind es meist nur die ungenutzten Schneisen, die durch Junganlagen führen, Schneisenränder und die Trassen der Lichtleitungen und Hochspannungen, die sich für die Äsungsverbesserung anbieten. Ihre Eignung ist stark vom einfallenden Licht abhängig, dessen Intensität sich im natürlich vorhandenen Pflanzenbewuchs äußert. Sonnenbeschienene Schneisen, die in Nord-Süd-Richtung verlaufen und einen üppigen Grasbewuchs aufweisen, bieten sich förmlich an. Die Herrichtung solcher Streifen zu Äsungsflächen ist einfach. Zwar gibt es keine zeitliche Begrenzung für Bodenbearbeitung und Neueinsaat, am

Tabelle 13: Fruchtfolge auf Äsungsstreifen

	Schneise I	Schneise II	Schneise III
1. Jahr	Buchweizen	Raps	Waldstaudenroggen
2. Jahr	Raps	Waldstaudenroggen	Waldstaudenroggen + Klee
3. Jahr	Waldstaudenroggen	Waldstaudenroggen + Klee	Klee
4. Jahr	Waldstaudenroggen + Klee	Klee	Buchweizen
5. Jahr	Klee	Buchweizen	Raps

einfachsten allerdings ist es im Frühjahr. Der vorhandene, aber größtenteils abgestorbene Grasbewuchs läßt sich dann am leichtesten entfernen. Die Umwandlung kann durchaus mit einer Motorfräse bewerkstelligt werden, einfacher aber lassen

Abb. 115. Die durch Waldgebiete führenden Lichtleitungstrassen bieten sich als Äsungsstreifen an.

sich Schneisen, Randstreifen und Lichtleitungstrassen mit einer vom Traktor gezogenen Ackerfräse bearbeiten. In zwei Arbeitsgängen werden alter Pflanzenbewuchs und Grasnarbe mit dem Erdreich vermulcht. Der Bestellungsplan sieht folgendermaßen aus:

1. Jahr (April–Juni) Buchweizen
2. Jahr nach erneutem Fräsen (Mai–Juli) Akela-Raps
3. Jahr nach Fräsen (Juli–August) Waldstaudenroggen
4. Jahr ohne Bodenbearbeitung (April) Kleeeinsaat. Im August wird der ausgereifte Roggen gemäht. Danach Stoppelklee.
5. Jahr keine Bodenbearbeitung, der Rotklee kommt wieder und wird im Juli einmal gemäht.

8.3.8 Zwischenfruchtanbau

Unter Zwischenfruchtanbau versteht man den Anbau verschiedener Gründüngungs- und Futterpflanzen zwischen zwei Hauptfrüchten. Diese in erster Linie der Bodenfruchtbarkeit dienenden Maßnahmen werden unterschiedlich nach 3 verschiedenen Methoden durchgeführt.

Untersaaten

Das Saatgut von Klee, Luzerne, Klee-Gras-Gemischen, Weidelgras oder Serradella wird im Frühjahr breitwürfig z. B mittels Düngerstreuer zusammen mit Mineraldünger oder mit der Drillmaschine in die Winter- oder Sommersaaten des Getreides gesät. Roggen, Weizen oder Gerste dienen bis zur Ernte als Deckfrucht, danach wächst die inzwischen mit guten Wurzeln versehene Zwischenfrucht schnell zum dichten Bestand heran (z. B. Stoppelklee).

Stoppelsaaten

Nach Aberntung des Getreides wird in die geschälte oder gefräste Stoppel das Saatgut schnellwachsender Zwischenfrüchte eingesät. Besonders bewährt haben sich Lupinen, Futterraps, Stoppelrüben, Senf, Ölrettich, Phacelia und Hülsenfrüchte wie Erbsen, Wicken, Ackerbohnen und Lupinen.

Abb. 116. Zwischenfrüchte, wie hier Felderbsen und Lupinen im Gemisch, dienen nicht nur der Bodenfruchtbarkeit, indem sie Stickstoff und Humus einbringen, sondern gelten auch als vorzügliche Äsungs- und Deckungspflanzen.

Abb. 117. Für den Hasen gibt es nach der Getreideernte eine große Umstellung. Er steht von heute auf morgen vor deckungs- und äsungslosen Flächen. Mit Stoppelsaaten kann schnell und einfach Abhilfe geschaffen werden.

Winterzwischenfrüchte

Hierbei handelt es sich um frostharte Pflanzen, wie Winterrübsen, Winterraps, Grünroggen, Winterwicken und Welsches Weidelgras, die im Frühherbst in die abgeernteten Felder ausgesät werden, im folgenden Frühjahr bis zur nachfolgenden Hauptfrucht heranwachsen und dann meist als Grünfutter geerntet werden.

In erster Linie dient der Zwischenfruchtanbau der Bodenverbesserung. Da die meisten Pflanzen jedoch zugleich sehr schmackhaft sind, werden sie vielfach auch für Futterzwecke angebaut.

Einen besonderen Nutzen aus dem zusätzlichen Pflanzenangebot zieht das Wild. Besonders die einzelnen Niederwildarten profitieren von der z.T. winterharten Äsung und guten Deckung, die in kahlen Feldrevieren im Spätherbst und Winter oft als einzige Vegetation Schutz vor den Unbilden der Witterung und den natürlichen Feinden bietet.

In den landwirtschaftlich intensiv genutzten Gebieten mit guten und somit sehr begehrten Böden gibt es kaum Möglichkeiten, Wildäcker anzulegen. In solchen Revieren lassen sich für die vegetationslose Zeit nur über den Zwischenfruchtanbau Äsungs- und Deckungsverbesserungsmaßnahmen durchführen. Dabei hat sich folgende Methode in der Praxis bewährt: Die Revierinhaber stellen interessierten Landwirten kostenlos das Saatgut geeigneter Pflanzen wie Raps, Ölrettich usw. zur Verfügung, die es im Hinblick auf die zu erwartende Bodenverbesserung auf jene Flächen aussäen, die erst im Frühjahr umgepflügt werden müssen. So können selbst innerhalb kahler Feldreviere mit relativ geringen Mitteln wirksame Biotopverbesserungsmaßnahmen durchgeführt werden.

8.4 Übersicht wichtiger Äsungs- und Deckungspflanzen

Sorte/wiss. Name	Saatzeit	mögliche Erträge Körner/Knollen Saatmengen	dt/ha	Stroh/Blatt dt/ha
Weizen *(Triticum aestivum)*	Oktober/November	180–200 kg/ha	30–60	60–70
Roggen *(Secale careale)*	August/September/ Oktober	120–150 kg/ha	30–60	60–70
Waldstaudenroggen *(Secale multicaule)*	August/September/ Oktober	120–150 kg/ha	20–30	ca. 50
Gerste *(Hordeum vulgare)*	September/Oktober März/April	120–150 kg/ha	30–50	30–50
Hafer *(Avena satira)*	April/Mai	100–140 kg/ha	25–50	30–50
Körnermais *(Zea mays)*	15. April/Mai	30–50kg/ha	40–70	30–70
Runkelrübe *(Beta vulgaris alba)*	März/April/Mai	Pilliertes Saatgut	500–1000	200–600
Zuckerrübe *(Beta vulgaris altissima)*	März/April/Mai	Pilliertes Saatgut	300–400	200–250
Winterraps *(Brasica napus oleifera)*	Mai bis September	10–15 kg/ha	15–20	300
Steckrübe *(Brasica Napus rapifera)*	Saatzeit:April Pflanzzeit: Juni	500–800 g/ha	500–1000	50–100
Stoppelrübe *(Brassica rapa)*	Juli/August	2 kg/ha	200–400	
Westf. Furchenkohl	März/April	3–4 kg/ha		400
Blattstammkohl	März/April	3–4 kg/ha		400
Rübsen (Perko)	September	8–12 kg/ha		bis 1000
Ölrettich *(Raphanus oleiferus)*	April bis September	10–20 kg/ha	12	500–600
Senf *(Sinapis alba)*	August/September	8–12 kg/ha		
Kartoffel (Hansa)	April/Mai	15–20 dt/ha	200–300	
Topinambur (Bianca) *(Helianthus tuberosus)*	April/Mai	15 dt/ha	100–200	ca. 100
Sonnenblume *(Helianthus annuus)*	April bis Juli	20–30 kg/ha		ca. 400
Ackerbohne *(Vicia faba)*	Februar/März	200 kg	20–40	
Sojabohne *(Glycine soja)*	April bis Juni	100 kg/ha	ca. 20	ca. 30
Felderbsen	März/April	ca. 180 kg/ha	40–50	
Winter-/Zottelwicke *(Vicia villosa)*	August/September	ca. 150 kg/ha	20	30–40
Gelbe Süßlupine *(Lupinus spec.)*	April bis Juni	150 bis 200 kg/ha	24–60	400–600
Einj. Bitterlupine	April bis August	150 bis 200 kg/ha	24–60	400–600
Rotklee *(Trifolium pratense)*	April/Mai unter Deckfrucht	20 kg/ha		200–400
Alexandriner Klee *(Trif. alexandrinum)*	April/Mai	20 kg/ha		200–400
Perserklee *(Trif. resuqinatum)*	April/Mai	20 kg/ha		300–500

Sorte/wiss. Name	Saatzeit	mögliche Erträge Körner/Knollen Saatmengen	dt/ha	Stroh/Blatt dt/ha
Esparsette *(Ononbrychis viciifolia)*	April/Mai	160–200 kg/ha		120–250
Luzerne *(Medicaga sativa)*	April/Mai	25–30 kg/ha		60–120 Heu
Buchweizen *(Fagopryrum esculentum)*	April bis Juli	50–60 kg/ha	15–20	
Körnerhirse (Express)	April/Mai	ca. 25 kg/ha	20–30	30–50
Serradella *(Ornithopus sativus)*	April/Mai	35–50 kg/ha		ca. 200
Flachs *(Linum usitatissimum)*	April/Mai	80–100 kg/ha	8–25	20–40
Möhre (Weseler) *(Daucus carota)*	März/April	4–5 kg/ha	300–500	
Spörgel *(Spergula arvenis)*	April/Mai	20 kg/ha	6–7	80
Büschelschön *(Phacelia tanacetifolia)*	Mai bis August	12–15 kg/ha		

8.5 Deckungsbeschaffung

Der Rückgang vieler Wild- und Vogelarten ist in erster Linie auf die grundlegenden Veränderungen der Landschaft zurückzuführen. Insbesondere in den Feldfluren haben Rodungen von Hecken, Feldgehölzen, Streuobstgärten und einzelnen Bäumen und Büschen zu einer ernsten Biotopverschlechterung geführt. Durch Anlage von Feldgehölzen, Vogelschutzanlagen und Hecken leisten Jäger und Naturschützer einen entscheidenden Beitrag zur ökologischen Stabilität der landwirtschaftlich genutzten Räume.

8.5.1 Hegebüsche, Feldholzinseln, Remisen

Die unter verschiedenen Bezeichnungen von engagierten Jägern auf Initiative und mit Unterstützung der Landesjagdverbände durchgeführten Schutzpflanzungen im Feld dienen vor allem dazu, dem Niederwild in der deckungslosen Zeit Unterschlupf, Nahrung, Brut- und Aufzuchtmöglichkeit zu bieten. Diese Wildhegeflächen werden so angelegt, daß sie als Ökozellen komplexe Lebensgemeinschaften von

Abb. 118. Kopfweiden sind besonders schützenswert, denn sie bieten vielen Höhlenbrütern, insbesondere den Enten, ausgezeichnete Brutplätze.

Pflanzen, Tieren und Insekten bilden. Neben den beiden wichtigsten Komponenten Nahrung und Deckung müssen in der Anlage auch Tränken, Huderplätze, Nistgelegenheiten und Schlafmöglichkeiten zur Verfügung stehen.

Abb. 119. Hecken haben ihre ökologische Funktion nur, wenn sie laufend zurückgeschnitten werden.

Die Bepflanzung erfolgt in verschiedenen Stufen, die vom Rand her mit einer 2–3 m breiten Saumzone aus niederen Kräutern und Stauden, insbesondere Brombeeren, Ginster, Weidenröschen u.ä. beginnt. Daran schließt sich die etwa 5 m breite Mantelzone an, ein Heckenstreifen aus Dornengewächsen und samen- und beerentragenden Sträuchern. Die als Kernzone bezeichnete Mitte enthält nach Möglichkeit einen Tümpel und bei entsprechender Größe des Komplexes auch einen Wildacker. Die Restbepflanzung erfolgt mit Bäumen wie Eichen, Hainbuchen, Erlen, Feldahorn und Eberesche, die sich durch hohes Ausschlagvermögen auszeichnen. Sie werden, um stets einen dichten Bestand zu gewährleisten, später bei Bedarf auf den Stock gesetzt.

8.5.2 Hecken und ihre Pflege

Die in Reihenpflanzung für den Windschutz als Feldabgrenzung (Knicks) und zur Ummantelung von Gewässern, Feldgehölzen und Bauwerken gepflanzten Hekken sind bei der Niederwildhege von großer Bedeutung. Die meist dichten Dornen- und Beerensträucher gewähren Schutz vor natürlichen Feinden, bieten Kleinvögeln und Wildgeflügel Brutmöglichkeiten und vielen Tieren Nahrung in Form von Beeren, Samen, Proßholz und Insekten. Für die Pflanzung kommen nur solche Sträucher infrage, die als Samen- und Beerenspender bei der Vogelwelt beliebt sind oder als Weichhölzer wertvolles Proßholz liefern. Die wichtigste Voraussetzung für alle

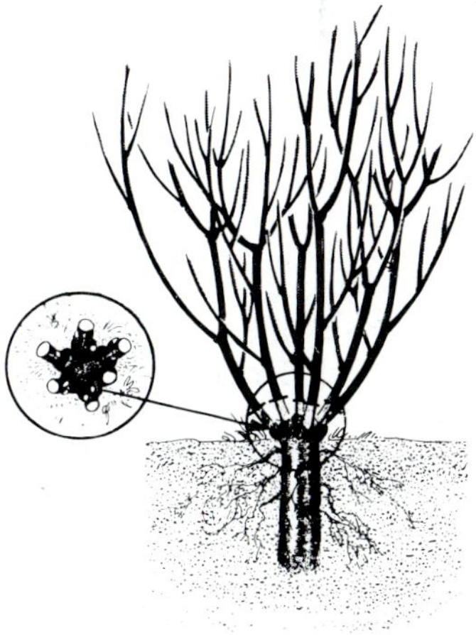

Abb. 120. Besenhecken wie hier bringen dem Wild nichts. Sie müssen auf den Stock gesetzt werden.

Abb. 121. Durch Schaffung von Unterholz erhalten Pappelwälder einen hohen ökologischen Wert.

Heckenpflanzen aber ist, daß sie den Schnitt vertragen und ein hohes Wiederausschlagvermögen besitzen. Diese Regenerationsfähigkeit ist deshalb von besonderer Wichtigkeit, weil Hecken nur dann ihre ökologische Bedeutung behalten, wenn sie in Abständen von 6–8 Jahren auf den Stock gesetzt werden. Nur bei einer solchen Verjüngung läßt sich auf Dauer ein dichter, schutzspendender Bewuchs erhalten.

8.5.3 Schaffung von Unterholz

Viele Feldgehölze bieten dem Wild und der Vogelwelt oft nur unzureichende Lebensbedingungen, so daß ihr ökologischer Wert fast bedeutungslos wird. Es fehlt einfach an der niederen Deckung. Ob es sich um Pappelanlagen, Erlenbrüche oder Feldholzinseln handelt, als Hegebüsche sind Baumstücke nur dann interessant, wenn dichtes Unterholz Schutz und Sicherheit während der Setz- und Brutzeit, vor allem aber im Winter bei Schnee gewährleistet. Oft läßt sich schon dadurch Abhilfe schaffen, daß eine Durchforstung vorgenommen wird, die für Lichteinfall sorgt und somit nicht nur die Voraussetzung für dichte

Abb. 122. Auf den Stock gesetzte Roterlen bilden schnell wieder ein dichtes Gebüsch. Sie wachsen auch in stauender Nässe.

Stockausschläge schafft, sondern auch den niederen Sträuchern, insbesondere Brombeeren und Himbeeren, gute Wachstumsbedingungen bereitet.

Einseitig angelegte Feldgehölze sowie Pappelpflanzungen, lichte Eichen- und Erlenwäldchen und Kiefernalthölzer lassen sich leicht durch den Unterbau schattenverträglicher Sträucher wildgerecht gestalten. Gut geeignet für die Bepflanzung kahler Altholzbestände sind Schwarzer Holunder, Faulbaum, Pfaffenhütchen, Hainbuche, Wolliger Schneeball, Fasanenspiräe, Liguster, Traubenkirsche und Weißdorn.

8.5.4 Stecklingspflanzung

Die Gehölzvermehrung durch Stecklinge ist die einfachste und billigste Methode, um schnell dauerhafte Äsung und Deckung zu schaffen. Graben- und Wegeränder, Böschungen, Teichufer, Brachländereien, Ackerraine und staunasse Wiesen sind nur ein Teil der vielen Möglichkeiten, die sich in jedem Revier zum Begrünen durch Stecklingspflanzen anbieten.

Zwar lassen sich neben vielen Zierpflanzen auch eine ganze Reihe unserer Bäume und Sträucher vegetativ über den Steckling vermehren, bei den meisten aber ist es kompliziert, weil sie zunächst im Pflanzenbeet oder gar unter Glas vorgezogen werden müssen. Direkt ins Freiland lassen sich eigentlich nur Weiden und Pappeln stekken, von denen aus ökologischer Sicht den Weiden der Vorzug zu geben ist, denn mit Ausnahme der Salweide *(Salix caprea)* lassen sich alle *Salix*-Arten aus Steckhölzern nachziehen. Aus den einjährigen Trieben werden zur Zeit der Saftruhe 20–25 cm lange, knapp daumendicke Hölzer geschnitten. Diese Arbeit läßt sich am schnellsten mit einer scharfen Baumschere bewerkstelligen.

Am zweckmäßigsten ist es, standortgerechte Weiden zu wählen. Für die Begrünung feuchter Uferzonen schneidet man die Stecklinge aus den in stauender Nässe wachsenden Wasserweiden, z. B. Knackweiden *(Salix fragilis)*. Baumweiden *(Salix alba)* eignen sich für Ton- und Kiesböden. Die vielen Varianten der Reifweiden lassen sich als ausgesprochene Pioniergehölze selbst auf ärmsten Standorten ansiedeln.

Die im Winter geschnittenen Stecklinge

Abb. 123, 124. Mit eingeschlagenen Weidenpfählen läßt sich ein Gewässerrand schnell begrünen.

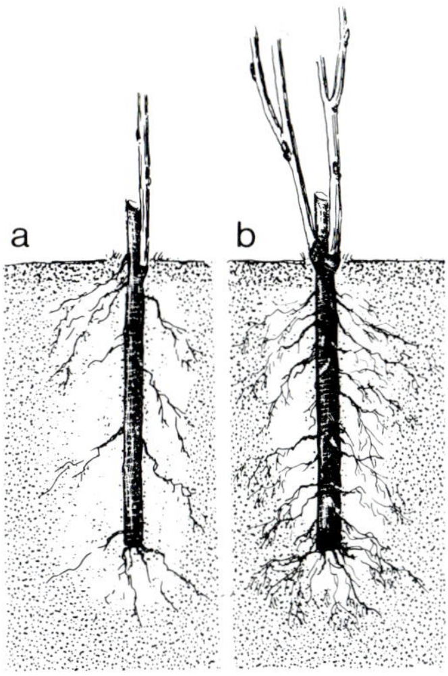

Abb. 125. Einjährige Stecklinge; rechts besonders gut entwickelt.

werden gebündelt und in feuchten Sand oder Torf eingelagert. Ab Ende März, wenn der Boden frei ist, erfolgt das Abstekken ins Freiland. Die Hölzer werden im Meter-Verband mit der Hand senkrecht so tief in das Erdreich gesteckt, daß noch 1–2 Augen (Knospen) herausragen. Bereits im ersten Jahr wachsen aus den Stecklingen mehrere ein bis zwei Meter hohe Triebe, die sich in den folgenden Jahren beasten und somit schnell dichtes Gebüsch bilden.

An stark verunkrauteten, feuchten Stellen empfiehlt es sich, statt der Stecklinge, die in dem stark wuchernden Unkraut gar zu leicht ersticken, etwa ein Meter lange, armdicke Weidenknüppel zu verwenden. Man schlägt diese möglichst geraden Hölzer mit einem Vorschlaghammer etwa bis zu Hälfte in den Boden und schneidet anschließend das durch die Hammerschläge oftmals gesplitterte obere Stück mit einer Baumsäge ab.

Zur Begrünung eines feuchten Gewässerrandes kann man sogar regelrechte Pfähle mit einem Durchmesser von acht bis zehn Zentimetern aus den am Wasser wachsenden Weiden wählen und diese – vorher angespitzt – mit einem schweren Hammer etwa 50 cm tief in die Uferzone rammen. Bereits im ersten Jahr werden aus solchen Pfählen regelrechte Bäume, die, wenn man sie im Turnus von drei Jahren immer wieder zurückschneidet, sich zu knorrigen Kopfweiden entwickeln.

Tabelle 14: Bäume und Sträucher für Feldgehölze und Hecken

Gehölz – wissenschaftlicher Name	Höhe bis m	Bienenweide (Monat)	Frucht-spender	Bodenansprüche trocken	Bodenansprüche feucht
Feldahorn *(Acer campestre)*	15	4–5			x
Roterle *(Alnus glutinosa)*	25	2–3–4			x
Hainbuche *(Carpinus betulus)*	20			x	x
Kornelkirsche *(Cornus mas)*	8	3–4	x		x
Hartriegel *(Cornus sanguinea)*	4	4–5–6	x		x
Hasel *(Corylus avellana)*	7	2–3	x	x	x
Weißdorn *(Crataegus monogyna)*	6	4–5	x		x
Pfaffenhütchen *(Euonymus europ.)*	5		x		x
Liguster *(Ligustrum vulgare)*	5	6–7	x	x	x
Wildapfel *(Malus silvestris)*	7	4–5	x	x	x
Vogelkirsche *(Prunus avium)*	20	4–5	x		x
Traubenkirsche *(Prunus serotina)*	15	5–6	x		x
Schwarzdorn *(Prunus spinosa)*	4	4–5	x	x	
Traubeneiche *(Quercus petraea)*	40	4–5	x	x	x
Stieleiche *(Quercus robur)*	30	4–5	x		x
Robinie *(Robinia pseudoacacia)*	25	5–6	x	x	
Hundsrose *(Rosa canina)*	3	5–6	x	x	x
Apfelrose *(Rosa rugosa)*	1,5	6–8	x	x	x
Kreuzdorn *(Rhamnus cathartica)*	5	5–6	x	x	x
Faulbaum *(Rhamnus frangula)*	5	5–7	x	x	x
Brombeere *(Rubus fruticosus)*	3	6–7	x	x	x
Baumweide *(Salix alba)*	20			x	x
Salweide *(Salix caprea)*	9			x	x
Schw. Hollunder *(Sambucus nigra)*	7		x	x	x
Hirschholunder *(Samb. racemosa)*	4		x	x	x
Mehlbeere *(Sorbus aria)*	12	5–6	x		x
Eberesche *(Sorbus aucuparia)*	15	5–6	x	x	x
Woll. Schneeball *(Viburnum lantana)*	4	5–6	x	x	
Gem. Schneeball *(Viburnum opulus)*	5	5–6	x		x

9
Wildschaden

Die meisten Wildarten leben heute inmitten der von Menschen beherrschten Kulturlandschaft. Besonders die als Kulturfolger geltenden Tiere beanspruchen die veränderte Umwelt als Lebensraum und ernähren sich zum Teil von den heute dort wachsenden Nutzpflanzen. Dieses unantastbare Lebensrecht wird den Wildtieren von den Grundeigentümern land-, forst- und fischereiwirtschaftlich genutzter Flächen als selbstverständliche Verpflichtung gegenüber der Gesellschaft grundsätzlich eingeräumt. Erst wenn bei der Nahrungsaufnahme oder durch bestimmte Verhaltensweisen die Grenzen des Zumutbaren überschritten werden, spricht man von Wildschaden. Es sind in erster Linie wirtschaftliche Schäden, die an Grundstücken, den darauf befindlichen Nutzpflanzen und Erzeugnissen sowie an den darauf lebenden Haustieren, z. B. Hausgeflügel, angerichtet werden. Der in jüngerer Zeit geprägte Begriff "ökologischer Wildschaden" entspricht nicht der jagdgesetzlichen Definition. Zwar liegen die Ursachen für Wildschäden z. T. an den im Rahmen einer Überhege zu stark angewachsenen Wildbeständen, in der Regel jedoch kommt Mangel an ausreichender natürlicher Äsung, insbesondere in den von reinen Monokulturen beherrschten Forsten, in Betracht. Scheue Wildarten, wie z. B. Rotwild, verursachen deshalb oft erhebliche Schäden (insbesondere Schälschäden), weil sie durch den Erholungsverkehr am Verlassen der Einstände gehindert werden.

9.1 Schadenserkennung

Zwar ist das Verfahren bei Wildschäden, z. B. Schadensersatz und Geltendmachung des Schadens, im Bundesjagdgesetz und den dazu ergangenen Länderbestimmungen klar geregelt, dennoch treten bei Beurteilung der sehr unterschiedlichen Erscheinungsbilder oftmals Probleme auf. Um Wildschäden in der Land- und Forstwirtschaft möglichst gering zu halten, gibt es wirksame Methoden der Schadensverhütung. Abwehrmaßnahmen verlaufen allerdings nur dann erfolgreich, wenn der tatsächliche Schadensverursacher genau bekannt ist. Das bereitet oft große Schwierigkeiten, denn neben den Wildarten, deren Schäden ersatzpflichtig sind, gibt es viele freilebende Tiere, für die keine Ersatzpflicht besteht z. B. für Hasen, Wildtauben, Rabenvögel (s. Band 5, „Der Jäger und sein Recht"). Auch können Krankheiten Insekten, Keimunfähigkeit und Witterungseinflüsse das Pflanzenwachstum oft entscheidend beeinflussen. Es bedarf also einer genauen Beobachtung und guter Grundkenntnisse sowohl des agrar- und forstwirtschaftlichen Bereiches als auch der Lebensgewohnheiten und Ernährungsweise des Wildes, um Schäden an Pflanzen richtig zu beurteilen.

9.1.1 Verbißschäden

Der Verbißschaden an jungen Laub- und Nadelbäumen wird von den Schalenwildarten Rot-, Dam-, Sika-, Reh-, Muffel- und Gamswild sowie von Hasen und Wildkaninchen verursacht. Am stärksten ins Gewicht fallen die Schäden durch Rot- und Rehwild. Dabei unterscheidet man zwischen Sommer- und Winterverbißschaden. Am häufigsten tritt der Winterverbiß auf. Dabei werden infolge unzureichender natürlicher Nahrung die Knospen und jungen Triebe abgebissen und geäst. Verbißschaden durch Schalenwild ist deshalb besonders schwerwiegend, weil das Wild zunächst grundsätzlich die nach oben wachsenden Vertikaltriebe verbeißt, womit das Höhenwachstum unterbunden wird, was dazu führt, daß die Bäume allmählich eine heckenähnliche Kugelform annehmen.

Im Gegensatz dazu verbeißen Wildkaninchen nur die seitwärts wachsenden Horizontaltriebe. Der von ihnen verursachte Schaden an Forstkulturen ist deshalb nicht so schwerwiegend. Hasenschaden, der bekanntlich nicht ersetzt wird, tritt hauptsächlich an jungen Laubbäumen, insbesondere im Winter bei Schnee auf.

Die Frage, ob Schalenwild oder Hasen und Kaninchen als Verursacher in Betracht

Abb. 127. Von Rotwild verbissene Fichtenkultur; durch den Verbiß des Vertikaltriebes ist das Höhenwachstum unterbunden, die Bäume nehmen eine heckenähnliche Kugelform an. Besonders häufig entstehen solche Schäden in den von reinen Monokulturen beherrschten Forsten.

kommen, läßt sich an den Zahnspuren feststellen. Da Rehwild z. B. bekanntlich nur im Unterkiefer Schneidezähne besitzt, weisen die Bißstellen auf der unteren Seite einen glatten, abgeschnittenen Rand auf, während der Rand oben uneben und faserig ist. Der Biß von Hasen und Kaninchen dagegen gleicht einem wie mit dem Messer durchgeführten, glatten Schrägschnitt.

9.1.2 Schälschäden

Das Schälen der Rinde von Bäumen und Sträuchern wird von den Schalenwildarten Rot-, Dam-, Sika- und Muffelwild sowie als Nageschaden von Hasen, Kaninchen und in einem nicht unerheblichen Umfang auch von Mäusen verursacht. Die Ursachen sind Hunger, Langeweile und z. T. auch Mangel an bestimmten Nährstoffen, die in der sehr gehaltvollen Rinde enthalten sind. Rehwild schält nicht. Am auffälligsten und besonders schwerwiegend ist der Schälschaden des Rotwildes. In einer Höhe von 90–150 cm wird die nicht verborkte Rinde (Spiegelrinde) der Fichte, Kiefer, Rotbuche und verschiedener Edellaubhölzer hauptsächlich im Winter (Winterschäle), manchmal aber auch im Sommer geschält (Rotbuche). Damwild meidet Fichten, schält dafür aber gelegentlich an Kiefern und besonders gerne an Eschen. Die Schälschäden des Sikawildes fallen infolge des geringen Vorkommens kaum ins Gewicht, können örtlich jedoch ähnlich wie bei Rotwild erhebliche Ausmaße annehmen. Echtes Muffelwild schält nur selten. Ist das Wild allerdings nicht reinrassig,

Abb. 128. Schälschaden durch Rotwild. Die Spiegelrinde der Kiefern ist besonders beliebt.

Abb. 129. Nageschäden durch Kaninchen treten zuweilen bei Reben auf.

Abb. 130. Schlag- und Fegeschäden entstehen nicht nur beim Fegen des Bastes.

können an älteren Baumbeständen, ab Stangenholzalter insbesondere an Fichten und Rotbuchen von den Wurzelausläufern her und im unteren Stammbereich bis zu einer Höhe von 80 cm, z. T. erhebliche Schäden verursacht werden. Hasen- und Kaninchenschäden entstehen meistens im Felde. Das Abnagen der Rinde an stehenden Bäumen wird am häufigsten durch Hasen verursacht. Besonders bei Schnee sind Obstbäume wie Äpfel, Birnen und Kirschen sehr stark gefährdet.

Kaninchen können besonders den Weinbauern große Sorgen bereiten, indem sie die jungen Rebstöcke schälen.

Die Frage, ob Nageschäden durch Hasen oder Kaninchen verursacht wurden, läßt sich nach gründlicher Untersuchung des Schadensbildes relativ leicht beantworten. Die Zahnspuren des Hasen sind exakt 6 mm breit, während Kaninchen etwa 5 mm breite Bißspuren hinterlassen. Erdmäuse (vor allem Rötelmäuse), die manchmal in die Millionen gehende Nageschäden an jungen Waldbäumen, hauptsächlich Eichen, Buchen und Tannen anrichten, hinterlassen Zahnspuren von 1,5–2 mm Breite.

9.1.3 Schlag- und Fegeschäden

Die Cerviden schieben bekanntlich alljährlich ein neues Geweih, das von den einzelnen Arten zu verschiedenen Zeiten gefegt wird. Rehböcke entfernen den Bast von Mitte März bis Anfang Mai. Dabei reiben sie ihre Gehörne besonders gerne an den glatten Stämmen der jungen Lärchen, Douglasien, Weymutskiefern und der Laubweichhölzer. Meist wird die Rinde in einer Höhe zwischen 20 und 80 cm restlos abgescheuert, so daß der Baum abstirbt. Rotwild und Damwild fegen im Sommer zwischen Juli und September. Sie wählen alle forstlich wichtigen Baumarten, wobei nicht nur die Stämme blankgefegt werden, sondern auch erhebliche Schäden durch das

Schlagen des Geweihes in den Kronen jüngerer Bäume entstehen. Diese Schlagschäden, die vor allem beim Abreagieren des Kampftriebes an Bäumen und Sträuchern verursacht werden, treten bis zum Ende der Brunftzeit auf.

9.1.4 Feldschäden

Frisch eingesäte Getreidefelder sind durch verschiedene körnerfressende Vögel gefährdet. In Ballungsgebieten richten Haustaubenschwärme zuweilen große Schäden an. Auch Rabenvögel, Fasanen und Ringeltauben nehmen häufig das keimende Saatgut auf. Bei Maissaaten kommen neben Flugwild auch Ratten, Hamster, Mäuse, Kaninchen und Sauen in Betracht. Mit Ausnahme der Schwarzwildschäden, die als solche stets leicht erkennbar sind, ist bei allen anderen Schäden eine gründliche Untersuchung des Schadensbildes notwendig, um den tatsächlichen Verursacher herauszufinden. Um späteren Streitigkeiten vorzubeugen, empfiehlt es sich grundsätzlich, die oft in großer Zahl am Tage zu Schaden gehenden Tiere, wie z. B. Tauben- oder Krähenschwärme, auf dem Acker zu fotographieren und somit Beweismittel zu sichern.

Körnerreifes Getreide wird zwar von den meisten Wildarten gerne angenommen, doch fallen bei dem Überfluß die geringen Verluste kaum ins Gewicht. Echte Wildschäden werden lediglich durch Rot-, Dam- und Schwarzwild verursacht. Gefährdet sind insbesondere Hafer-, Weizen- und Maisschläge, bei denen durch Heruntertrampeln die größten Verluste entstehen. Hackfrüchte und die als Sonderkulturen angebauten Garten- und hochwertigen Handelsgewächse sind im Jugendstadium besonders durch Hasen und Wildkaninchen gefährdet. Kaninchenschäden, die grundsätzlich immer an den Ackerrändern entstehen, erkennt man an den hinterlassenen Kratzspuren und den Losungshaufen. Hasen äsen meist in der Mitte des Ackers. Ihre Losung wird dort einzeln abgelegt.

Knollenfrüchte, vor allem Kartoffeln, sind besonders durch das Schwarzwild gefährdet. Bestimmte Sorten werden auch von Rot- und Damwild gerne angenommen. Erhebliche Wildschäden an Kartoffeln und Rüben entstehen meist während sommerlicher Dürreperioden. Betroffen sind dann in erster Linie Reviere, in denen es keine Tränken gibt. Dort versucht das Wild, über die saftigen Knollen seinen Flüssigkeitsbedarf zu decken.

Auf Wiesen und Viehweiden führen Wildschäden nur bei überhöhten Beständen von Rot- und Damwild zu nennenswerten Futterverlusten. Viel gravierender

Abb. 131. Durch Sauen zerstörte Maissaat.

Abb. 132. Der glatte Biß weist auf Kaninchen hin.

Abb. 133. Eichelhäher haben sich über die Kolben hergemacht. Typisch: Die „Zerfransung" der Deckblätter.

Abb. 134. Scheinbarer Wildschaden. Verursacher ist jedoch der Maiszünsler, dessen Raupen verheerend wirken: die hohlen Pflanzen fallen reihenweise um.

sind die Wühlschäden durch Schwarzwild. Auf der Suche nach Würmern, Larven, Käfern und Mäusen drehen die Sauen die Grasnarbe um, so daß das Wachstum aussetzt und die Arbeiten bei der Heuernte erschwert werden. Die Schäden durch Raubwild und Greifvögel an Haustieren sowie der Graureiher an den Fischbesätzen zählen zwar zu den Wildschäden, doch sind sie nicht ersatzpflichtig.

Abb. 135. Maiskolben nach völliger Zerstörung durch Eichelhäher.

9.2 Schadensverhütung

Die meisten Wildschäden entstehen aufgrund mangelnder natürlicher Äsung. Die Schaffung zusätzlicher Nahrungsquellen, wie die Anlage von Wildäckern, gezielt durchgeführte Ablenkungsfütterungen sowie die Einhaltung einer land- und forstwirtschaftlich angemessenen Wilddichte, gelten als wichtigste vorbeugende Maßnahmen. Auf dieser Grundlage bieten die zum Teil hochwirksamen Verhütungsmittel mechanischer, chemischer, biologischer oder mechanisch-biologischer Art sehr gute Möglichkeiten zur Schadensabwehr.

Der Anwendungsbereich erstreckt sich je nach den örtlichen Erfordernissen auf den Schutz von Einzelpflanzen oder von ganzen Flächen. Die Wahl des Mittels richtet sich nach Ausmaß und Dauer der Gefährdung. Manche Pflanzen werden nur in einer kurzen Wachstumsphase vom Wild angenommen. In solchen Fällen bieten einfache biologische Vergällungsmittel, deren Wirkungsdauer begrenzt ist, ausreichenden Schutz. Aber auch bei längerfristiger Gefährdung sollten die Wildschadensverhütungsmaßnahmen grundsätzlich so durchgeführt werden, daß der Lebensraum und die Äsungsmöglichkeiten nicht unnötig eingeschränkt werden.

Abb. 136. Durch breit ausgestreutes Futter werden die Sauen lange beschäftigt und so erfolgreich von den Feldern abgelenkt.

9.2.1 Ablenkungsfütterung

Nicht immer nur ist Hunger die tatsächliche Ursache für Wildschäden. Oft werden sie durch besondere Leckerbissen ausgelöst, und manchmal spielt auch der Mangel an bestimmten Stoffen, die in der natürlichen Nahrungskette fehlen, eine nicht unwesentliche Rolle. Werden in der Zeit der Gefährdung diese vom Wild besonders geschätzten Futtermittel an bestimmten Plätzen zur bequemen Aufnahme angeboten, hören die Wildschäden meist schlagartig auf. Besonders Schwarzwild und Fasanen lassen sich durch gezielte Ablenkungsfütterung sehr leicht von gefährdeten Feldern abhalten. Vor allem im Frühjahr, während der Aussaat von Mais und nach dem Pflanzen der Kartoffeln, sind solche Maßnahmen erforderlich. Sauen werden in dieser meist nur einige Wochen dauernden Zeit an bestimmten Plätzen im Bereich der Einstände möglichst täglich mit Mais oder Kartoffeln gefüttert. Die Futtermittel reicht man so, daß das Wild lange am Futterplatz beschäftig wird. Zu diesem Zwecke werden möglichst an mehreren Stellen des Revieres spezielle Automaten und Fässer eingesetzt oder das Futtermittel eingegraben bzw. breitwürfig ausgestreut. Auf diese Weise werden die zwischen den einzelnen Plätzen hin- und herziehenden Sauen während der ganzen Nacht zum Verweilen im Wald gezwungen. Auch Schwarzwildschäden auf Wiesen und Viehweiden lassen sich durch Ablenkungsfütterungen verhindern. Diese Schäden entstehen bekanntlich nur bei Eiweißmangel, insbesondere nach Mastjahren. Bietet man im Spätwinter und Frühjahr an den Futterplätzen reichlich Fleisch, z. B Schlachtabfälle von Rindern, Trockenfleisch, Fisch oder eiweißreiches Schweinefutter an, so läßt sich der Appetit auf tierisches Eiweiß schnell stillen. Das mühevolle Brechen nach Würmern, Maden und anderen Insekten bleibt den Sauen erspart und teure Wildschäden treten gar nicht erst auf. Sehr leicht lassen sich auch Fasanenschäden an eingesäten Maisfeldern durch gezielte Ablenkungsmaßnahmen verhindern. Zu diesem Zweck wird zwei Tage im lauwarmen Wasser vorgeweichter Mais breitwürfig um die gefährdeten Saatäcker ausgestreut. Die dem Saatmais geschmacklich gleichen Körner werden natürlich bevorzugt angenommen. Die Pickschäden hören sofort auf.

9.2.2 Verwittrungs- und Vergällungsmittel

Die Möglichkeiten der Wildschadensabwehr mit geruchsabweisenden Verwittrungs- und geschmacksmindernden Vergällungsmitteln sind seit altersher bekannt und werden auch heute noch mit gutem Er-

Abb. 137. Vergällungsmittel bieten sicheren Schutz vor Verbiß.

Abb. 138. Es genügt, nur den Vertikaltrieb zu schützen.

folg eingesetzt. Diese früher meist aus rein biologischen Substanzen wie Blut und Kuhmist bestehenden sogenannten Hausmittel werden inzwischen durch besser und viel länger wirkende chemische Wildschadensverhütungsmittel ersetzt. Besonders, wenn es darum geht, flächendeckend Einzelpflanzen zu schützen, z. B. Forstkulturen vor Winterverbiß, oder wenn innerhalb geschlossener Bestände bestimmte Bäume vorbeugend gesichert werden müssen, z. B. bei zu erwartenden Schälschäden, haben sich Verbißschutzmittel, die meist für eine Wachstumsperiode Schutz bieten, und Schälschutzmittel, deren Wirkungsdauer mehrere Jahre anhält, sehr gut bewährt. Forstpflanzen sind im Winter am stärksten gefährdet. Sie werden deshalb im Herbst mit einem Wildverbißschutzmittel gegen Winterverbiß im Spritz- oder Streichverfahren behandelt. Meist genügt es, die Spitze, also den später zum Stamm sich entwickelnden Vertikaltrieb zu sichern.

Um Bestände gegen das Schälen von Rotwild zu schützen, müssen nicht alle Bäume behandelt werden. Es genügt, wenn man die Stämme, deren Entwicklung erwarten läßt, daß sie das Endnutzungsalter erreichen, mit einem Schälschutzmittel anstreicht. Das sind bei Fichten etwa 500 Stämme je ha.

Auf landwirtschaftlich genutzten Flächen haben sich die den Geschmack beeinflussenden Vergällungsmittel am besten bewährt. Gegen Wildschäden an Rüben durch Rehe, Hasen und Kaninchen genügt es, die Pflanzen mit abgestandenem, d. h. stinkendem Rinderblut anzuspritzen. Auch Milch leistet gute Dienste. Werden z. B.

Abb. 139. Die Feldfrüchte werden durch Spritzen geschützt.

Kohlpflanzen vor dem Setzen in Milch eingetaucht, gewährleistet die auf den Blättern sich bildende Milchsäureschicht einen relativ langen Schutz gegen Verbiß durch Hasen und Kaninchen.

Chemische Vergällungsmittel, z. B. "Aaprotekt" haben den Vorteil, daß sie lange haften und zugleich sehr abweisend wirken. Auf Lappen ausgebrachte Verwitterungsmittel dagegen, wie z. B. Stinköl, werden von den einzelnen Wildarten meist ignoriert. Das Saatgut des Getreides, besonders Mais, wird von Tauben, Fasanen und Krähen nicht aufgepickt, wenn man die Samen vorher mit „Mesurol" inkrustiert.

9.2.3 Abgatterung

In sehr gut besetzten Hochwildrevieren gilt die Errichtung von Feldschutzräumen entlang der Waldgrenze von Einstandsgebieten, die ein Austreten von Rot- und Damwild auf die Felder verhindern, zweifellos als sicherste Methode zur Verhütung von Feldschäden, doch ist eine solche Maßnahme wegen der hohen Kosten meist zu aufwendig. Am häufigsten werden Abgatterungen innerhalb der Waldgebiete vorgenommen. Gerade bei Naturverjüngungen von Eiche, Rotbuche und Weißtanne ist ein Flächenschutz mit Kulturzäunen oft unumgänglich. Dafür wird heute meist Knotengittergeflecht verwendet. Die Höhe der Zäune richtet sich nach der abzuwehrenden Wildart: bei Rotwild und Damwild 1,80 m, Muffelwild 2,5 m, Rehwild 1,5 m, Hasen und Kaninchen 1,00 m. Der Maschenabstand darf bei Rotwild nicht über 15 cm liegen, bei Rehwild nicht über 6 cm

Abb. 140. Pendelklappe als Sauendurchlaß.

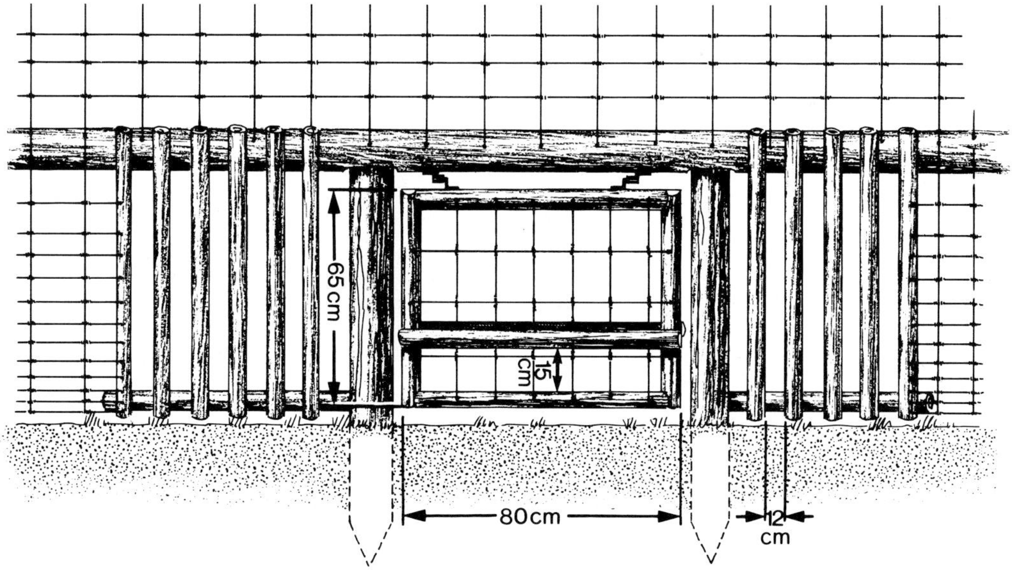

Abb. 141. Um den Sauen, die in Forstkulturen eher nützlich als schädlich sind, den Zugang ins Gatter zu gewähren, werden Pendelklappen eingesetzt. Die Klappen sind nach beiden Seiten beweglich.

Abb. 142. Gatter erfüllen nur dann ihren Zweck, wenn sie hoch genug sind: 1,8 m bei Rotwild.

und bei Hasen und Kaninchen ist eine Maschenweite von 3 cm notwendig. Im Felde sind Sonderkulturen mit Spargel, Salat und Gemüse oft stark gefährdet. Gegen Hasen müssen solche Flächen ganz und gar umzäunt werden. Kaninchenschäden lassen sich meist schon dann verhindern, wenn nur die Feldseiten, an denen die Baue liegen, abgezäunt werden. Der Zaun muß 20 cm in die Erde eingegraben werden.

9.2.4 Elektrozaun

Die Wirkung des Elektrozaunes bei der Wildabwehr beruht auf Erfahrungen bei der Haltung von Weidetieren in der Landwirtschaft und aus der Tierhaltung in zoologischen Gärten.

Die höchst abschreckende Wirkung des elektrischen Stromes hat sich besonders bei Wildabwehrzäunen gegen Rot-, Dam- und Schwarzwild bewährt. Vor allem die stark gefährdeten Mais- und Kartoffelschläge lassen sich damit sicher schützen. Die richtige Anordnung der Drähte und eine gut funktionierende Stromquelle gelten als erste Voraussetzung für den Erfolg. Bei

Abb. 143–145. Durch verschiebbare Drahtaufhänger läßt sich die Höhe des E-Zauns variieren.

Gegen das tagaktive Damwild hat sich das stromführende Alufolienband gut bewährt.

Besonders wichtig ist es, den Zaun während der Nacht sichtbar zu machen. Dafür wird phosporisierende Kunststoffolie genommen, die nachts leuchtet. Zwischen jeweils zwei Pfählen wird an dem oberen Draht ein 50 cm langes Folienband gehängt.

Schwarzwild, dessen z.T. große Schäden es am häufigsten zu verhindern gilt, genügen 2 Drähte, die im vertikalen Abstand von jeweils 20 cm und 50 cm vom Boden entfernt gespannt sind. Rot- und Damwild lassen sich in der Regel durch 2 Drähte, die im Abstand von 50 cm und 110 cm vom Boden entfernt gespannt sind, abhalten. Nur bei sehr starkem Wilddruck werden mehr Drähte und zwar in Höhen von 30, 60, 90 und 130 cm gezogen. Die Drähte werden in Isolatoren gehängt, die an Pfählen aus Holz, Kunststoff oder Metall befestigt sind.

Als Stromspender werden meistens Weidezaungeräte mit sehr hoher Schlagkraft eingesetzt. Der Abstand von Pfahl zu Pfahl beträgt 6–8 m. Besonders wichtig für den Erfolg ist, daß der Zaun für das meist in der Nacht zu Schaden gehende Wild sichtbar gemacht wird, bevor die oft flüchtig anwechselnden Hirsche oder Sauen die Drähte zerreißen. Zu diesem Zweck wird in jedes Feld zwischen 2 Pfählen ein schneeweißer Stofflappen oder noch besser ein Stück phosphoreszierendes Folienband gehängt. Jedes Stück Wild wird durch eine solche Lappenfront zunächst gebremst und bei dem vorsichtigen Versuch, "durch die Lappen zu gehen", die Elektrodrähte berühren und durch den Stromschlag zum panikartigen Rückzug veranlaßt.

Elektrozäune haben den Vorteil, daß sie sich schnell erstellen lassen, leicht wieder abzubauen sind und über Jahre verwendet werden können. Gute Geräte, die mit einer 90-Ah-Batterie (5–10000 Betriebsstunden) oder einem Starterakku 12V (1400 Betriebsstunden) gespeist werden, setzen etwa eine Zaunlänge von 30 km unter Strom.

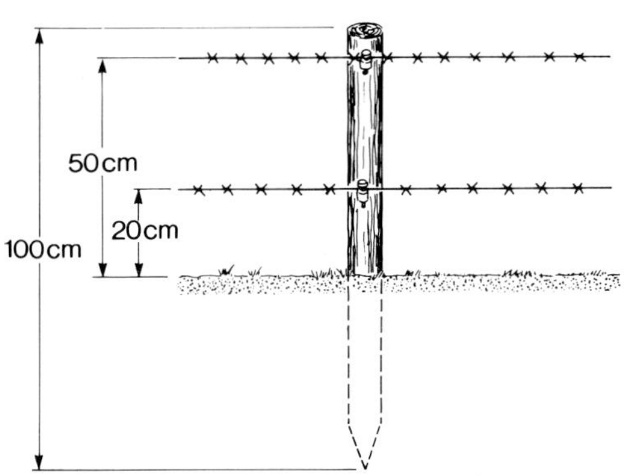

Abb. 146. Maße eines normalen Elektro-Zaunes.

9.2.5 Einfache, mechanische Verhütungsmittel

Viele Waldschäden lassen sich mit einfachsten Mitteln von vornherein vermeiden. Die leidigen Nageschäden an jungen Obstbäumen durch Hasen z.B. würden niemals zum Ärgernis werden, wenn man die Bäume mit einer Drahthose geschützt hätte.

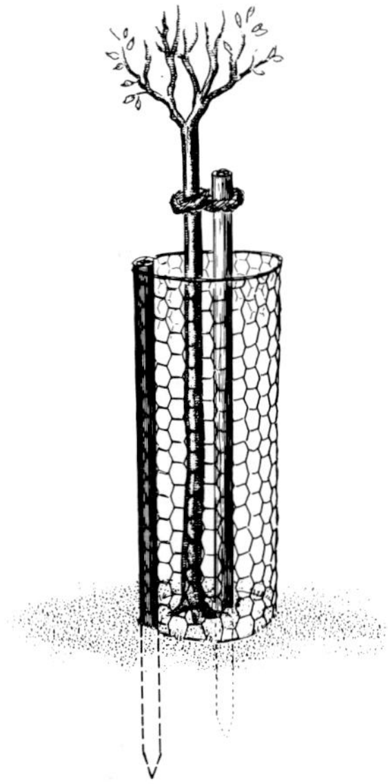

Abb. 147. Die Drahthose bietet wirksamen Schutz gegen Schälschäden durch Hasen u. Kaninchen.

Um Fegeschäden durch Rehböcke zu vermeiden, genügt es, ein oder noch besser zwei Spaltpfähle direkt am Stamm einzuschlagen. Mit einem sperrigen Fichtenwipfel erreicht man den gleichen Erfolg. Selbst Schälschäden lassen sich mit mechanischen Mitteln wirksam verhindern. Bäume, die mit einem unter der Bezeichnung „Polynet" entwickelten Kunststoffnetz umwickelt werden, bleiben von der Schäle verschont. Auch das Aufrauhen der Rinde, mit einem Rindenhobel oder -kratzer durchgeführt, bewirkt, daß durch austretendes Harz und anschließende Wundkorkbildung das Schälen durch Wild unterbleibt.

Etwas aufwendiger ist der Grüneinbund.

Abb. 148. Poly-Netz verhindert Rotwildschälschaden.

Dabei werden die noch grünen Zweige schutzwürdiger Nadelbäume mit Bindedraht um den Stamm gebunden.

9.2.6 Scheuchmittel

Die zum Vertreiben des Wildes bei der Wildabwehr oder zur Jungwildrettung eingesetzten Wildscheuchen sind nur kurzfristig wirksam. Zwar weiß man, daß alle Wildarten den Menschen als gefährlichsten Feind fürchten, doch gelingt es nicht, ihn durch optische und akustische Mittel lebensecht vorzutäuschen. Die vermeintliche Anwesenheit, dargestellt durch Vogelscheuchen, Knallapparate, Blinkleuchten u.ä. löst nur am Anfang eine Fluchtreaktion aus. Schon nach wenigen Tagen erkennt das Wild die Ungefährlichkeit und gewöhnt sich selbst an eigentümlichste Erscheinungen. So haben Scheuchmittel bei der Wildschadensverhütung nur einen sehr geringen Wert. Mit guten Erfolgen jedoch können sie bei der Jungwildrettung eingesetzt werden. Vor allem die vom Mähtod bedrohten Rehkitze lassen sich bei richtiger Anwendung relativ leicht retten.

Abb. 149. Wildscheuchen sind nur kurzfristig wirksam.

Werden z. B. auffällige Scheuchen wie Schreckballons, über Stöcke gestülpte Papiertüten, Blinklichter oder geräuscherzeugende Schreckgeräte am Tage vor der Mahd in die gefährdeten Wiesen gestellt, führt die um die Sicherheit ihrer Jungen stets außerordentlich besorgte Ricke ihre Kitze während der Nacht aus dem Schlag heraus. Um den Gewöhnungseffekt auszuschließen, sollten die Scheuchen niemals länger als drei Tage an einem Platz stehen.

9.3 Wintergatter

Ursprünglich zog das im Sommer in den Hochgebirgen lebende Rotwild während der Wintermonate in die äsungsreicheren Auewälder und Moore der Niederungen und Flußtäler. Die stark veränderten Kulturlandschaften, menschliche Siedlungen und die zahlreichen Verkehrswege lassen solche Wanderungen heute nicht mehr zu. Die erzwungene Überwinterung in den meist schneereichen Bergwäldern führt zu großen Ernährungsproblemen. Um das Wild vor dem Hunger- und Kältetod zu bewahren, ist eine zusätzliche Winterfütterung dringend erforderlich.

Im Bereich der Futterplätze kommt es oft zu Wildmassierungen verbunden mit Wildschäden. Schäl- und Verbißschäden auf größerem Areal werden stark vermindert, indem man weniger gefährdete Waldstücke eingattert und das Wild dort hineinfüttert. In solchen Wintergattern, meist 30–50 ha groß, werden die Rotwildrudel bis zum Beginn der Vegetation gehalten.

10
Hege mit der Büchse

Ursprünglich regulierten sich die Schalenwildbestände auf natürliche Weise. Alte und schwache Stücke wurden vom Großraubwild ausgemerzt, kranke Tiere fielen dem Klima – Schnee, Kälte und Nässe – zum Opfer. So blieb stets nur das Stärkste am Leben, eine Auslese, die bei vielen Tieren zu einer beachtlichen Entwicklung führte. Ein gutes Beispiel dafür ist das sibirische Reh, das im Gegensatz zu seinen europäischen Verwandten unter besonders harten klimatischen Bedingungen lebte und dem ständigen Druck großer Beutegreifer ausgesetzt war. Durch die strenge Auslese bildete sich eine gegenüber unseren Rehen körperlich viel stärkere Rasse, obwohl beide Gruppen ursprünglich auf ein und derselben Stufe standen.

Inzwischen sind die Großraubtiere bei uns längst verschwunden und der Lebensraum des Wildes hat sich total verändert. Um das Gleichgewicht innerhalb der noch verbliebenen Wildbestände zumindest in etwa zu erhalten, ist der Mensch, in diesem Falle der Jäger, anstelle der natürlichen Regulatoren getreten. Aber ob es darum geht, eine Übervermehrung bestimmter Tierarten zu verhindern oder kranke und alte Stücke auszumerzen, es ist Aufgabe des Jägers, durch gezielten und zuweilen auch rigorosen Abschuß eine widernatürliche Entwicklung zu verhindern.

10.1 Abschußplanung

Der Aufbau und die Erhaltung gesunder Schalenwildbestände läßt sich nur unter Berücksichtigung einer mit den Interessen der Land- und Forstwirtschaft und den biologischen Grundsätzen in Einklang zu bringenden Wilddichte erreichen. Es ist deshalb grundsätzlich erforderlich, gemäß den gesetzlichen Bestimmungen eine Abschußplanung vorzunehmen. Voraussetzung für den Erfolg der Planung ist die Ermittlung des tatsächlich vorhandenen Wildbestandes nach Art, Zahl und Geschlecht. Im Rahmen einer manchmal behördlich angeordneten Wildzählung werden im Spätwinter oder Frühjahr möglichst präzise Bestandszahlen der einzelnen Schalenwildarten mit Ausnahme von Schwarzwild ermittelt. Entsprechend den Ergebnissen der Bestandesermittlung schlägt der Jagdausübungsberechtigte einen Abschuß vor, den die zuständigen Behörden im Einvernehmen mit dem Jagdbeirat bestätigen. Die endgültige Festlegung des Abschusses wird unter Berücksichtigung des zu erwartenden Zuwachses so bemessen, daß die jeweiligen Wildarten in einer tragbaren Wilddichte und in einem ausgewogenen Altersklassenaufbau erhalten bleiben.

Als Zuwachs wird bei Rotwild 80%, Damwild 90%, Rehwild 120% und bei Muffelwild 65% der am 1. April vorhandenen Alttiere, Ricken bzw. Schafe angenommen.

10.2 Bewirtschaftung des Schalenwildes

Schalenwild (mit Ausnahme von Schwarzwild) darf nur aufgrund und im Rahmen eines Abschußplanes erlegt werden, dessen Aufstellung nach vorgegebenen Bewirtschaftungsrichtlinien erfolgt. Diese können in den einzelnen Bundesländern unterschiedlich sein. Grundsätzliches Ziel der Bewirtschaftung ist die Erhaltung eines gesunden Wildbestandes in einem Geschlechterverhältnis von 1 : 1 durch eine der natürlichen Auslese möglichst nahekommende Abschußregelung (Wahlabschuß).

10.2.1 Rotwild

Eine den jeweiligen Umwelt- und Äsungsverhältnissen angepaßte, sowie den Belangen der Land- und Forstwirtschaft Rechnung tragende Wilddichte sollte nicht höher als 2–4 Stück pro 100 ha Waldfläche liegen. Die Auslese im Rahmen des Wahlabschusses erfolgt nach sorgfältiger Beurteilung des Körperzustandes und des Ge-

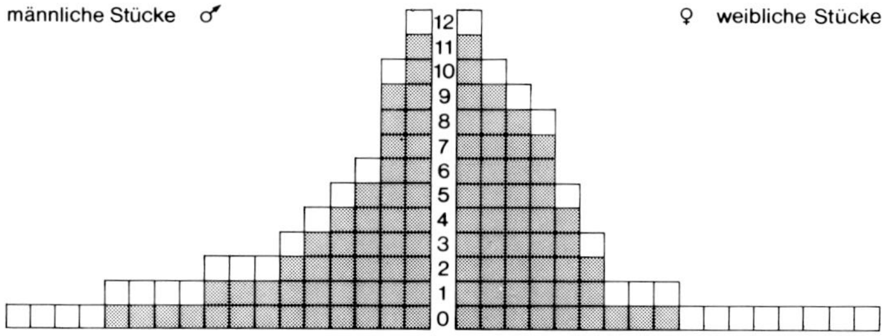

Abb. 151. Normaler Altersaufbau eines Rotwildbestandes am 1. April, Geschlechterverhältnis 1 : 1, Gesamtbestand am 1. April – Frühjahrsbestand – 100 Stück, Zuwachs 70%, Altersstufe 0: zu erwartender Zuwachs, □ abzuschießende Stücke.

weihes. Die Hirsche sollten von kräftigem Körperbau sein und Geweihe mit guter Auslage, starken, langen, endenreichen Stangen und beiderseits voll ausgebildeten Kronen tragen. Hirsche, die diesem Hegeziel entsprechen und deren Geweihgewicht über der Grenze des für das jeweilige Rotwildgebiet festgesetzten Mindestgeweihgewichtes für starke Hirsche liegt (in der Regel 4–5 kg) zählen zur Klasse I a. Abschußreif allerdings sind sie erst, wenn ein Mindestalter (nach den allgemeinen Richtlinien mindestens 10 Jahre) erreicht ist. Alte Hirsche, die das Mindestgeweihgewicht überschreiten, aber Fehler aufweisen (z. B. fehlende Krone), fallen in die Klasse I b.

Von den geringen Hirschen (Klasse II) gelten solche als Zukunftshirsche, die für ihr Alter eine normale und gute Geweih- und Körperentwicklung aufweisen. Z. B. normale Achter (3. Kopf), Eissprossenzehner (4. Kopf) und natürlich alle Kronenhirsche. Geweihe mit viel Masse im oberen Teil oder mit stumpfen Enden lassen auf Jugend und gute Veranlagung schließen. Alle geringen Hirsche mit im Verhältnis zu ihrem jeweiligen Alter zu geringer Masse (dünne Stangen, kurze Enden, fehlende Kronen und unedle Geweihform) sind abschußwürdig. Zur Klasse II b zählen außerdem ältere Hirsche (über 8 Jahre), deren Geweihgewicht unter der Grenze des festgelegten Mindestgeweihgewichtes für starke Hirsche liegt. Die ein-und zweijährigen Hirsche werden z. T. der Klasse II c, in manchen Bundesländern auch der Klasse III zugeordnet. Von den Schmalspießern gelten in der Regel die Hirsche mit Spießen unter 20 cm Länge als schlecht veranlagt. Vom 2. Kopf gelten alle Spießer, Augsprossengabler und ungeraden Sechser grundsätzlich als Abschußhirsche. Insgesamt soll sich der Abschuß des männlichen Rotwildes hauptsächlich auf die jüngeren Altersklassen beziehen. Um eine genügende Anzahl starker und reifer Hirsche zu bekommen, ist bei der Mittelklasse Zurückhaltung geboten.

Der Abschuß des weiblichen Wildes wird nach Alttieren, Schmaltieren und Wildkälbern getrennt. Es gilt als unwaidmännisch, Alttiere von den Kälbern wegzuschießen. Aus diesem Grunde sollen in keinem Fall mehr Alttiere als Kälber beiderlei Geschlechts erlegt werden.

10.2.2 Damwild

Durch Hege und Abschuß soll ein gesunder Damwildbestand mit einer Bestandesdichte von 2–4 Stück Wild je 100 ha Waldfläche im Durchschnitt der Reviere erhalten werden. Das Ziel der Bewirtschaftung ist ein ausgewogener Altersklassenaufbau bei einem Geschlechterverhältnis von 1 : 1. Um eine genügende Zahl alter und reifer Vollschaufler zu erhalten, ist in den jüngsten Altersklassen eine scharfe Auslese zu treffen, während in die Klasse der mittelalten Hirsche nur sehr vorsichtig eingegriffen werden darf. Stangenbrüche, Verletzungen während der Geweihentwicklung und faule Enden sind keine Fehler und berechtigen nicht zum Abschuß. Nach der Klassifizierung, ähnlich wie beim Rotwild, sind Hirsche mit beiderseits voll ausgebildeten Schaufeln und einem Mindestgewicht (2–2,5 kg) der Klasse I zuzuordnen, sofern sie ein Alter von 8 Jahren erreicht haben. Hirsche dieses Alters, die das Mindestge-

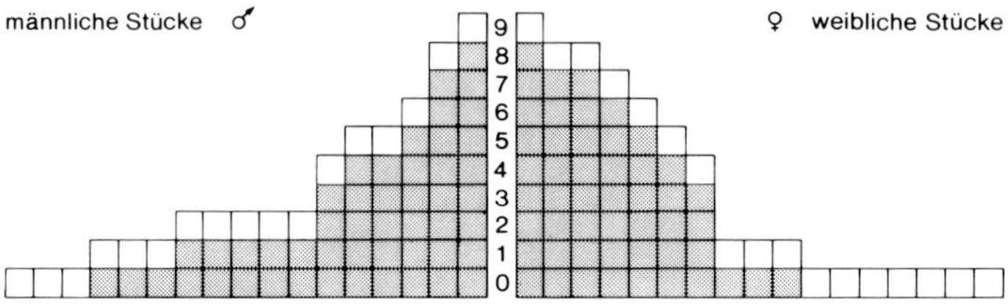

Abb. 152. Die Altersstufe 0 gibt den Zuwachs an, d. s. 70% des weiblichen Wildes, also von 50 Stück (auf die gerade Zahl nach unten abgerundet) = 34 Stück, von denen 17 Stück auf die linke Seite der Pyramide (vom Betrachter aus gesehen), die die männlichen Stücke aufweist, und 17 Stück auf die rechte Seite – weibliche Stücke – gesetzt werden. □ abzuschießende Stücke.

weihgewicht besitzen, aber Geweihfehler aufweisen (wie O-förmige Schlitzschaufeln), kommen in die Klasse I b.

Bei den geringen Hirschen gelten vor allem solche mit einer ihrem Alter nicht entsprechenden Geweihentwicklung als Abschußhirsche. Fehlende Aug- und Mittelsprossen, O-förmige Schlitze, zerrissene Schaufeln oder zu geringe Verbreiterung weisen auf schlechte Veranlagung hin und berechtigen zur Erlegung im Rahmen des vorgegebenen Abschußplanes. Von den Hirschkälbern sind in erster Linie schwache und kranke Stücke abzuschießen. Der Wahlabschuß des weiblichen Damwildes erfolgt getrennt nach Alttieren, Schmaltieren und Wildkälbern. Neben weißen und außergewöhnlich hellen Stücken sind vor allem schwache und kranke Stücke abzuschießen. Um der Vergreisung vorzubeugen, werden etwa 45% der Alttiere freigegeben. Von Zwillingskälbern ist das schwächere für den Abschuß vorgesehen.

10.2.3 Rehwild

Ziel der Rehwildbewirtschaftung ist der Aufbau und die Erhaltung von Rehwildbeständen mit einer Wilddichte, die sowohl den Bedürfnissen des Rehwildes selbst als auch den Belangen der Land- und Forstwirtschaft entspricht. Die Wilddichten sollen je nach den örtlich vorhandenen Äsungs- und Deckungsverhältnissen zwischen 4–10 Stück je 100 ha Revierfläche liegen. Für alle Bestände ist ein Geschlechterverhältnis von 1 : 1 und ein ausgewogener Altersklassenaufbau anzustreben. Eine der natürlichen Auslese nahekommende Abschußregelung wird durch starken Eingriff in die beiden jüngsten Altersklassen (Kitze und Jährlinge) vorgenommen. Diese notwendige zahlenmäßige Begrenzung gewährleistet, daß nachhaltig jährlich eine befriedigende Anzahl von reifen und starken Böcken zur Strecke gebracht werden kann. Die einzelnen Altersklassen müssen folgende Anteile am Abschuß haben:

Bockkitze 20%
Jährlinge 30%
2–4 jährige 20%
5 Jahre und älter 30%

Von den Bockkitzen sind spätgesetzte, schwache, kümmernde Stücke zu erlegen.

Der Abschuß der Jährlinge hat sich in erster Linie auf Knopfböcke, kümmernde

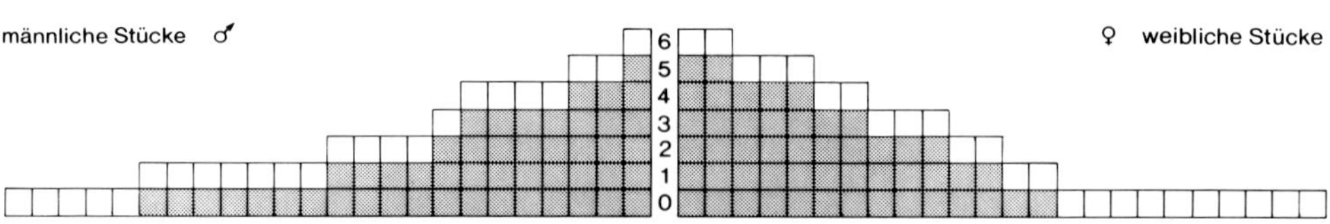

Abb. 153. Normaler Altersaufbau eines Rehwildbestandes am 1. April, Geschlechterverhältnis 1 : 1, Gesamtbestand am 1. April – Frühjahrsbestand – 100 Stück, Zuwachs 100%, Altersstufe 0: zu erwartender Zuwachs. □ abzuschießende Stücke

und am Wildbret geringe Böcke zu erstrekken. In Ermangelung von Kümmerern werden Jährlingsböcke erlegt, deren Gehörnentwicklung hinter der im betreffenden Bestand als normal zu bezeichnenden Entwicklung zurückbleibt.

Bei Abschuß der mittelalten Böcke ist besondere Vorsicht geboten. Lediglich Böcke mit dünnstangigen, verkümmerten oder vollkommen regelwidrigen Gehörnen sollten zur Strecke gebracht werden. Dagegen sind solche mit viel Gehörnmasse, auch wenn leichte Gehörnmängel vorliegen, wie z. B. geringe oder unregelmäßige Vereckung und enggestellte Strangen, unbedingt zu schonen.

Als reif im Sinne der Abschußplanung gelten alle Rehböcke, die ein Alter von 5 Jahren erreicht haben und ein bestimmtes Gehörngewicht (in der Regel 200–250 g) aufweisen.

Beim Abschuß des weiblichen Wildes sind zwar auch die Grundsätze des Wahlabschusses zu beachten, vorrangig aber ist die Abschußerfüllung der Zahl nach. Von den weiblichen Kitzen, deren Anteil am Abschuß stets sehr hoch liegt, sind in erster Linie schwache und spätgesetzte Kitze zu erlegen.

Der Abschuß der Schmalrehe ist meist nicht hoch. Erlegt werden nur die am Wildbret geringen Stücke.

Bei den Ricken sind neben schwachen vor allem überalterte und spätsetzende Rikken abzuschießen. Führende Ricken sollten erst dann gestreckt werden, wenn zuvor auch die Kitze erlegt wurden.

10.2.4 Muffelwild

Muffelwild ist bekanntlich nicht immer reinrassig. Bestände, die Fremdblut aufweisen, richten z. T erhebliche Schäden in der Land- und Forstwirtschaft an. Diese Stämme sollten ausgemerzt und durch reine Stämme ersetzt werden. Das Ziel, einen nicht schälenden Muffelwildbestand von guter Rasse zu erhalten, ist daher auch ein wesentlicher Bestandteil der Bewirtschaftungsrichtlinien.

Um zu erreichen, daß nur wirklich gut veranlagte Widder in die nach dem 6. Lebensjahr erlangte Reife kommen, wird eine besonders scharfe Auslese bei Widderlämmern und Widdern im 2. Lebensjahr vorgenommen.

Reif und nach der Klassifizierung der Klasse I (A) zuzuordnen sind Widder, die das Mindestalter von 6 Jahren erreicht haben, beidseitig fehlerfreie Schnecken mit einer Länge von etwa 60 cm aufweisen, die von der Seite gesehen zu ¾ geschlossen sind. Zur Klasse II (B) zählen alle Widder, deren Schneckendurchmesser unter 15 cm liegt, insbesondere aber Einwachser, Scheurer, Widder mit starken Symmetriefehlern und sonstige, die für ihr Alter eine zu geringe Schneckenentwicklung zeigen. Sie müssen abgeschossen werden.

Die Widderlämmer lassen sich erst nach Beginn des Schneckenwachstums, also nach dem 1. November beurteilen. Neben körperlich schwachen Lämmern werden insbesondere diejenigen erlegt, deren Schneckenlänge bis dahin unter 10 (15) cm bleibt.

Beim weiblichen Muffelwild wird der Abschuß in erster Linie nach der Körperstärke durchgeführt. Neben schwachen Lämmern sollen vor allem überalterte Altschafe erlegt werden. Der Eingriff in die Schmalschafe soll sich nach Möglichkeit nur auf kranke und schwache Stücke erstrecken.

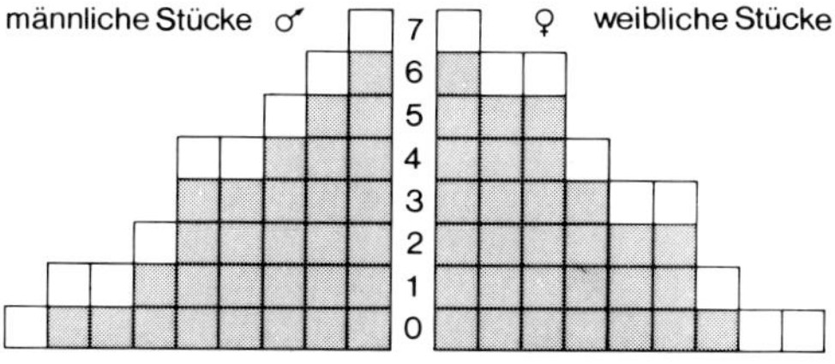

Abb. 154. Die Altersstufe 0 gibt den Zuwachs an, der bis zu 70% der am 1. April vorhandenen Alt- und Schmalschafe erreicht. 60% werden unterstellt, sie ergeben, bezogen auf 30 Stück, 18 Stück, von denen 9 Stück auf die linke Seite der Pyramide und 9 Stück auf die rechte Seite der Pyramide gesetzt werden. Bei einer ungeraden Zuwachszahl erfolgt die Abrundung nach unten auf die gerade Zahl. □ Abzuschießende Stücke

10.2.5 Geschlechterverhältnis

Das Verhältnis der Anzahl männlicher Stücke zur Anzahl weiblicher Stücke innerhalb der Schalenwildbestände liegt zum Zeitpunkt des Setzens immer bei 1 : 1 und ändert sich auch nicht durch die Jugendverluste, die Straßenverkehr und landwirtschaftliche Maschinen fordern.

Dieses ausgewogene Verhältnis zu erhalten steht im Vordergrund der im Sinne der Hege durchgeführten Schalenwildbewirtschaftung. In der jüngsten Altersgruppe überwiegen zum Ende des ersten Jahres meist die männlichen Stücke. Besonders beim Rehwild bewirkt der verstärkte Abschuß der Rickenkitze ein Ungleichgewicht zugunsten des männlichen Wildes. Später dagegen führen die jagdlichen Eingriffe, und zwar die bevorzugte Erlegung des männlichen Wildes im Rahmen der Trophäenjagd, bei fast allen Schalenwildarten zu einer Verschiebung des Geschlechterverhältnisses zugunsten der weiblichen Stücke. Besonders bei den älteren Jahrgängen überwiegen Kahlwild und Ricken in einer oft erschreckenden Zahl. Diese nur durch menschliches Einwirken herbeigeführte Entwicklung hat nicht nur eine wesentlich höhere Vermehrungsquote und somit auch hohe Wilddichten zur Folge, sondern verhindert biologisch betrachtet auch die nach den Gesichtspunkten der Hege angestrebte Aufartung der Wildbestände. Aus diesen Gründen ist es dringend erforderlich, einen vorhandenen Überhang am weiblichen Wild im Rahmen der planmäßigen Abschußregelung abzubauen.

10.2.6 Bewirtschaftung des Schwarzwildes

Als einzige Schalenwildart unterliegt das Schwarzwild nicht der gesetzlich vorgeschriebenen Abschußplanung. Es gibt lediglich die begrenzte Jagdzeit (16. Juni bis 31. Januar), doch darf die Jagd auf Überläufer und Frischlinge das ganze Jahr ausgeübt werden. Erhöhter Jagddruck und sinkende Jagdmoral haben häufig zur Zerstörung der Sozial- und Altersklassenstruktur der Bestände geführt, was nicht nur das Fehlen älterer Stücke, insbesondere starker Keiler zur Folge hatte, sondern vielerorts auch zu einer erschreckenden Verzwergung führte. Um dieser Entwicklung entgegenzuwirken, haben sich im Rahmen privater Initiativen Schwarzwildhegeringe gebildet, deren Ziel es ist, einen Schwarzwildbestand mit ausgewogener Altersgliederung zu schaffen, der in seiner Höhe für die Landeskultur tragbar ist und eine angemessene Bejagung nachhaltig ermöglicht.

Als vorbildlich hat sich das auf freiwilliger Vereinbarung beruhende "Lüneburger" bzw. "Helmstedter Modell" erwiesen, das inzwischen bundesweit angewendet wird. Die bewährten Richtlinien der 2. Fortschreibung dieses überall erfolgreichen Modells enthalten folgende Punkte:

1. Stücke über 50 kg (aufgebrochen) sind zu schonen. Dem Hegering bzw. den Hegegemeinschaften (HGM) bleibt es überlassen, die Gewichtsschwelle zu senken. Die Toleranzgrenze sollte 10% nach oben nicht überschreiten.
2. Aus einer Rotte ist zunächst immer das schwächste Stück zu erlegen.
3. Einzeln ziehende Stücke sind, soweit sie nicht unter 4. und 10. zuzuordnen sind, grundsätzlich zu schonen!
4. Bunte und kranke Stücke sind im ganzen Jahr bei Beachtung der gesetzlichen Schonzeit und waidmännischer Grundsätze ohne Gewichtsbegrenzung frei.
5. Frischlinge sind früh und scharf zu bejagen. Sobald das Streifenmuster schwindet, sollte mit der Bejagung begonnen werden.
6. Von den Überläufern sind in erster Linie schwache Stücke zu strecken. Männliche Überläufer sind nach Möglichkeit zu schonen. Die Gewichtsgrenze von 50 kg sollte in den Sommermonaten nicht ausgeschöpft werden.
7. Ein Stamm alter, erfahrener Bachen ist zu erhalten.
8. Wenn erforderlich, können in den HGM einzelne Bachen ab 1.11. freigegeben werden. Diese Abschüsse sollten der Einzeljagd vorbehalten bleiben.
9. Dabei sind vorrangig Bachen, die zur Unzeit, zumindest solche, die in der Zeit

vom 1.7. bis 30.11. gefrischt haben, samt Nachwuchs dem Bestand zu entnehmen.
10. Gruppenkeiler sind innerhalb der HGM kontingentiert freizugeben und ab 1.9. zu bejagen.
Als "jagdbar" gelten Keiler, die mindestens 5 Jahre alt sind oder 100 kg und mehr (aufgebrochen) wiegen.
Das Gewaff soll, die Schwarte kann bei Trophäenschauen gezeigt werden.
11. Vom 1.2. bis 15.6. soll die Jagd auf Schwarzwild grundsätzlich ruhen. Der Abschuß von Überläufern in der Schonzeit würde in der Praxis einer ganzjährigen Bejagung des Schwarzwildes mit den bekannten negativen Auswirkungen gleichkommen.

In Schadensfällen können in der Zeit vom 1.2. bis 31.3. unter Beachtung der Gewichtsgrenze von 50 kg Frischlinge des Vorjahres und solche aus demselben Jahr erlegt werden.

Vom 1.4. bis 15.6. sind nur noch Stücke bis 25 kg (aufgebrochen) frei. Zur Abwendung unzumutbarer Schäden in der Zeit vom 1.2. bis 15.6. sind Anträge auf Abschuß stärkerer Stücke an die HGM bzw. an die Kreisjägermeister zu richten.
12. Die Intensität der Bejagung muß sich nach der Bestandsentwicklung richten und wird in den HGM geregelt. Eine Strecke mit folgender Gliederung ist anzustreben:

Stärkere Stücke incl.	Gruppenkeiler	10%
	(höchstens) Überläufer	20%
Stücke unter 50 kg		
	(mind.) Frischlinge	70%

Als Richtzahl muß gelten: Auf 3–4 Frischlinge ein Überläufer. Die vorstehenden Grundsätze der Bejagung sollten bei Gesellschaftsjagden und auf der Einzeljagd konsequent angewendet werden.
Unkundige Jäger sind eingehend zu unterrichten.

Das Schwarzwild ist wie keine andere Wildart auf die waidmännische Haltung der Jäger angewiesen. Das "Lüneburger Modell" stützt sich auf freiwillige Beschlüsse der Jägerschaften im ehemaligen Regierungsbezirk Lüneburg. Seine Erfolge werden bundesweit anerkannt. Es fordert dem Jäger ein hohes Maß an Können und Verantwortungsbewußtsein ab.

Loyalität ist die Grundlage für eine erfolgreiche Arbeit!

10.2.7 Altersklassenaufbau

Ziel der Abschußplanung beim Schalenwild ist es, das Wild durch Herbeiführung eines ausgewogenen Altersklassenaufbaues optimal zu nutzen, ohne daß natürliche Abgänge zu Wildpretverlusten führen, sowie die Möglichkeit zu schaffen, alljährlich eine befriedigende Zahl an alten und starken Trophäenträgern zu erlegen. Das gelingt nur, wenn ein sorgfältig durchgeführter Wahlabschuß die Gewähr gibt, daß eine entsprechende Zahl gut veranlagter Stücke das Zielalter (bei Rotwild 12 Jahre, bei Damwild 8 Jahre, Muffelwild 6 Jahre, Schwarzwild 5 Jahre und Rehwild 6 Jahre) erreicht. Der Hauptanteil des Abschusses (etwa 50%) wird in der Jugendklasse getätigt. In der Mittelklasse beschränkt sich die Auslese auf die Erlegung einzelner abschußnotwendiger Stücke. So entsteht die Pyramide, die sich sowohl beim männlichen als auch beim weiblichen Wild aus allen Altersklassen aufbaut und die gewährleistet, daß jährlich einzelne Stücke im Reifealter erlegt werden können.

10.2.8 Hochwildhegeringe

Hochwild läßt sich bekanntlich nicht an bestimmte Reviere binden, sondern benötigt einen größeren Lebensraum. Wald- und Feldreviere, die innerhalb des Vorkommensgebietes an dem gleichen Wildbestand teilhaben, bilden auf freiwilliger Basis, in manchen Bundesländern auch auf behördliche Anordnung, Hegeringe, Rotwildringe oder Hegegemeinschaften. Ziel des Zusammenschlusses ist eine nach den örtlichen Gegebenheiten gestaltete Bewirtschaftung. Unter Leitung eines erfahrenen Hochwildjägers werden in Zusammenarbeit zwischen den Revierinhabern und der zuständigen Jagdbehörde unter Berücksichtigung der lokalen Verhältnisse Zuwachsberechnungen und Abschußpläne erarbeitet.

Zu den gemeinsamen Aufgaben aller Beteiligten zählt insbesondere eine präzise Wildzählung zur genauen Bestandesermittlung. Die Abschußplanung mit dem Ziel eines ausgewogenen Altersklassenaufbaues erfolgt so, daß sich nach Möglichkeit alle Reviere an der Abschußerfüllung beteiligen. Trophäenträger der höheren Altersklassen werden in der Regel als Gruppenabschüsse freigegeben. Reviere, die z. B einen I a-Hirsch oder ein Hauptschwein erlegt haben, sind danach, während eines örtlich verschieden festgesetzten Zeitraumes, für einen Abschuß innerhalb dieser Reifeklasse gesperrt. Die alljährlich im Frühjahr stattfindende Trophäenschau dient der Erfolgskontrolle und somit gleichzeitig der Belehrung und weiteren Planung. In der Praxis gut bewährt haben sich Rot- und Damwildringe, Rehwildhegeringe (in Hessen gesetzlich verankert) und Schwarzwildhegegemeinschaften.

11 Bewirtschaftung des Niederwildes

Im Gegensatz zum Schalenwild, das mit Ausnahme vom Schwarzwild nur aufgrund und im Rahmen eines Abschußplanes bejagt werden darf, gibt es für die jagdliche Nutzung des Niederwildes keine vorgeschriebenen Abschußrichtlinien. Hasen, Fasanen, Rebhühner und Enten werden allgemein und besonders in den traditionellen Vorkommensgebieten nach althergebrachten Regeln bejagt, die den Grundsätzen der Waidgerechtigkeit entsprechen.

Hierbei wird besonderer Wert darauf gelegt, dem Wild eine Überlebenschance zu bieten. So ist es vor allem bei Gesellschaftsjagden streng verpönt, auf sitzendes Haarwild, wie zum Beispiel sich in der

Sasse drückende Hasen oder laufendes Federwild (Fasanen als Infanteristen) zu schießen. Auch nicht ausgewachsenes Wild, insbesondere flugunfähige Enten, halbwüchsige Rebhühner oder nicht voll durchgeschilderte Fasanenhähne werden grundsätzlich geschont. Eine Ausnahme bilden die im Herbst noch nicht ausgewachsenen Junghasen. Sie werden bei der Jagd bevorzugt erlegt, denn sie gehen ohnehin ein. Da sie gegen Infektionen äußerst anfällig sind, werden von ihnen nur Wildkrankheiten unnötig verschleppt.

Eine Abschußplanung wie beim Schalenwild ist deshalb sehr schwierig, weil die von Umwelt- und Witterungseinflüssen stark abhängigen Zuwachsraten im Wechsel der Jahre recht unterschiedlich sein können. Die Bejagung verlangt also oft ein hohes Maß an Zurückhaltung. Sie muß stets so durchgeführt werden, daß ein die Art erhaltender Grundbesatz am Leben bleibt. Eine willkürliche, nur gemäß den vorgegebenen Jagdzeiten durchgeführte Bejagung ohne zahlenmäßige Beschränkung kann in Jahren mit nassen und kalten Frühjahren schlimme Folgen haben. Derartige Eingriffe führen oftmals dazu, daß ein für die Erhaltung der Population notwendiges Minimum unterschritten wird, so daß eine Regeneration aus eigener Kraft unmöglich ist. Eine nachhaltige Nutzung des Niederwildes im Rahmen der Jagd ist also nur möglich, wenn eine genugende Anzahl vermehrungsfähiger Tiere erhalten bleibt. Der Zuwachs, der erlegt werden kann, beträgt bei Hasen, Fasanen und Enten in Jahren mit normaler Witterung 100% des im Frühjahr vorhandenen Besatzes.

Die Jagdarten (in Band II Jagdbetrieb ausführlich beschrieben) werden bei den einzelnen Wildarten recht unterschiedlich angewendet. Hasen zum Beispiel reagieren auf die mit der Einzeljagd verbundene häufige Beunruhigung durch Abwandern. Weil insbesondere bei Such- und Ansitzjagden zudem überwiegend Häsinnen zur Strecke kommen, wird in gepflegten Hasenrevieren anstelle dieser Jagdarten die einmalige Bejagung im Rahmen einer Treibjagd praktiziert. Doch darf weder die Zahl der Schützen noch die Größe der zu bejagenden Fläche überzogen werden. ¼ des Revieres sollte unbejagt bleiben. Kaninchenbesätze müssen dagegen unbedingt in Grenzen gehalten werden. Um einer Übervermehrung und somit hohen Wildschäden vorzubeugen, sind rigoroser Abschuß und planmäßiger Fang oft dringend notwendig. Die scharfe Bejagung in den Wintermonaten, insbesondere mit Hilfe des Frettchens, erübrigt die frühzeitige Jagd im Sommer, so daß führende Häsinnen nicht von ihren noch hilfebedürftigen Jungen weggeschossen werden.

Bei polygam lebenden Wildarten, wie zum Beispiel Fasanen, wird im Rahmen der Bejagung vor allem die Schaffung eines für die Art günstigen Geschlechterverhältnisses von 1 : 3 bis 1 : 5 angestrebt. In Anbetracht der allgemein geringen Besätze sollten Hennen vollkommen geschont werden.

Gegen die Regeln der Waidgerechtigkeit, zum Teil sogar verboten (siehe hierzu Band IV „Der Jäger und sein Recht") ist auch die Jagd auf Niederwild an Fütterungen. Insbesondere die Jagd auf Stockenten an eigens zu diesem Zweck angelegten Futterplätzen führt immer wieder zu berechtigter Kritik. Im Hinblick auf die Erhaltung der Möglichkeit, auch in der Zukunft zu jagen, empfiehlt es sich grundsätzlich, nicht nur die jagdrechtlichen Vorschriften zu beachten, sondern auch die sehr ernst gemeinten Bejagungsempfehlungen der jagdlichen Organisationen zu befolgen.

Die für die einzelnen Wildarten in Betracht kommenden Jagdmethoden sind in Band 2 „Der Jäger und sein Wild" unter der Rubrik Jagd aufgeführt.

11.1 Die Bejagung des Raubwildes

Wenn einerseits das Friedwild regelmäßig bejagt wird und Wildarten wie Hasen, Fasanen und Rebhühner, die unter vielzähligen Gefahren, einschließlich des Klimas, leiden und in ihrem Besatz fast überall bedroht sind, nach wie vor erbeutet werden,

Abb. 156. Von Katze gerissene junge Wildkaninchen. Hier wird deutlich, daß Raubwild vor allem beim Jungwild eingreift.

so ist es auch Verpflichtung der Jäger, das Raubwild zu bejagen. Das gestörte biologische Gleichgewicht in unserer Landschaft erkennt man am deutlichsten daran, daß im Gegensatz zum Friedwild viele Arten des Raubwildes durch die negativen Einwirkungen unseres hochtechnisierten Zeitalters kaum betroffen werden und in ihrer Bestandesdichte in vielen Revieren dominieren. Es sind sogar noch neue Arten hinzugekommen, die sich, wie beispielsweise der Waschbär, immer weiter ausbreiten. Großraubwild, das ursprünglich auf natürliche Weise regulierend in die Besätze des kleineren Raubwildes eingriff, ist in unseren Breiten nicht mehr vorhanden. Seine Aufgabe muß heute daher der Jäger übernehmen und im Interesse des vielerorts stark zurückgegangenen Niederwildes ein evtl. Überhandnehmen von Raubwild selektierend und dezimierend steuern. Dies geschieht mit Flinte und Falle.

Die nachstehende Aufzählung weist die Tierarten aus, die dem Niederwild Schaden zufügen und unter Einhaltung jagd-, tier- und naturschutzrechtlicher Bestimmungen bejagt werden dürfen bzw. unter Berücksichtigung hegerischer Überlegungen kurzgehalten werden müssen:
Fuchs, Dachs, Steinmarder, Baummarder, Iltis, großes Wiesel, Mauswiesel, Waschbär, Marderhund, wildernde Hunde und Katzen, Rabenkrähe, Elster, Eichelhäher.

Über das Ausmaß des Schadens, den das Raubwild im Niederwildrevier anrichtet, gibt es viele irrige Ansichten und Meinungen. Zwar kommt es schon einmal vor, daß ein Wiesel einen fast ausgewachsenen Hasen reißt. Das ist aber, ebenso wie die oft vertretene Auffassung, der Mäusebussard würde laufend ausgewachsene Fasanen schlagen, eine Ausnahme. Der eigentliche Schaden, den das Raubwild im Niederwildrevier verursacht, und der vielfach unterschätzt wird, besteht darin, daß es Jungwild reißt und Gelege zerstört. Es ist einleuchtend, daß gerade in der deckungslosen Kultursteppe auf diese Weise ganz erhebliche Verluste unter dem Niederwild entstehen können. So hat die starke Zunahme von Fuchs, Marder und Wiesel sowie von Rabenkrähe und Elster als Folge unzureichender Bejagung in vielen Revieren in gleichem Maße zum Rückgang des Friedwildes geführt. Deutlich erkennbar ist die Zunahme der Niederwildbesätze, wo infolge der Tollwut die Füchse, und das übrige Haarraubwild einschneidend abgenommen haben. Es ist eine erwiesene Tatsache, daß der Jäger einen hohen Tribut an Niederwild zahlen muß, wenn er dem Kurzhalten von Raubwild keine Bedeutung beimißt. Diese regulatorische, hegerische Maßnahme soll je nach den Lebensgewohnheiten der einzelnen Wildarten mit Flinte oder Falle erfolgen. Natürlich darf die Bejagung des Raubwildes nie mit dem Ziel vorgenommen werden, einzelne Tierarten auszurotten. Es muß unser Bestreben sein, ein biologisch richtiges und jagdwirtschaftlich sinnvolles Verhältnis zwischen Raub- und Friedwild herzustellen.

Abb. 157. Auf einem künstlichen Paß (Fallensteig) wird eine große Kastenfalle eingebaut.

Abb. 158. Ein guter Fangplatz; Scherenfalle im Steinhaufen eingebaut.

Abb. 159. Die Betonröhrenfalle hat sich vor allem beim Fang von Füchsen gut bewährt.

11.1.1 Die Fallenjagd

Die Jagd mit der Falle zählt zu den ältesten Methoden der Jägerei. Ursprünglich, als es noch keine Schußwaffen gab, wurden fast alle Wildtiere in Fallen der verschiedensten Art und Größe sowie in Fallgruben erbeutet. Zwar sind die meisten Fangarten inzwischen durch moderne Jagdwaffen verdrängt worden, auf manchen Gebieten allerdings hat sich bis zum heutigen Tage die Fallenjagd durchgesetzt. Vor allem das Kleinraubwild wie Marder, Iltis und Wiesel kann nur durch Fallen in tragbaren Grenzen gehalten werden. Die heimliche und oft rein nächtliche Lebensweise dieser Tiere macht eine erfolgreiche Bejagung mit der Schußwaffe unmöglich.

Gifte, die noch heute zur Dezimierung von Ratten, Mäusen, Tauben und Kaninchen eingesetzt werden, sind zur Bekämpfung von Raubwild verboten. Einer Übervermehrung, wie sie zur Zeit bei den Steinmardern zu beobachten ist, läßt sich deshalb nur mit der Falle begegnen. In erster Linie werden also Raubwildarten, die in ihrem Besatz nicht bedroht sind, sondern z.T. in sehr hohen Dichten vorkommen und somit in Niederwildrevieren das Jungwild und die Gelege des Wildgeflügels und der Vögel bedrohen, im Rahmen der Fallenjagd einreguliert. Nach den gesetzlichen Bestimmungen dürfen allerdings nur solche Fallen eingesetzt werden, die das Wild entweder lebend und unversehrt fangen oder es sofort töten. Unter den Lebendfangfallen sind Kastenfallen, Wiesel-Wippbrettfallen und die in Ausnahmefällen eingesetzten Habichtsfänge am gebräuchlichsten. Knüppel-, Scheren-, Totschlagfallen und Schlagbäume zählen neben Schwanenhälsen, Abzugseisen und Conibearfallen zu den totfangenden Fallen.

Den vielseitigsten Anwendungsbereich bietet die Kastenfalle. Der Vorteil, daß sie alles Wild lebend fängt, macht es möglich, diese Falle ganzjährig auf einen Zwangspaß zu stellen. Voraussetzung dafür ist allerdings die tägliche Kontrolle. So können Kastenfallen sowohl gegen Raubwild als auch zum Fang von Kaninchen z.B. auf

Friedhöfen und von Jungwild für die Ohrmarkenforschung eingesetzt werden. Sie müssen allerdings nicht ständig fängisch stehen. Durch eine Sicherung lassen sich Kastenfallen auf Durchlauf stellen. So kann das Raubwild durch zusätzliches Ankirren im Laufe des Sommers oder Herbstes an den Fangplatz gewöhnt werden.

Wieselfallen werden besonders in den Jahren eingesetzt, in denen es nach einer Kalamität plötzlich kaum noch Mäuse gibt. Um das Jungwild vor den nach Mäusejahren oft überreichlich vorkommenden Wieseln zu schützen, wird der Überhang des Besatzes abgeschöpft. Das ist nur mit Fallen möglich. Die kleinen Räuber führen ein sehr heimliches Leben und nutzen aus Angst vor den eigenen Feinden aus der Luft jede Deckung und Bodenvertiefung aus, um ungesehen jagen zu können.

Unter Berücksichtigung dieser Eigenart werden die Fallen in trockene Gräben, Akkerfurchen, Durchlässe oder in eigens dafür geschaffene Fangsteige gestellt. Sehr gute Fangplätze sind auch alle im Revier vorhandenen Stein- und Strohhaufen.

Totfangende Fallen werden für den gezielten Fang von Mardern, wildernden Katzen, Füchsen und Waschbären verwendet. Der Einsatz dieser auch für den Menschen zuweilen sehr gefährlichen Fanggeräte erfordert große Sorgfalt und gute Vorbereitung. Für Schwanenhälse, Abzugseisen und Conibearfallen werden frühzeitig Fangplätze, wie z. B. als Stein- oder Reisighaufen getarnte Fangbunker, angelegt. An diesen Plätzen wird das Raubwild frühzeitig und regelmäßig angekirrt. Die Fallen selbst kommen erst im Winter, wenn der tatsächliche Fang erfolgen soll, auf den Platz. Sie müssen täglich kontrolliert und an von Menschen besuchten Orten morgens gesichert werden. Auch Knüppelfallen bringen die besten Erfolge dann, wenn sie frühzeitig im Revier eingebaut und als Reisighaufen getarnt werden. Gute Fangplätze sind abgelegene Dickungen im Wald und dichte Schwarzdornhecken im Feld. Das Ankirren mit Leckerbissen, z. B. Hühnereiern für Marder, erhöht den späteren Fangerfolg.

Abb. 160. Bisamjäger benutzen die Conibearfalle, weil sie sicher und garantiert tödlich fängt.

Abb. 161. Trockene Durchlässe sind für den Fang der Wiesel mit der Wieselwippbrettfalle am besten geeignet. Die tägliche Kontrolle ist wichtig.

Abb. 162. Kunstbau; die Eingänge sollten nach Süden oder Südosten gerichtet sein.

11.1.2 Kunstbaue

Kunstbaue dienen der gezielten Bejagung des Fuchses. Sie werden überall dort angelegt, wo es entweder keine natürlichen Baue gibt, wie z. B. in reinen Feldrevieren und staunassen Moorgegenden oder wo die Baujagd für Erdhunde zu gefährlich ist, z. B. bei zerklüfteten Felsenbauen im Walde. Dabei wird vor allem der Umstand ausgenutzt, daß der Fuchs im Winter bei Schlackerwetter und Schnee, besonders während der Ranzzeit regelmäßig den Bau als Tagesunterschlupf aufsucht. Um zu erreichen, daß die Füchse von den oft weit verzweigten und aus diesem Grunde schwer zu bejagenden Naturbauen in die Kunstbaue übersiedeln, werden die Einfahrten der alten Burgen verstänkert, indem man Petroleum in die Röhren schüttet.

Günstige Plätze sind Feldgehölze, Heckenstreifen, Böschungen an Grabenrändern und Rainen, künstlich aufgeschüttete Erdhügel im Moor usw. Bei der Anlage eines Baues ist es vor allem wichtig, daß man sich an bestimmte Maße hält. Zu groß gewählte Röhren und Kessel beeinflussen das hohe Sicherheitsbedürfnis des Fuchses negativ und haben immer zur Folge, daß die Baue kaum angenommen werden. Betonröhren mit einem Innendurchmeser von 20 cm sind richtig. Diese lichte Weite macht es möglich, daß auch Teckel und Terrier von normaler Größe bequem einschliefen können. Der Kessel, je nach Bauart, rund oder viereckig, sollte einen Innendurchmesser von 50 cm und eine lichte Höhe von 40 cm aufweisen. Er muß absolut wasser- und weitestgehend schalldicht abgedeckt sein. Röhren und Kessel liegen 80 cm tief und befinden sich somit unterhalb der normalen Frostgrenze. Die Röhren steigen zum Kessel hin leicht an. Somit kann nicht nur eventuell auftretendes Sikkerwasser abfließen, sondern es bildet sich dadurch im Kessel ein Wärmestau, der den Aufenthalt für den Fuchs angenehmer und somit den Bau attraktiver macht.

Je früher der Bau angelegt wird, um so höher sind die Erfolgsaussichten für die Baujagd im folgenden Winter zu bewerten. Dann werden die Kunstbaue vor allem von den Füchsen angenommen, die bereits als Jungfüchse, besonders während der Zeit nach dem Selbständigwerden im Sommer, die schützende Erdhöhle kennengelernt und genutzt haben.

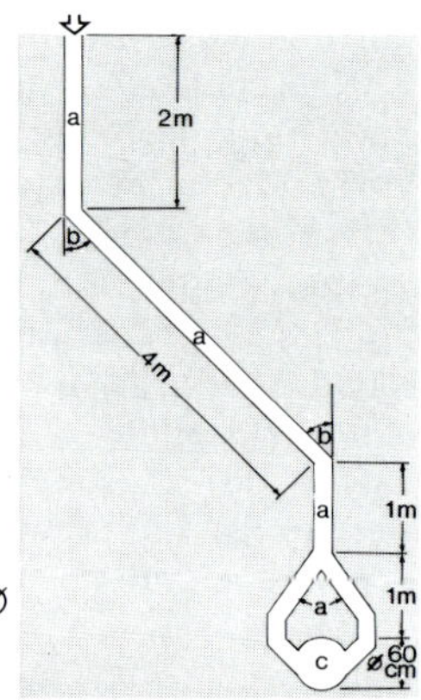

a. Betonröhren 20 cm Ø
b. Bögen 45°
c. Kessel

Abb. 163. Kunstbau mit einem Eingang; die Bögen werden mit Teerpappe belegt und zubetoniert.

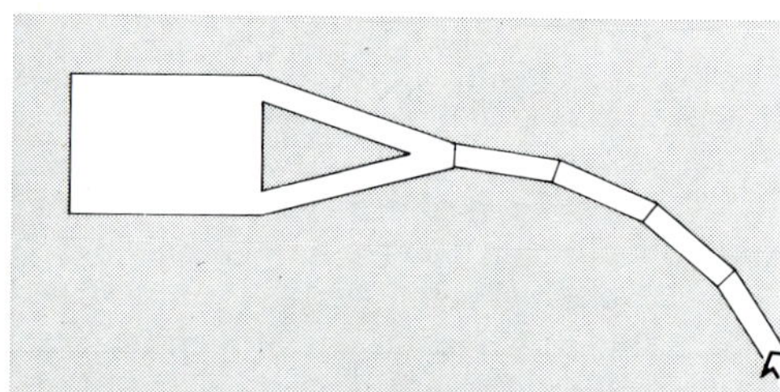

Abb. 164. Einfache Kunstbauanlage für Erdhundeinsatz. Zwei Kesselzugänge bieten Fluchtmöglichkeit.

12 Der Jagdschutz

Gemäß dem Wortlaut des Bundesjagdgesetzes umfaßt der Jagdschutz traditionell den Schutz des Wildes vor Wilderern, Futternot, Wildseuchen (s. Band 2 Der Jäger und sein Wild), wildernden Hunden und Katzen (s. Band 5, Der Jäger und sein Recht, S. 210–222), sowie die Sorge um die Einhaltung der zum Schutz des Wildes und der Jagd erlassenen Vorschriften. Neben diesen genau definierten Obliegenheiten läßt sich die Aufgabenpalette der Jagdschutzberechtigten natürlich noch erweitern, sofern Gesetzesvorschriften dabei nicht berührt werden. Besonders die vielzähligen Möglichkeiten zur Rettung des Wildes vor dem grausigen Mähtod weisen auf das große Potential der Hilfeleistung für die bedrohte Tierwelt hin. Auch der Schutz des Wildes vor dem Verkehrstod auf den Straßen rückt immer mehr in den Blickpunkt des öffentlichen Interesses und verlangt, daß alle Möglichkeiten ausgeschöpft werden, Menschen und Tiere vor den schlimmen Folgen nach Zusammenstößen zwischen Autos und Wild zu schützen. Bei allen Bestrebungen geht es darum, dem Wild unnötige Verluste und Qualen zu ersparen. Diese Bemühungen verlaufen dann erfolgreich, wenn seitens der Jagdschutzberechtigten eine gute Zusammenarbeit mit der Polizei, den Kommunen, Forstdienststellen und Landwirten unterhalten wird.

12.1 Wildererbekämpfung

Abb. 166. Opfer gemeiner Wilderei.

Häufig herrscht heute die Meinung vor, daß die Jagdwilderei keine größere Rolle spiele. Das Gegenteil ist der Fall. Zwar haben sich die Methoden gegenüber früher ganz wesentlich gewandelt, doch werden von den heutzutage mit modernen Hilfsmitteln ausgerüsteten Wilddieben wesentlich höhere Beutemengen erzielt. Die Beweggründe sind weniger Leidenschaft oder gar Not, als vielmehr Habgier und Gewinnsucht.

12.1.1 Wilderermethoden

Abb. 167. Die Wilderermethoden sind vielseitig.

An erster Stelle stehen die Autowilderer. Es handelt sich dabei um Personen, die mit ihren Kraftfahrzeugen meist während der Nacht oftmals weit entfernte Jagdreviere aufsuchen und das vom grellen Licht der Scheinwerfer geblendete Wild aus dem Fahrzeug heraus abschießen. Die Vielzahl befestiger Feldwege, insbesondere die im Rahmen der Flurbereinigungen angelegten Beton- und Spurbahnen, erleichtern diese Straftaten ganz wesentlich.

Schlingensteller betreiben nach wie vor häufig ihr Unwesen. Besonders im Bereich der Industriegebiete wird diese Wilderermethode immer wieder von den dort lebenden Gastarbeitern aus heimatlicher Gewohnheit praktiziert.

Abb. 168. Schlingensteller gibt es auch heute noch.

Auch Campingplätze sind oft der Ausgangspunkt für Schlingensteller und bewaffnete Wilddiebe.

Auch das Aushorsten von Greifvögeln und Ausnehmen von Gelegen des Federwildes steht häufig auf der Liste begangener Wilderei. Nicht zuletzt gilt das Sammeln von Abwurfstangen als Wildereidelikt.

12.1.2 Vorbeugemaßnahmen

Abb. 169. Wildernde Hunde – Geißeln der Wildbahn.

Die besonders schwerwiegende Autowilderei erfolgt nach Auswertung der Statistik vorwiegend an Wochenenden und vor Feiertagen. Verdacht auf Wilderei dieser Art besteht vor allem dann, wenn das Schalenwild schon beim Auftauchen von Kraftfahrzeugen die Flucht ergreift.

Auch kreisförmige Fahrzeugspuren auf bestellten Feldern weisen oft auf Wilderei hin. Nachtansitze auch in mondlosen Nächten, häufige Revierkontrolle zu unregelmäßigen Zeiten bestätigen oft den Verdacht. Das Festhalten der Autonummern der Fahrzeuge, die verdächtig erscheinen, kann helfen, Wilderer zu überführen. Bei weiteren Ermittlungen sollte grundsätzlich die Polizei eingeschaltet werden.

12.1.3 Spurensicherung

Bei der Aufklärung von Fällen der Jagdwilderei ist die enge Zusammenarbeit der Jäger mit der dafür zuständigen Polizei eine wichtige Voraussetzung. Die Feststellung beweiserheblicher Tatsachen geht meist auf die vom Zufall abhängige Initiative der Jäger zurück, doch werden bei dem Versuch der Täterermittlung oft grobe Fehler gemacht. Vorwiegend bei dem Erkennen und Sichern der von Wilderern hinterlassenen Spuren läßt man aus mangelnder Sachkenntnis nicht die gehörige Sorgfalt walten. Meist sind es aber gerade die ganz nebensächlichen oder nur unbedeutend erscheinenden, für die kriminalistische Auswertung aber ungemein wichtigen Spuren, die aus Unkenntnis übersehen, zerstört oder weggeworfen werden.

Aufgefundene Patronenhülsen geben oft den ersten Hinweis auf das Unwesen von Wilddieben. Solche Beweismittel können außerordentlich wichtig sein. So lassen sich Spuren, die von der Schußwaffe herrühren, nachweisen, wie z. B. Schlagbolzeneinschlag, Auswerferspur, Patronenlagerabdruck usw. Bei sichergestellten Waffen läßt sich später zweifelsfrei feststellen, ob eine im Revier gefundene Hülse aus einer von ihnen abgefeuert wurde.

Das gleiche gilt für sichergestellte Geschosse. Dabei ist sehr wichtig zu wissen, daß an Wild, das durch Kleinkalibergeschosse oder Schrot erlegt wurde, der Einschuß äußerlich meist nicht erkennbar ist. Solche Stücke werden zunächst aus der Decke geschlagen, um den Einschuß zu finden und das Projektil zu sichern.

Bei aufgefundenen Schlingen heißt es für den Jäger grundsätzlich: „Hände weg vom Tatort“: Der Wildereisachbearbeiter von der Polizei findet auch an den Drahtschlingen mehrere zur Auswertung geeignete Spuren. Selbst Schnittspuren an mit Werkzeugen bearbeiteten Holzteilen, z. B. an Blöcken, Bäumen und Sträuchern beim Anbringen der Schlingen oder wenn eine Jagdeinrichtung zerstört wurde, lassen sich erfolgreich auswerten.

Besonders wichtig für die Ermittlungsarbeit sind Reifen- und Fußspuren; sie sollten bis zum Eintreffen der Polizei mit einer Plastikplane abgedeckt werden. Falls sich aus den Spuren aller Räder der Radstand und die Spurweite messen lassen, sind ziemlich sichere Hinweise auf Fabrikat und Baujahr des Täterfahrzeuges möglich.

Abb. 170. Kreisförmige Autospuren auf Feldern weisen mit Sicherheit auf Autowilderer hin.

Abb. 171. Die gesicherten Beweismittel: Fußabdrücke und Profile eines Fahrzeuges mit Gips ausgegossen.

Eine Schuhspur gibt nicht nur Aufschluß über die Schuhgröße des Täters, sondern ist auch zur Bestimmung des Sohlenfabrikates geeignet.

Auch Haare, Federn, Losungen und Blutspuren müssen am Tatort, vor allem in Tatfahrzeugen, unbedingt gesichert werden. Schließlich wurde schon mancher anfangs harmlos erscheinende Autofahrer der schweren Wilderei überführt, weil Haare von Rot-, Reh- oder Schwarzwild im Kofferraum des Fahrzeuges entdeckt wurden. Die Schutzbehauptung, die gesicherten Tierhaare seien Hunde- oder Katzenhaare, kann natürlich eindeutig widerlegt werden.

12.2 Schutz vor Mähmaschinen und im Straßenverkehr

Alljährlich fällt eine Unzahl von Wildtieren dem grausamen Mähtod zum Opfer. Die Verluste, die vor allem bei der Heuernte entstehen, gehen zum größten Teil zu Lasten des Jungwildes und des brütenden Wildgeflügels, das in den ruhigen Wiesen- und Kleeschlägen sichere Kinderstuben und Brutplätze vermutet.

In Jahren, in denen die Heuernte früh einsetzt, sind die Abgänge besonders groß. Das frisch gesetzte Jungwild zeigt dann noch keine Fluchtreaktionen bei nahender Gefahr und versucht sein Heil, indem es sich vor dem vom Traktor gezogenen Kreiselmäher drückt. Dieses instinktive Verhalten, das sich auf Geruchlosigkeit und gute Tarnfarbe stützt, erschwert die Rettung des Jungwildes mit den dafür entwickelten Geräten ganz wesentlich. Es ist deshalb in jedem Falle wichtig, vorbeugende Maßnahmen zu ergreifen, die darauf abzielen, daß gefährdete Wiesen vom Wild von vornherein gemieden oder vor der Mahd verlassen werden.

Abb. 172. Bevor die todbringende Mähmaschine erscheint, sollte das Wild vergrämt werden.

12.2.1 Störung mit dem Hund

Alle Wildarten sind gegen Störungen durch Freßfeinde innerhalb ihrer Kinderstuben und Brutplätze außerordentlich empfindlich. Absolute Ruhe und Sicherheit gelten als wichtigste Voraussetzung für die Wahl des Brut- und Aufzuchtplatzes. Die Entscheidung darüber, ob z. B. eine Wiese als Heimstatt der Nachkommenschaft auserkoren wird, kann durch Störungen beeinflußt werden. Diese Erkenntnis läßt sich bei der Rettung des Wildes vor dem Mähtod sehr nutzbringend einsetzen. Der Jäger sollte im April/Mai, wenn das Wild die zukünftigen Aufzucht- und Brutplätze auswählt, die gefährdeten, oft über Jahre bekannten Klee- und Wiesenschläge möglichst oft mit einem am Wild gehorsamen Hund absuchen. Ob es sich um Ricken, Häsinnen, Fasanenhennen oder Rebhühner handelt, sie werden vor der ständigen Störung des als Todfeind angesehenen Hundes sehr bald in die ruhigen Deckungsschläge ausweichen und dort ihre Nachkommen ausbrüten bzw. aufziehen.

12.2.2 Scheuchmittel

Rehkitze, die man kurz vor der Mahd in einer Wiese beobachtet hat oder dort vermutet, entgehen dem Mähtod, wenn man 1–2 Tage vor dem Mähen Wildscheuchen in den Grünschlag aufstellt. Sie bestehen aus einem zwei Meter langen Stock, der in den Boden gesteckt und über den ein Papiersack gestülpt wird. Nach diesem Prinzip wurden auch sogenannte Schreckballons entwickelt, in grellen Farben gezeichnete Luftballons, die an Bindfäden oder Stahl-

Abb. 173. Wildscheuchen, am Abend vor der Mahd in die Wiese gestellt, veranlassen das Wild zum Abwandern.

federn befestigt sind, und sich beim geringsten Luftzug bewegen. Die führende Ricke erschrickt vor dem plötzlich vorhandenen "Ungeheuer", ängstigt sich um ihre Kitze und zieht mit ihnen aus der Mahdfläche ab. Wildscheuchen verlieren nach wenigen Tagen ihre abschreckende Wirkung. Sie sollten deshalb grundsätzlich nur kurzfristig aufgestellt werden. Bei großen Grünschlägen ist im Einvernehmen mit den Landwirten außerdem darauf hinzuwirken, daß am Abend vor dem Mähen rundherum angemäht wird, um durch diese zusätzliche Veränderung dem Wild den Einstand zu verleiden.

12.2.3 Chemische Abschreckungsmittel

Die Verbreitung unangenehmer Gerüche verhindert nur Mähverluste des Haarwildes. Gute Erfolge werden mit "M.7." (Fa. Heinz Berkel, Ludwigshafen) erzielt, einer Paste, die an mehrere im Grünschlag eingesteckte Stöcke gestrichen wird. Das Mittel basiert auf Wolfswittrung und schreckt vor allem das Rehwild ab. Ähnliche Ergebnisse bringt die Anwendung von Carbid, das am Abend vor der Mahd breitwürfig ausgestreut wird. Eine geruchliche Beeinträchtigung des Heus ist nicht gegeben, denn mit der Umwandlung in Kalk verfliegt der anfangs intensive Geruch des Carbids.

12.2.4 Wildretter

Zwar werden seit Jahrzehnten alle erdenklichen Anstrengungen unternommen, einen sicher funktionierenden Wildretter zu entwickeln, doch ist dies bis heute nicht gelungen.

Alle mechanischen Wildretter scheitern an der Tatsache, daß beim Jungwild bis zu einem gewissen Alter der angeborene Drück-Reflex dominiert. So gelingt es kaum jemals, Kitze unter einer Woche oder Junghasen durch die vom Wildretter ausgehende Berührung zum Verlassen der Wiese zu veranlassen. Älteres Jungwild dagegen flieht meist vor den Zinken oder Ketten aus Metall. Die heutigen Wildretter bestehen aus einem Trägerarm direkt auf dem Mähwerk (Kreiselmäher) und dem seitlich herausragenden Scheuchenteil, dessen Stahlzinken oder Ketten in einem Streifen in der Breite des nächstfolgenden Schwads das Wild durch direkte Berührung zum Aufstehen bewegen sollen.

12.2.5 Rettung ausgemähter Gelege

Beim Absuchen der Wiesen vor der Mahd mit dem Hund, besonders häufig aber beim Einsatz von Wildrettern wird brütendes Federwild aufgescheucht. Fasanen und Rebhühner, die erst wenige Tage brüten, verlassen nach solchen Störungen fast immer ihren Brutplatz und machen ein Nachgelege. Um den Grad der Bebrütung festzustellen, wird ein Ei des Geleges geopfert und vorsichtig aufgeschlagen. Befindet sich der Grad der Bebrütung noch im Anfangsstadium, sollte man die Eier in jedem Fall fortnehmen und sie von einer Hühnerglucke oder mittels eines Brutapparates ausbrüten lassen. Im Ei fast vollständig entwickelte Küken weisen darauf hin, daß der Schlupf kurz bevor steht. In diesem Stadium ist der Arterhaltungstrieb bei der Henne sehr stark ausgeprägt und hindert sie daran, das Gelege zu verlassen. Am sichersten läßt sich ein solches Gelege retten, wenn die Mahd um einen entsprechenden Zeitraum verschoben wird. Ist das nicht möglich, sollte um das Gelege herum ein mindestens 5 × 5 Meter großes Stück der Wiese stehen bleiben.

12.2.6 Wildwarnreflektoren

Alljährlich fallen mindestens 250000 Wildtiere dem Straßenverkehr zum Opfer. Bei diesen Verkehrsunfällen mit Wild werden gleichzeitig etwa 15 Menschen getötet und 2000 verletzt. Der Sachschaden, der dabei entsteht, wird mit etwa 167,7 Millionen DM beziffert.

Um diesen hohen Einbußen zu begegnen, sind Maßnahmen zur Verminderung der Wildverluste infolge des Straßenverkehrs und der Verkehrsunfälle dringend erforderlich. Als sicherste Methode zur Abwehr des Wildverkehrstodes gilt die Errichtung von Verkehrsschutzzäunen. Diese werden bisher allerdings nur an besonders gefährdeten Autobahnen und Schnellstraßen errichtet. An den übrigen Verkehrswegen werden auf Initiative der Jäger optische Schutzmaßnahmen zur Minderung der Wildverluste durch den Straßenverkehr angewendet. Es handelt sich um Geräte, die unter der Bezeichnung "Wildschutzspiegel" oder "Wildabweiser" bekannt wurden und deren Aufgabe es ist, durch Reflektieren des Lichtes von Kraftfahrzeugen das Wild am Überqueren der Straße zu hindern. Die Anbringung der Reflektoren erfolgt in der Regel durch die Jagdaus-

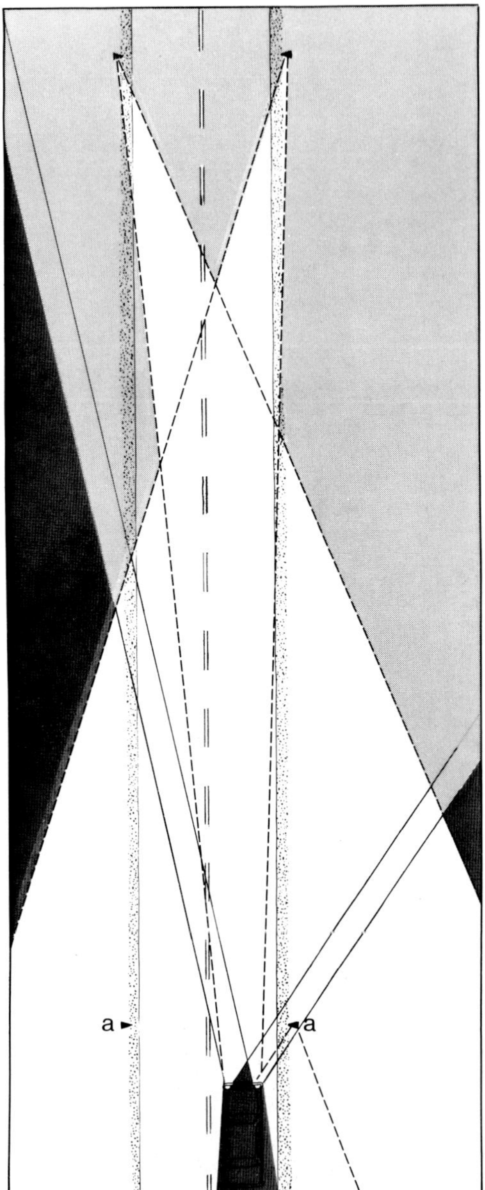

Abb. 174. Straßenseitig angebrachte Warnspiegel reflektieren in das gegenüberliegende Gelände. a. Pfosten mit Wildwarnreflektoren

übungsberechtigten, die dafür allerdings die Genehmigung der zuständigen Straßenverwaltung benötigen. Alle Fabrikate werden an den am Straßenrand befindlichen

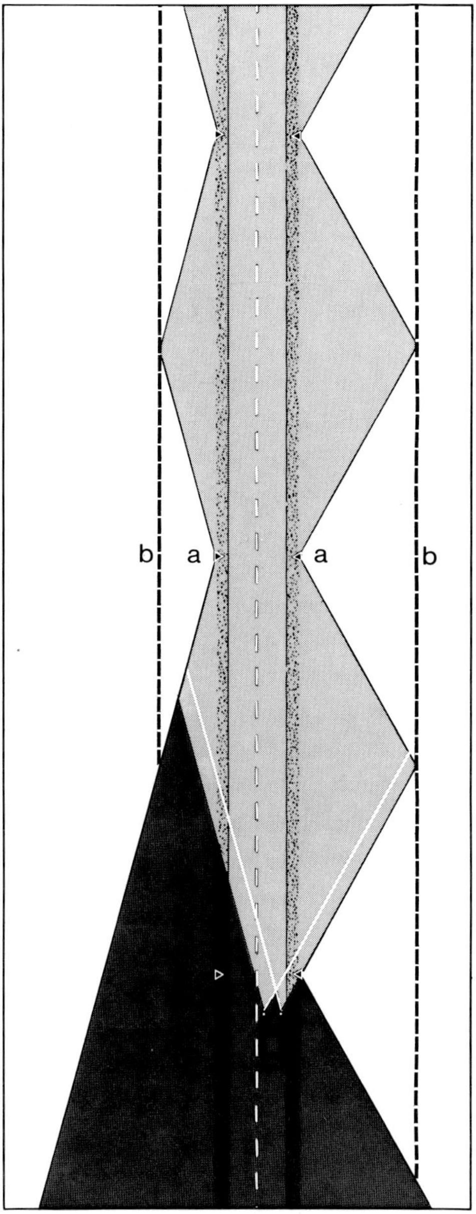

Leitpfosten befestigt, doch gibt es Unterschiede in der Reflexionsrichtung. Bei den auf der Rückseite des Leitpfostens, also geländeseitig befestigten Typen geht die Reflexion vom Pfosten direkt in das Gelände neben der Straße. Die straßenseitig angebrachten Warnspiegel dagegen reflektieren das Licht über die Straße hinweg in das gegenüberliegende Gelände. Die Größe der ausgeleuchteten Sektoren und damit auch die Entfernung des Lichtzaunes vom Straßenrand ist abhängig vom Abstand der Leitpfosten zueinander. Auch der Abstrahlwinkel kann bei den einzelnen Geräten unterschiedlich sein, so daß der Lichtzaun, nämlich die Linie, an der sich zwischen zwei Pfosten die von reflektiertem Licht bestrichenen Sektoren überschneiden, zwischen 35 bis über 100 m von der Straße entfernt liegen kann. So können also nur Tiere gewarnt werden, die sich in den Abstrahlsektoren befinden. Darüber hinaus sind Wildwarnspiegel nur dann wirksam, wenn sie das Scheinwerferlicht auch tatsächlich reflektieren. Verschmutzte oder beschlagene Spiegel haben keinen Effekt.

Bundesweit durchgeführte, langjährige Versuche haben ergeben, daß Wildwarnreflektoren bei richtiger Anbringung und Wartung wohl dazu beitragen, die Wildverkehrsunfälle zu mindern, ihre Wirkung aber von niemandem überbewertet werden sollte.

Abb. 175. Bei den auf der Rückseite der Pfosten angebrachten Spiegeln geht die Reflektion nach außen.
a. Pfosten mit Wildwarnreflektoren,
b. Lichtzaun

13 Hilfsmaßnahmen für Wild und andere Tiere

In der von vielen negativen Umwelteinflüssen bedrohten Natur verschlechtern sich die Lebensbedingungen für einzelne Tierarten in zunehmendem Maße, so daß ihre Existenz vielfach gefährdet ist. Besonders die Tiere, deren Bestandesdichte die Grenze eines für ihre Erhaltung dringend erforderlichen Minimums unterschreitet, bedürfen unserer Fürsorge und Hilfe. Oft sind es einfache Methoden, die zur Rettung und Erhaltung gefährdeter Wildarten führen. Sehr wirkungsvoll ist zum Beispiel die Aufzucht von Wildgeflügel, ein bekanntlich in der Vergangenheit schon oft praktizierter Weg, der schon seit altersher zur Stabilisierung der Besätze von Hühnervögeln und Enten beschritten wurde und in jüngster Zeit sogar Uhu und Wanderfalken vor dem Aussterben bewahrt hat.

Menschliche Hilfe, die im Rahmen der Hege vor allem von den Jägern geleistet wird, kommt vielen Vertretern der freilebenden Tierwelt zugute. Hilfsmaßnahmen greifen besonders dort, wo eine vorangegangene Biotopverbesserung die als Voraussetzung geltende Lebensgrundlage geschaffen hat. In solchen gut vorbereiteten Revieren führen Vermehrung von Wildgeflügel, Schaffung von Nistmöglichkeiten und Nestschutz zu einer Stabilisierung des Gleichgewichtes innerhalb der heimischen Fauna.

13.1 Aussetzen von Wild

Das Aussetzen von Wild zum Zwecke der Einbürgerung wird schon seit langem betrieben. In einer heute kaum noch übersehbaren Zahl von Versuchen wurden Tierarten aus den verschiedensten Herkunftsgebieten immer wieder in unsere Wildbahnen entlassen. Die Einbürgerungsversuche waren allerdings nur zum Teil erfolgreich. Von insgesamt 85 verschiedenen Vogelarten konnten nur 13 (18%) mit mehr oder weniger großem Erfolg angesiedelt werden. Positiver verliefen die Versuche bei den Säugetieren. 32 (68%) verschiedene Arten ließen sich in Europa akklimatisieren. Ohne Zweifel hat die Neuansiedlung z. T. völlig fremder Tiere und die Wiedereinbürgerung örtlich ausgerotteter Wildarten die hiesige Fauna positiv beeinflußt.

Unter den Vogelarten sind Fasan, Kanadagans, Rothuhn, Höckerschwan, Auerhuhn, Wanderfalke und Uhu die bekanntesten, die entweder neu angesiedelt oder wiedereingebürgert wurden. Bei den ausgesetzten Säugetieren haben Wisent, Dam-, Sika-, Muffel- und Steinwild zu einer echten Bereicherung der Wildbahn geführt. Unzählige Versuche, die Hasenbesätze durch Einkreuzung der meist aus Osteuropa stammenden Feldhasen aufzubessern, sind durchweg fehlgeschlagen. Bei den im Mittelalter aus Spanien eingeführten Kaninchen und den gegen Ende des letzten Jahrhunderts in Großbritannien ausgesetzten Grauhörnchen, die aus Nordamerika stammen, hat es nach starker Ausbreitung und großen landeskulturlichen Schäden oft heftige Kritik gegeben. Auf große Ablehnung ist die erfolgte Einbürgerung der Bisamratte (1905) und des Waschbären (ab 1930) gestoßen, die sich beide als auch im ökologischen Sinne schädlich erwiesen haben.

Viele ausgesetzte Tierarten haben sich anfangs wohl gut gehalten und auch vermehrt, sobald allerdings menschliche Fürsorge und Obhut nachließen, ging die Entwicklung meist schnell wieder bergab. Solche Erfahrungen wurden bei Königsfasanen, Goldfasanen, Perlhühnern, Truthühnern, Pfauen und anderen beobachtet.

Als stilwidrig könnte man die Einbürgerung von Känguruhs bezeichnen. In der Tat wurden auch diese Exoten schon mit Erfolg bei uns ausgesetzt. Die aus Tasmanien stammenden Bennets-Känguruhs, gegen Ende des 19. Jahrhunderts in der Nähe von Bonn und im Raum Frankfurt/Oder ausgelassen, vermehrten sich sehr gut, was im Hinblick auf die Tatsache, daß Tasmanien unter der gleichen Breite der südlichen Halbkugel liegt wie Korsika auf der nördlichen, an sich auch verständlich erscheint. Ihr fremdartiges Aussehen und hoher Wildschaden wurden dann aber zum Anlaß genommen, die Bestände wieder auszulöschen. Bei Aussetzungsaktionen dieser Art spricht man von Faunenverfälschung. Mit diesem Begriff wird auf folgende Gefahren hingewiesen:

1. Fremdlinge können wirtschaftliche Schäden verursachen (Kaninchen, Bisam).
2. Krankheiten werden eingeschleppt und auf andere Tierarten übertragen.
3. Ausgesetzte Tiere treten als Nahrungskonkurrenten einheimischer Arten auf.
4. Die Vermischung autochthoner Rassen einer Art mit fremden Rassen führt zu genetischen Veränderungen.

Unter Berücksichtigung solcher Gesichtspunkte ist die Einbürgerung fremder Tierarten heute strengen Vorschriften unterworfen. Grundsätzlich verboten ist das Aussetzen von Schwarzwild und Wildkaninchen. Mit Ausnahme von Fasanen und Rebhühnern ist für alle anderen Wildarten die schriftliche Genehmigung der obersten Jagdbehörde notwendig (siehe hierzu Band 5 “Der Jäger und sein Recht“).

13.1.1 Schalenwild

Schalenwild, insbesondere Rotwild, wurde zu Beginn dieses Jahrhunderts aufgrund der damaligen Erfahrungen aus der Haustierzucht häufig zum Zweck der Erbgutaufwertung durch Bluteinkreuzung ausgesetzt. Neben starken Hirschen aus den Balkanländern wurden sogar Wapitis in unsere Wildbahn entlassen. Oft erreichte man dadurch das Gegenteil von dem, was man zum Ziel hatte. Die uspründlich endenreichen Kronenhirsche des südwestlichen Typs wurden durch Einkreuzungen von Ungarnhirschen zwar langstangiger, doch fehlten fortan edle Geweihform und Becherkrone. So haben sich die Ansichten über das Aussetzen zwischenzeitlich geändert, denn besonders die Erfolge rotwildgerechter Hege haben in den letzten Jahren gezeigt, daß auch ohne Blutauffrischung starke Trophäenträger heranwachsen. Ähnliche Erfahrungen wurden auch beim Rehwild gemacht. Hier zeigte sich, daß selbst das Einkreuzen starker schwedischer Rehböcke und der gegenüber den einheimischen an Körperstärke fast doppelt so schweren sibirischen Rehböcke keine nachhaltige Qualitätsverbesserung bewirkte. Sinnvoll und erfolgversprechend ist somit nur das Aussetzen geeigneter Wildarten zum Zwecke der Neubestandsgründung. Für geeignete Waldbiotope, in denen es kein Rotwild gibt, kommen zwei Wildarten für die Einbürgerung in Betracht: Dam- oder Muffelwild. Beide Arten gelten als anspruchslos in der Äsung, leiden kaum unter Krankheiten und passen sich den heutigen Umweltbedingungen, z. B. dem Erholungsverkehr, gut an. Hinzu kommt, daß sie sehr begehrte Trophäen ausbilden.

Von großer Bedeutung ist die richtige Herkunft sowohl von Dam- als auch von Muffelwild. Beim Damwild ist wichtig, daß die Tiere aus der freien Wildbahn stammen, normale Färbung aufweisen, lange und starke Stangen haben und gute Veranlagung zu Schaufelbildung zeigen. Noch kritischer muß bei der Beschaffung von Muffelwild gewählt werden. Es sollte grundsätzlich nur reinrassiges, nicht schälendes Wild von normaler Färbung in die freie Wildbahn entlassen werden.

Allerdings macht die zuständige Behörde für das genehmigungspflichtige Aussetzen von Schalenwild fast immer die Auflage, die Tiere zunächst in Quarantäne in ein entsprechend großes Eingewöhnungsgatter zu geben. Dort werden sie vom Amtstierarzt beobachtet und zugleich wird unter sachkundiger Aufsicht, vor allem beim Muffelwild, festgestellt, ob negative Eigenschaften (Schälen) sichtbar werden. Die Eingewöhnung dauert in der Regel von der Fangzeit im Winter bis zum Frühsommer. Schalenwild wird immer erst dann freigelassen, wenn das weibliche Wild gesetzt hat und die Jungen gut auf den Läufen stehen. Der Termin muß selbstverständlich den Nachbarrevierinhabern bekanntgegeben werden.

13.1.2 Fasanen

Für das Aussetzen von Fasanen bedarf es keiner besonderen Genehmigung. Jedoch gilt besonders für diese Wildart der § 19 Abs. 18 des Bundesjagdgesetzes, wonach es verboten ist, eingefangenes oder aufgezogenes Wild später als vier Wochen vor Beginn der Jagdausübung auf dieses Wild auszusetzen. Dieser Zeitpunkt ist nicht der gesetzlich festgelegten Jagdzeit gleichzusetzen, sondern es geht um den Beginn der tatsächlichen Jagdausübung. Bis dahin sollen ausgesetzte Fasanen die typischen Wildeigenschaften angenommen haben.

Der Erfolg einer Neuansiedlung oder Wiedereinbürgerung hängt nicht nur von der Qualität der Reviere, sondern auch ganz wesentlich von den Vorbereitungsmaßnahmen, wie der Anlage von Dekkungsinseln, Äsungsflächen und Futterplätzen ab. Neben diesen Biotopverbesserungsmaßnahmen zählt die Einregulierung des Raubwildes zu den wichtigsten Voraussetzungen. Die Eignung der Reviere läßt sich am besten am Vorhandensein noch verbliebener Restbesätze beurteilen. Da es heute kaum noch ein Revier gibt, in dem in der Vergangenheit nicht mindestens einmal der Versuch unternommen wurde, Fasanen einzubürgern, sollte man eine erneute Anstrengung mit dieser Wildart nur dort vornehmen, wo es entweder einmal nennenswerte Besätze gab oder heute noch geringe Vorkommen existieren.

Von den verschiedenen Methoden hat sich das Aussetzen im Frühjahr am besten bewährt. Zwar hat das Freilassen 8 Wochen alter Jungfasanen im Spätsommer den Vorteil, daß ein Teil der überzähligen Hähne während der herbstlichen Jagden genutzt werden kann. Die starken Abgänge

Abb. 177. Fasanenvolieren sollten so groß sein, daß ausreichende Bewegungsmöglichkeit gewährleistet ist. Der nichtgespannte durchhängende Deckendraht verhindert Verletzungen der dagegen fliegenden Vögel.

insbesondere bei den Hennen durch Raubwild fordern jedoch so hohe Verluste, daß bis zum Frühjahr meist nichts mehr übrigbleibt. Solche Fehlschläge treten nicht auf, wenn legereife Fasanen im April/Mai ausgesetzt werden. Der schnelle Legebeginn verhindert das Abwandern und die bereits weit fortgeschrittene Vegetation spendet ausreichenden Schutz vor Raubwild. Ausgesetzt wird im Geschlechterverhältnis 1:3 bis 1:5. Sollen die Fasanen direkt in die Freiheit gelangen, werden die Transportkisten am späten Nachmittag an den vorgesehenen Plätzen aufgestellt und die vorhandenen Schiebetüren in der Dämmerung mittels einer langen Schnur aufgezogen, damit die Vögel noch vor Einbruch der Dunkelheit den Käfig verlassen und sofort aufbaumen. Empfehlenswerter ist, die Fasanen zunächst in eine Eingewöhnungsvoliere zu setzen, damit sie von dort die nähere Umgebung ihrer zukünftigen Heimat kennenlernen. Um zu verhindern, daß Raubwild die dort meist auf engem Raum gehaltenen Vögel reißt, müssen die Volieren mit Kastenfallen gut abgesichert sein. Spätestens nach zwei Tagen sollte man die Türen öffnen. Mit Mais und Weizen ausgestreute Futterbahnen lenken die Vögel zu den am Aussetzungsort gebauten Schütten und Tränken.

13.1.3 Rebhühner

Der Rückgang der Rebhühner ist ausschließlich auf die großen Veränderungen innerhalb ihrer Lebensräume zurückzuführen. Dort, wo die Hühner infolge agrartechnischer Maßnahmen restlos verschwunden sind, wird bei den derzeitigen Revierverhältnissen eine Wiedereinsiedlung kaum erfolgreich verlaufen. Aussichtsreicher ist das Aussetzen in allen, bislang zumindest noch teilweise intakten Hühnerrevieren, wo infolge schlechter Witterung keine Vermehrung stattgefunden hat. Dort lohnt es sich in jedem Falle, den schwindenden Stammbesatz aufzufrischen. Daß man dabei nur bodenständige und nicht die in der Färbung viel grauer erscheinenden osteuropäischen Rebhühner wählt, sollte selbstverständlich sein. Solange es noch einen Stammbesatz im Revier gibt, ist es nicht notwendig, teure Paarhühner zu kaufen, sondern es werden unverpaarte Hühner im Geschlechterverhältnis 1 : 1 ausgesetzt.

Der beste Termin ist immer die Paarungszeit. Gelingt es, genau an diesen Tagen die fremden Rebhühner ins Revier zu bringen, kommt es fast ausschließlich zu Paarbildungen zwischen den einheimischen und den blutsfremden. Allerdings läßt sich die Paarungszeit vorher nicht genau bestimmen, denn sie ist stark witterungsabhängig. Sie beginnt grundsätzlich dann, wenn zwischen Ende Februar und Mitte März nach einer Kälteperiode plötzlich milde Witterung einsetzt. Es empfiehlt sich also zum Aussetzen bestimmte Hühner so zu bestellen, daß sie kurzfristig abgerufen werden können. Als Aussetzungsplätze werden die günstigsten Revierteile gewählt, in denen noch Rebhühner vorkommen.

Rebhühner werden morgens freigelassen. Am besten aber ist es, sie bereits abends am Aussetzungsort in eine kleine Voliere zu setzen, die gegen Raubwild mit Petroleum und Urin verstänkert wird, und mittels einer langen Schnur am nächsten Tag im Morgengrauen die vorhandene Tür oder Klappe zu öffnen. Ausgesetzte Hühner sind sehr standorttreu. Aus diesem Grunde lohnt es, die für die Neuansiedlung vorgesehenen Revierteile vor und besonders auch nach dem Freilassen durch intensive Raubwildjagd zu sichern.

13.1.4 Wildmarkierung

Die Kennzeichnung wildlebender Säugetiere und Vögel dient nach wissenschaftlicher Auswertung in erster Linie der Erforschung ihrer Lebensgewohnheiten. Entsprechend dem außerordentlich erfolgreichen Beispiel systematisch durchgeführter Vogelberingung, der es zu verdanken ist, daß die Wanderwege und Überwinterungsgebiete der Zugvögel bekannt wurden, lassen sich auch Standorttreue, Wandertrieb, Lebensdauer und Trophäenentwicklung der jagdbaren Tiere ermitteln. Die Markierung, vor allem des Jungwildes, wird mit Wildmarken (Ohrmarken), Fußringen und Flügelmarken vorgenommen. Erwachsene

Abb. 178, 179. Mit Minisendern und Ohrmarken werden die Lebensgewohnheiten des Wildes erforscht.

Tiere erhalten neuerdings an Halsbändern oder Schulterriemen befestigte Minisender, mit deren Hilfe alle Lebensabläufe verfolgt werden können. Grundsätzlich sollten nur Wildmarken der Zentralstelle für Wildmarkenforschung (Institut für Wildbiologie und Jagdkunde der Universität Göttingen) verwendet werden. Mit der Verpflichtung, gekennzeichnete Tiere zu melden, werden die Wildmarken von dort an Jagdausübungsberechtigte abgegeben. Die Beringung der Vögel erfolgt nur durch speziell ausgebildete Mitarbeiter der Vogelwarte Helgoland mit Sitz in 294 Wilhelmshafen und der Vogelwarte Radolfzell in 7761 Schloß Möggingen. Überholt und nach dem Tierschutzgesetz verboten ist das in der Vergangenheit oft praktizierte Kennzeichnen von Hasen und Rehen durch Stutzen der Löffel oder Lauscher mit dem Jagdmesser. Eine derartige Markierung bringt ohnehin keine sicheren Erkenntnisse, zumal eine spätere Identifizierung der Tiere kaum möglich und zudem auch ohne Beweiskraft ist, denn Verstümmelungen solcher Art kommen als Folge von Verletzungen durch Maschinen relativ häufig vor.

Verwertbare Ergebnisse wird es bei Wildmarkierungen nur dann geben, wenn nicht nur zufällig gefundenes Wild gekennzeichnet wird, sondern gezielte Aktionen stattfinden. Um z. B. den Beweis zu erbringen, ob die immer wieder zur Diskussion stehenden Hasenabwanderungen tatsächlich stattfinden, wäre es notwendig, eine möglichst große Zahl von Hasen zu markieren. Das ist nur möglich, wenn viele große Kastenfallen, in denen sich Junghasen relativ leicht fangen, in Ackerfurchen, trockenen Gräben, an Gatterzäunen usw. fängisch gestellt werden. Auch Kitze und Kälber des Schalenwildes können systematisch gesucht und eingefangen werden. Dabei wird der Umstand ausgenutzt, daß bis zum Alter von etwa 3–4 Wochen das Sich-Drücken grundsätzlich vor der Flucht dominiert. Bei Ansitz oder Pirschfahrten entdecktes Jungwild drückt sich sofort, wenn laut gerufen oder in die Hände geklatscht wird. Das Einsetzen der Ohrmarke mittels einer speziellen Zange muß fachgerecht vorgenommen werden. Die Marke wird in den unteren Rand des Lauschers oder Löffels möglichst nahe am Haupt mit etwas Spiel eingeklemmt. Zu hoch eingesetzte Ohrmarken reißt das Wild früher oder später bei der Flucht durch Dickichte aus.

Das Beringen von Fasanen und Rebhühnern ist sehr umstritten. Auf schweren Böden kommt es besonders bei den Rebhühnern häufig vor, daß sich um den Ring schwere Lehmklumpen bilden, die das Wild letztendlich flugunfähig machen. Beringten Fasanen wird der Ring beim allabendlichen Aufbaumen oft zum Verhängnis. Besonders im dichten Dornengestrüpp passiert es immer wieder, daß sich die Vögel am Ring aufhängen.

13.2 Die Aufzucht von Wildgeflügel

Fasanen, Rebhühner und Stockenten lassen sich sehr leicht vermehren. Um die z. T. stark reduzierten Besätze aufzubessern, werden die Eier ausgemähter Gelege oder des in Gefangenschaft gehaltenen Wildgeflügels entweder mit Hühnerglucken oder mit Brutmaschinen und künstlichen Wärmequellen ausgebrütet und aufgezogen.

13.2.1 Fasanenaufzucht

Viele der in modernen Zuchtfasanerien gezüchteten und von dort abgegebenen Fasanen sind völlig domestiziert und finden sich, wenn sie ausgesetzt werden, in der freien Natur nicht mehr zurecht. Am besten geeignet sind die noch in der freien Natur vorkommenden, bodenständigen Fasanen. Wem es gelingt, von diesen Fasanen einige einzufangen oder ein Gelege zu sichern und erfolgreich auszubrüten, um sich so einen Legestamm heranzuziehen, der besitzt nach erfolgreicher Vermehrung die zum Aussetzen am besten geeignete Rasse. Für einen Legestamm im Verhältnis 1:5 wird eine Voliere von 5 × 6 Metern benötigt. Jede Henne legt von April bis Juni 40–50 Eier. Fasanen brüten allerdings in der Gefangenschaft nicht, so daß die Ammenaufzucht notwendig wird.

13.2.1.1 Aufzucht mit Glucke

Am einfachsten und erfolgreichsten ist das Ausbrüten und die Aufzucht mit der Hühnerglucke. Es ist am zweckmäßigsten, wenn sich der Jagdaufseher einen Stamm Zwerghühner wie Sussex, Wyandotten oder japanische Seidenhühner hält. Eine sichere Bezugsquelle sind auch die in je-

Abb. 180. Brutkasten für die Hühnerglucke.

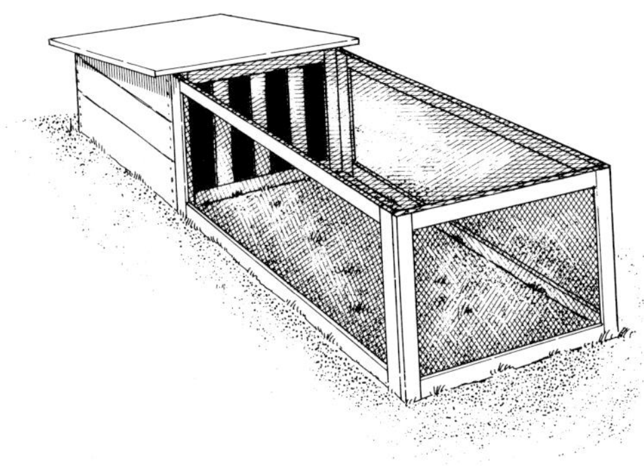

Abb. 181. Aufzuchtkasten.

Abb. 182. Querschnitt einer Legevoliere.

dem größeren Ort etablierten Geflügelzuchtvereine, die sich mit der Zucht solcher Hühnerrassen beschäftigen, die von Natur aus noch zur Brut schreiten. Glukken werden auch in der „Geflügelbörse", der Fachzeitschrift der Geflügelzüchter, zum Kauf angeboten.

Als Brutplatz dient ein Brutkasten, der an schattiger Stelle im Garten steht. Eine flach ausgestochene Nestmulde wird mit einer knappen Handvoll Stroh ausgepolstert, und es werden zunächst zwei bis drei normale Hühnereier hineingegeben, auf denen die Glucke einen Tag zur Probe sitzt. Brütet die Glucke sicher, werden am nächsten Tag die Fasaneneier untergelegt. Je nach Rasse legt man Zwerghühnern 12–15 und großen Glucken, wie Rhodeländer, 20–24 Eier unter.

Die Glucke wird fortan täglich einmal vom Nest genommen, damit sie sich lösen und Futter und Wasser aufnehmen kann. Das geschieht morgens zwischen 6–8 Uhr. Nachdem man sie vorsichtig von den Eiern gehoben hat, wird sie mittels einer Schlinge an einem der Ständer an eine knapp zwei Meter lange Schnur gebunden und mit frischem Wasser und Futter (nur Hafer) versorgt. Eine flache Mulde, gefüllt mit Holzasche, dient zum Hudern. Nach einer halben Stunde wird die Glucke wieder losgebunden und auf das Gelege gesetzt. Sie bleibt jetzt 24 Stunden ununterbrochen auf den Eiern sitzen. Zwischen dem 6. und 8. Tag werden die Eier durchgeschiert, d. h. durchleuchtet und auf ihre Befruchtung hin überprüft. Klare und durchsichtige Eier weisen darauf hin, daß sie nicht angebrütet sind. Dunkle Schatten und Blutadern zeigen die Befruchtung an.

Sind die Küken nach 24 Tagen geschlüpft, bleiben sie noch einen Tag mit der Glucke im Brutkasten und kommen am 25. Tag mit der Glucke in den Aufzuchtkasten, der so geschaffen ist, daß die Küken durch die Latten des Tagschiebers nach draußen gelangen können, während die Glucke den Aufzuchtkasten nicht verlassen kann und zukünftig durch ihren Lockruf die Küken an diesen bindet. Lediglich in den ersten vier Tagen werden die kleinen Fasanen durch ein Vorgitter aus feinem Maschendraht oder eine flexible Hartfaserplatte direkt am Aufzuchtkasten gehalten, damit sie sich an den von Natur aus nicht gewohnten Lockton der Hühnerglucke gewöhnen. Der Aufzuchtkasten steht am besten auf einem kurzgemähten Rasen in der

Abb. 183. Halbwilde Aufzucht. Die Glucke bleibt im Kasten, die Küken haben freien Lauf.

Nähe niederer Deckung (Gemüsebeete) und wird täglich um einige Meter weitergerückt. Ist der Garten dagegen zu klein oder durch Katzen und Raubwild gefährdet, dann wählt man für die Aufzucht der Küken eine mindestens 2 × 2 Meter große und 0,5 m hohe Aufzuchtbox aus leichten Brettern, die zu einem Viertel mit Brettern regensicher gemacht wird und deren verbleibender offener Teil mit einem Netz oder feinmaschigem Draht abgedeckt ist. Ab dem 5. Tag muß ein flache Kiste, gefüllt mit trockenem Sand und Holzasche, als Huderbad zur Verfügung gestellt werden.

Die Fütterung der Küken stellt nach den heutigen Erkenntnissen kein Problem dar. Allerdings ist das normale Kükenalleinfutter für die Fasanenaufzucht nicht geeignet. Es enthält zu wenig tierisches Eiweiß und begünstigt somit das leidige Federfressen. Neben den verschiedenen speziellen Fasanenaufzuchtfuttern hat sich das von der Fa. Deuka hergestellte "Putenstarter I" besonders gut bewährt, das man über den Landhandel beziehen kann. Dieses in Preßlingsform gelieferte Futter muß in den ersten drei Wochen zu Mehl zerstoßen werden – eine Arbeit, die sich besonders leicht mit einer elektrischen Kaffeemühle bewerkstelligen läßt. Das Futter wird am zweckmäßigsten in einfachen Futterautomaten verabreicht. In solchen Behältnissen, die im Fachhandel angeboten werden, wird auch das Wasser zur Verfügung gestellt. Es genügt, wenn die Tiere morgens einmal versorgt werden. Insofern ist diese Methode der Fasanenaufzucht auch für Berufstätige durchaus praktikabel. Genau wie der Aufzuchtkasten muß natürlich auch die Box regelmäßig – anfangs alle drei Tage, wenn die Küken größer werden, täglich einmal – um die ganze Länge verschoben werden, damit absolute Sauberkeit gewährleistet bleibt. Nach sieben Wochen etwa sind die Jungfasanen selbständig, und spätestens dann ist der Zeitpunkt gekommen, wo das Gesperre den engen Käfig verlassen muß, um entweder ins Revier gebracht zu werden oder in eine große Freivoliere zu wandern. Auch die frei im Aufzuchtkasten aufgezogenen Fasanen beginnen nach sieben Wochen selbständig zu werden. Liegt die Aufzuchtwiese direkt im Revier, läßt man sie einfach verstreichen.

13.2.1.2 Künstliche Vermehrung

Lassen sich zum Ausbrüten der Fasaneneier keine Glucken beschaffen, so werden die Eier mit einer Brutmaschine erbrütet. Dabei werden allerdings oft Fehler gemacht. Viele Mißerfolge sind auf zu feuchtes Brüten zurückzuführen. Als Steppenvogel brütet der Fasan von Natur aus an warmen und trockenen Plätzen. Entsprechend sollte auch die Luftfeuchtigkeit im Brutapparat geregelt sein. Bewährt hat es sich, bis zum 18. Tag mit einer relativen Luftfeuchtigkeit von 50% zu brüten und die Feuchtigkeit in den letzten Tagen auf über 90% zu steigern. Das erreicht man durch Aufstellen zusätzlicher Wasserbehälter im Brutschrank. Sehr wichtig ist auch, daß die Eier mindestens sechsmal am Tage gewendet werden, jedoch gilt das Motto: je öfter, umso besser. Auch das Schieren (Durchleuchten) muß frühzeitig erfolgen, denn faule Eier entwickeln giftige Gase.

Die Aufzucht der mittels einer Brutmaschine ausgebrüteten Fasanenküken erfolgt in einem geschlossenen Raum von 3 × 4 Metern, der sich in einer einfachen Holzhütte vor einer als Auslauf dienenden großen Freivoliere befindet. Als Wärmequelle sollte keine Infrarotlampe verwendet werden, sondern ein Dunkelstrahler.

Statt einer elektrischen Wärmequelle kann natürlich auch ein Propangasstrahler eingesetzt werden, jedoch muß für genügend Frischluftzufuhr (keine Zugluft) gesorgt werden, weil die offene Flamme einen erheblichen Sauerstoffverbrauch zur Folge hat. Auch ist es unbedingt erforderlich, daß möglichst große Gasflaschen verwendet werden, um zu verhindern, daß die lebensnotwendige Wärmequelle plötzlich über Nacht versiegt. Die ständige Belichtung mit Infrarotlicht ist einer der Gründe für das leidige Federfressen während der Aufzucht. Um dieses Federfressen zu vermeiden, sollte der Raum zunächst weitestgehend abgedunkelt werden. Futter und Wasser werden in Automaten und Hudersand in flachen Kisten gereicht. Erfolgreich wird diese künstliche Aufzucht jedoch nur dann verlaufen, wenn den Jungfasanen ab der dritten Lebenswoche der Auslauf in die vorhandene Freivoliere gewährt wird. Diese Voliere muß schon deshalb direkt am Aufzuchtraum liegen, damit die Jungfasanen bei Bedarf, insbesondere an kalten Tagen und natürlich nachts, die Wärmequelle aufsuchen können. Damit der Aufzuchtraum auch freiwillig wieder aufgesucht wird oder die kleinen Fasanen sich zumindest am Abend leicht wieder hineintreiben lassen, muß dieser von dem Moment an, wo die Küken auslaufen können, taghell erleuchtet sein. Es ist empfehlenswert, dafür starkes Neonlicht zu verwenden. Das Federfressen tritt bei genügend großem Auslauf (pro Vogel müssen mindestens 5 m^2 zur Verfügung stehen) nicht auf.

Besonders günstig ist eine Voliere, die mit Topinambur und Mais bestellt ist und den kleinen Fasanen nicht nur Ablenkung bietet, sondern auch Grünfutter und eine gute Insektenweide. Ist der natürliche Bewuchs in der Voliere abgeäst, muß das Grünfutter täglich in Form von Brennesseln, Klee, Salat u.ä. ersetzt werden. Im Winter werden Rüben gereicht.

13.2.2 Die Aufzucht von Rebhühnern aus ausgemähten Gelegen

Die in Mai/Juni während der Heumahd anfallenden Gelege der Rebhühner sollten unbedingt ausgebrütet werden, um die oft nur noch in Restbesätzen vorkommenden Hühner zu erhalten. Angebrütete Gelege können, wenn die Eier ruhig und möglichst warm gelagert werden, mindestens 24 Stunden liegenbleiben, ohne daß die Embryonen absterben. Dieser Zeitraum reicht, um die zum Ausbrüten notwendige Zwerghuhnglucke zu beschaffen. Das Erbrüten erfolgt genau wie bei den Fasanen. Ist das Gelege geschlüpft, kommt die Glucke mit den Küken in eine 2 × 2 Meter große Aufzuchtbox, die von oben zu einem Drittel mit Brettern gegen Witterungseinflüsse abgedeckt und ansonsten mit einem Netz bespannt ist. Die Fütterung ist einfach, wenn spezielles Fertigfutter, z. B. “Putenstarter I“ (Fa. Deuka) gereicht wird. Da Rebhühner in der freien Natur in den ersten 14 Lebenstagen ausschließlich von Insekten leben, ist es ratsam, in dieser Zeit zusätzlich Ameiseneier zu verfüttern. Natürlich ist dabei nicht an die ohnehin geschützte rote Waldameise gedacht, sondern es werden die Puppen der in verschiedenen Arten überall vorkommenden Erdameisen gesammelt, die man im Garten, an Wegerändern, auf Brachflächen, in Erdhaufen oder unter Steinen reichlich findet. Daneben muß stets frisches Wasser bereitstehen und nach der ersten Woche auch Hudersand für das lebenswichtige Sandbad. Das Aussetzen

Abb. 184. Die Aufzucht von Rebhühnern ist einfach.

der Junghühner in der dritten Lebenswoche nach dem Adoptionsprinzip, das immer wieder propagiert wird, ist falsch. Wiederholte Versuche haben gezeigt, daß ausgesetzte Junghühner, die Anschluß an eine andere Kette suchten, nicht von den im Grunde adoptionsbereiten Althühnern abgelehnt, sondern von den anderen Küken abgebissen werden.

Aus diesem Grunde hat das Aussetzen erst dann einen Sinn, wenn das Volk nach 7–8 Wochen seine Selbständigkeit erreicht hat. Noch besser, um den hohen Winterverlusten vorzubeugen, ist es, die Rebhühner erst im März des kommenden Jahres in die Freiheit zu entlassen.

13.2.3 Die Aufzucht von Stockenten

Stockenten sind sehr standorttreu und bleiben fast immer in dem Revier, in dem sie aufgewachsen sind. Reviere, die entengerechte Biotope aufweisen, lassen sich unter Berücksichtigung dieser Erkenntnis leicht mit Stockenten besiedeln, wenn man die Jungenten dort aufzieht. Das bereitet keine Schwierigkeiten, denn kein anderes Flugwild läßt sich so leicht und ohne Verluste vermehren. Den Grundstock bilden Eier oder Eintagsküken rassereiner Stockenten, die sich über den Fachhandel beziehen lassen. Dabei ist es interessant zu wissen, daß im Gegensatz zu Fasanen und Rebhühnern das Ausbrüten von Enteneiern mit einer Brutmaschine keine Schwierigkeiten bereitet und jeder Lohnbrüter damit Erfolg hat.

Für die Aufzucht von etwa 30 Stockentenküken benötigt man nur einen einfachen Bretterverschlag von 2 × 3 Meter und 50 cm Höhe, der in einer Scheune, auf dem Dachboden, im Stall oder notfalls in der Garage aufgestellt wird. Elektrischer Strom muß vorhanden sein, denn als Wärmequelle wird genau in der Mitte über den Verschlag eine Infrarotlampe aufgehängt. Der Boden der Aufzuchtbox wird mit Hobelspänen oder Sand abgedeckt. In diesen Verschlag kommen die per Bahn geschickten oder vom Lohnbrüter ausgebrüteten Eintagsentenküken. Die Höhe der Lampe muß dem Wärmebedürfnis der Küken entsprechend ausgerichtet werden. Weichen die Küken vor dem Wärmestrahl aus, dann hängt die Lampe zu tief. Strecken sich die Küken jedoch der Wärmequelle entgegen und zeigen durch lautes Piepsen ihre Unzufriedenheit, dann müssen wir den Abstand der Lampe zum Boden verringern.

Sehr wichtig bei der Aufzucht und mitentscheidend für den Erfolg ist, daß die Küken keine Gelegenheit bekommen, ihr angeborenes Bedürfnis zu stillen, sich zu baden. Sie müssen absolut trocken aufgezogen werden. Deshalb bedient man sich sogenannter Wasser- und Futterglocken, die als Selbsttränken oder Futterautomaten nur eine geringe Wartung erfordern. Die Tränken müssen in jedem Fall so geschaffen sein, daß die Entenküken nur trinken, nicht aber darin baden können. Als Futter wird vom ersten Tage an ausschließlich das über den Landhandel erhältliche Kükenalleinfutter gereicht. Am besten bewährt hat sich das für die Aufzucht von Truthühnern entwickelte "Putenstarter"! Der Boden der Box muß regelmäßig mit frischem Spreu abgedeckt und ab und zu gründlich gereinigt werden. Wer sich an diese einfachen Regeln hält, wird von den 30 Entenküken mindestens 25 durchbringen.

Bereits nach 5–6 Wochen können die Jungenten aufs Wasser gebracht werden. Man wählt für diesen Moment einen möglichst warmen Sonnentag. Die Jungenten haben kaum Fett im Gefieder und werden beim ersten Bad völlig durchnäßt. Nach einer kurzen Bekanntschaft mit ihrem liebsten Element sucht das Schoof schon bald einen sonnigen Platz am Ufer auf, wo sich alle Enten lange und gründlich putzen und dabei die Funktion der Fettdrüse erkennen. Natürlich müssen die Enten auch hier am Gewässer regelmäßig weiter gefüttert werden, es genügt jetzt jedoch einfaches Körnerfutter. Damit sie an ihrem Futterplatz nicht ständig gestört werden, sollte zumindest an dieser Stelle ein Teil des Ufers eingezäunt werden.

Die Aufzuchtgeräte wie Futter- und Wasserautomaten und Infrarotlampen können über den Landhandel, z. B. Raiffeisengenossenschaften bezogen werden.

13.3 Aufzucht von Rehkitzen

Die Aufzucht von Rehkitzen verlangt viel Geduld, Einfühlungsvermögen und großen Zeitaufwand. Bevor man eine solche Aufgabe, die grundsätzlich nur von ein und derselben Bezugsperson durchgeführt werden kann, übernimmt, sollte man es sich sehr wohl überlegen, ob es sinnvoll ist, der Natur ins Handwerk zu pfuschen. Schließlich ist bekannt, daß die meisten, den Jagdpächtern angeblich als verwaist angebrachten Kitze nicht von ihrer Mutter im Stich gelassen wurden, sondern nur abgelegt worden sind. So empfiehlt es sich eigentlich grundsätzlich, die angeblich mutterlos aufgefundenen Kitze schnellstens wieder an den Fundort zurückzubringen, was auch nach 24 Stunden noch nicht zu spät ist.

Wenn allerdings die Ricke infolge eines Verkehrsunfalles oder anderer Umstände umgekommen ist, bleibt die Adoption zwangsläufig als einziger Weg zur Rettung der von Muttermilch abhängigen Rehkitze. Als Ersatz für Rehmilch wird Kuhmilch genommen, die nach wissenschaftlichen Untersuchungen allerdings eine andere Zusammensetzung aufweist. So ist Rehmilch reicher an Mineralstoffen, Fett und Eiweiß, während bei Kuhmilch der Milchzuckergehalt höher liegt. Um in etwa die Werte der Rehmilch zu erhalten, wird Kuhmilch im Verhältnis 4:1 mit Kondensmilch (Fettgehalt 7,5%) vermischt. Andere erfolgreiche Versuche wurden mit abgekochter Kuhmilch (Sterilmilch oder H-Milch), die im Verhältnis von 2:1 mit abgekochtem Wasser vermischt wurde, durchgeführt. Verabreicht wird die Milch handwarm in normalen Säuglingsflaschen mit spitzem Sauger. Wichtig ist, daß Flaschen und Gefäße nach jeder Fütterung gründlich gesäubert und heiß ausgespült werden. Die Anzahl der Fütterungen, die in den ersten 14 Tagen auch nachts vorgenommen werden müssen, richtet sich nach dem jeweiligen Bedarf der Kitze. Je nach Alter werden 20–100 ml pro Tag aufgenommen.

Vom ersten Tag an müssen Kräuter, wie Wegerich, Schafgarbe, Weidenröschen, Petersilie, Löwenzahn, Hahnenfuß und belaubte Zweige verschiedener Bäume und Sträucher, insbesondere die der Durchfall verhindernden Himbeere, Eiche und Hainbuche zur Verfügung stehen, die als gemischter Strauß in einem mit Wasser gefüllten Steintopf angeboten werden. Schließlich ist es wichtig, daß die Kitze Erde und Holzkohle aufnehmen können. Nach 14 Tagen werden ihnen in flachen Schalen zusätzlich kernige Haferflocken gereicht, die zunächst trocken, später mit Milch vermischt werden, so daß auf diesem Wege die Abgewöhnung von der Flasche erfolgt.

Abb. 185. Bei der künstlichen Aufzucht von Rehkitzen muß unbedingt darauf geachtet werden, daß die Kitze vom ersten Tag an Wildkräuter und Erde aufnehmen können. Auch Holzkohle muß zur Verfügung stehen, damit kein Durchfall auftritt.

Bei Verstopfungen, Blähungen und Durchfall besteht für die Kitze höchste Lebensgefahr. Auf jeden Fall muß sofort der Tierarzt gerufen werden, der entsprechende Medikamente verabreicht bzw. verschreibt.

Abb. 186. Stockenten brüten gerne hoch und nehmen die im tiefen Wasser aufgestellten Bruthäuser gut an. Zwar bewacht die Ente vom Dach aus das Schoof, als Unterschlupf hat das Bruthaus jedoch ausgedient.

13.4 Bruthilfen für Enten

Stockenten legen ihr Gelege meistens auf dem Erdboden an. Da aber zu Beginn der Legezeit, Ende März/Anfang April die Ufervegetation noch nicht hochgewachsen ist und insbesondere Brennesseln noch keine Deckung für einen sicheren Brutplatz bieten, weichen sie, um den zahlreichen Feinden während der vierwöchigen Brutzeit zu entgehen, gerne auf Bäume mit entsprechenden Höhlen aus. Am häufigsten fällt die Wahl auf die dafür geradezu idealen Kopfweiden, an denen es aber vielerorts mangelt. Als Ersatz dafür werden Entenbruthäuser und -körbe aufgestellt, die dem Sicherheitsbedürfnis der Enten entsprechen.

Es kommen dafür allerdings nur stehende Gewässer in Betracht, die zudem Schilfgürtel und dichtbewachsene Uferzonen aufweisen sollten, so daß die Bruthilfen gut versteckt aufgestellt werden können, ohne die Idylle eines Teiches unnötig zu verschandeln. Im tiefen Wasser ins Schilf oder vom Ufergebüsch verdeckt angebracht, erreicht man, daß die Ente sicher vor ihren natürlichen Feinden und den verschiedenen Eierräubern brüten kann und gleichzeitig die Neugierde der Menschen nicht auf sich zieht.

Das Aufstellen der Bruthäuser erfolgt am besten im Winter, wenn die Gewässer zugefroren sind und das Betreten der Eisdecke ermöglichen. An geeigneter Stelle werden mit einer Axt Löcher in das Eis geschlagen, in die man entsprechend lange, vorher angespitzte Pfähle steckt und diese mit einem Vorschlaghammer tief in den Teichgrund rammt. Etwa 30 cm über dem maximalen Wasserstand werden die Pfähle abgesägt und die Bruthäuser aufgenagelt oder Brutkörbe auf ein auf den Pfahl genageltes Brett mit Draht befestigt. Enten benötigen, um die 8–12 Eier mit dem relativ kleinen Körper bedecken zu können, eine tiefe, runde Nistmulde. Um diese ähnlich wie auf dem Erdboden körpergerecht

Abb. 187–189. Bruthäuser für Enten werden im Winter bei Eis aufgestellt. In ein durch das Eis geschlagenes Loch wird der Pfosten gesetzt und mit einem Vorschlaghammer tief in den Teichgrund gerammt. 30 cm über der Wasseroberfläche wird der Pfahl glatt abgesägt und das Bodenbrett aufgenagelt. Das Bruthaus wird so auf das Bodenbrett gesetzt und festgenagelt, daß ein etwa 40 cm langes Anflugbrett übersteht. Die Maße des Entenbruthauses: Länge 40 cm, Breite 35 cm, Höhe bis Giebel 35 cm, Einschlupf 14 cm hoch, 12 cm breit, Bodenbrett 75 cm lang, 35 cm breit.

schaffen zu können, ist es von großer Wichtigkeit, lockeres Erdreich oder Torf in das Bruthaus zu füllen. Zudem empfiehlt es sich, das Nest mit trockenem Gras vorzuformen.

Bruthäuser müssen spätestens Ende Februar an den vorgesehenen Plätzen stehen, denn mit der beginnenden Reihzeit wird von der Mutterente der künftige Brutplatz ausgewählt.

Dort wo sie vorkommen, nehmen vor allem auch die als ausgesprochene Höhlenbrüter geltenden Schellenten bevorzugt die künstlichen Nisthöhlen an.

13.5 Nistkästen für Höhlenbrüter

Die insektenfressenden Singvögel spielen im Haushalt der Natur eine sehr wichtige Rolle. Als Vertilger vieler Schadinsekten, insbesondere auch solcher, die als Überträger parasitärer Krankheiten gelten, wie Rachenbremsen und Dasselfliegen, leisten sie im Rahmen der Hege einen nicht unwesentlichen Beitrag zur Gesunderhaltung der Tier- und Pflanzenwelt. Vielen Vogelarten fehlt es in den modernen Wirtschaftswäldern allerdings an Brutmöglichkeiten. Besonders betroffen sind die Höhlenbrüter, die fast überall unter akutem Nistplatzmangel leiden. Abhilfe läßt sich schaffen, indem entsprechend den Ansprüchen der einzelnen Arten Nistkästen unterschiedlicher Größe aufgehängt werden, die in einem gepflegten Revier ohnehin in ausreichender Zahl zur Verfügung stehen sollten.

Zwar kann man Nistkästen, wie z. B. solche aus Holzbeton, im Fachhandel käuflich erwerben, doch lassen sie sich ohne große Umstände auch im Selbstbau herstellen. Als Material werden 20 mm starke Bretter aus Fichte, Kiefer oder Eiche genommen.

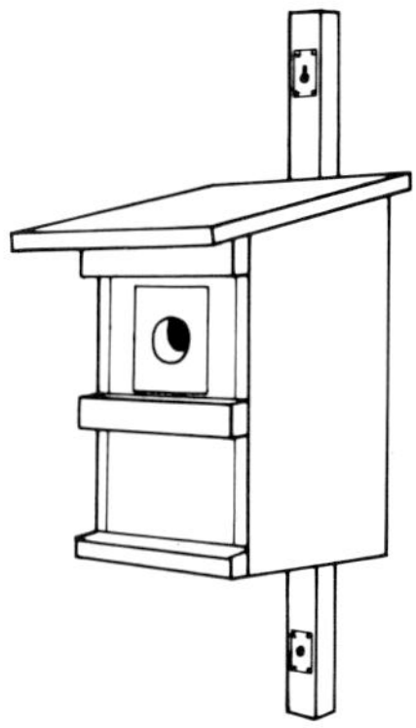

Abb. 190. Nistkasten für Höhlenbrüter; die Maße, s. S. 210, sind je nach Vogelart verschieden.

13.5.1 Größe der Nistkästen

Die Ansprüche der einzelnen Vogelarten hinsichtlich der Brutraumgröße und der Fluglochweite sind unterschiedlich. In der nachfolgenden Tabelle sind die Abmessungen (in Millimeter) für einige Nistkastentypen zusammengestellt.

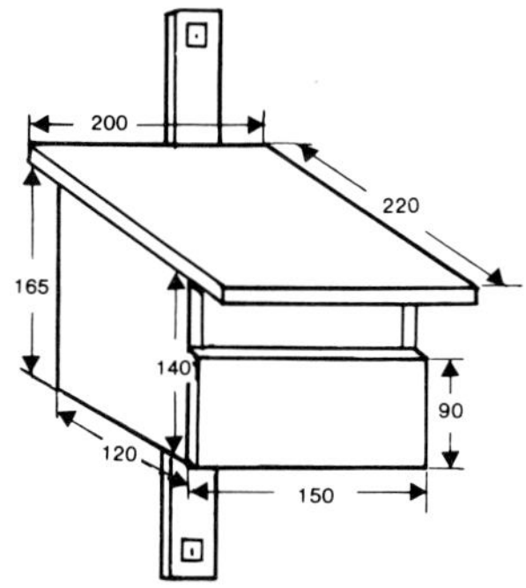

Abb. 192. Halbhöhlenbrüter, wie z. B. der Gartenrotschwanz, benötigen große Fluglochweiten.

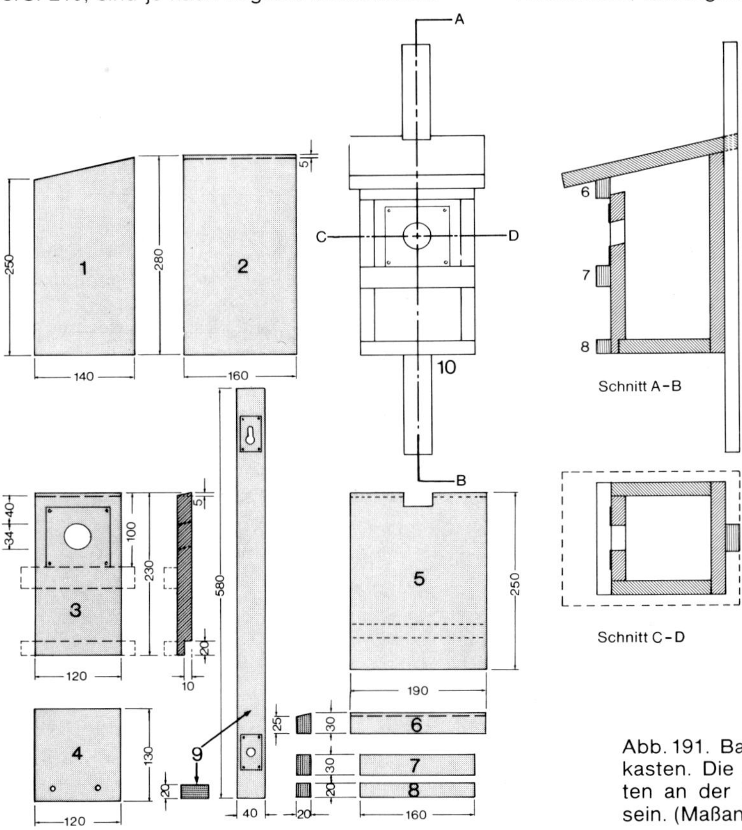

1 Seitenwand
2 Rückwand
3 Fluglochwand mit Spechtschutz (Querleisten angedeutet)
4 Boden mit zwei Abflußlöchern
5 Dach
6 Dachquerleiste
7 Obere Querleiste
8 Untere Querleiste
9 Aufhängeleiste
10 Vorderansicht

Abb. 191. Bauanleitung für einen Nistkasten. Die verwendeten Bretter sollten an der Innenseite nicht gehobelt sein. (Maßangaben in mm).

Tabelle 15: Nistkastentypen (Maßangaben in mm).

Vogelart	Wandstärke	Fluglochweite	Fluglochwand	Rückwand	Seitenwände	Boden	Dach
Meisen, Kleiber, Trauerschnäpper	20	32– 34	120 × 230	160 × 285	140 × 250 × 280	120 × 130	190 × 250
Gartenrotschwanz	20	45– 30	120 × 230	160 × 285	140 × 250 × 280	120 × 130	190 × 250
Wendehals, Star	20	46– 50	140 × 260	180 × 310	150 × 275 × 310	140 × 140	210 × 250
Hohltaube	25	80– 90	250 × 340	300 × 380	263 × 360 × 380	250 × 250	340 × 360
Steinkauz	20	90– 95	170 × 310	210 × 375	180 × 360 × 380	170 × 170	240 × 310
Waldkauz	25	120–130	250 × 400	300 × 440	280 × 420 × 440	250 × 268	340 × 380

13.5.2 Anbringen der Nistkästen

Die meisten Höhlenbrüter bevorzugen als Brutplätze geschützte Stellen, insbesondere solche, die von der Morgensonne beschienen werden. Feldgehölze, Streuobstanlagen, verwilderte Gärten und im Wald die Bestandesränder sowie lichte Stellen an Schneisen, Wegen und Bachläufen bieten sich an. Die Bruthöhlen werden stets so aufgehängt, daß dem Vogel ein durch Bäume und Sträucher geschützter Anflug gewährleistet ist. Von Kleinvögeln werden die Kästen erfahrungsgemäß am besten angenommen, die möglichst niedrig in 2 bis 2,5 Meter Höhe angebracht sind. Das läßt sich allerdings nicht überall praktizieren. Insbesondere dort, wo starker Spaziergängerverkehr zu erwarten ist, müssen die Nisthöhlen so hoch aufgehängt werden, daß Störungen durch Neugierige von vornherein unterbleiben. In jedem Fall soll das Flugloch nach Süden, Osten oder am besten nach Südosten zeigen. Da viele Kleinvögel die Nisthöhlen auch während des Winters als Schlafplätze benutzen, empfiehlt es sich, die Kästen bereits im Herbst aufzuhängen. Spätestens bis Ende März aber sollten alle Bruthilfen im Revier angebracht sein. Je nach Biotop sind 15–20 Nistkästen pro 100 ha Revierfläche notwendig.

Im Spätsommer (August/September) erfolgt die erste Kontrolle. Die in die Höhlen gebauten Nester werden entfernt und Losungsreste herausgekratzt. Die Nester von Hornissen und Wespen sollte man nicht zerstören, sondern erst im nächsten Frühjahr entfernen. Vor Brutbeginn im Frühjahr ist eine zweite Kontrolle erforderlich, um den während des Winters eingeschleppten Schmutz auszuräumen.

13.6 Schutz und Vermehrung der kleinen roten Waldameise

Unsere Wälder sind bekanntlich durch Umwelteinflüsse und Forstschädlinge stark bedroht. In Millionenhöhe werden Baumschäden allein durch Borkenkäfer, Spinner, Spanner, Blattwespen, Eichenwickler usw. verursacht. Der wichtigste natürliche Schutz gegen Waldkrankheiten dieser Art sind die zu den nützlichsten Insekten auf der Welt zählenden kleinen roten Waldameisen. Im Wirkungsbereich ihrer Horste bleiben die vom Kahlfraß der Schadinsekten bedrohten Bäume oft völlig verschont. Immer wieder beispielgebend für die augenscheinliche Nützlichkeit, der leider immer seltener werdenden “Großmacht“ in unseren Wäldern, sind die im Frühjahr nach dem Blattaustrieb vom Wickler befallenen Eichenbestände. Alle im Wirkungsbereich eines dort vorhandenen Ameisenstaates befindlichen Bäume bleiben bis in die Kronen voll belaubt, während die nicht von Ameisen besiedelten Waldteile restlos kahlgefressen werden.

Neben diesen guten Eigenschaften tragen die roten Waldameisen nachgewiesenermaßen ganz erheblich zur Bodenverbesserung im Bereich ihrer Standorte bei, sorgen für die Verbreitung von Pflanzensamen, den Schutz von Sämlingen und der Steigerung der Pilz- und Beerenernte. Besonders wichtig aber ist ihr Auftreten für die Sicherung der Flugwildbesätze, insbesondere der Rauhfußhühner, deren Nachkommenschaft ohne Ameisen praktisch keine Überlebenschance hat.

Die Vielzahl dieser außerordentlich positiven Wirkungen berechtigt durchaus zu der dringenden Forderung nach Schutz und Verbreitung der vielerorts stark bedrohten Insekten. Beides läßt sich mit einfachen Mitteln durchführen und zählt zu den wichtigen Aufgaben des Jägers, die im Rahmen der Wildhege und des Naturschutzes wahrzunehmen sind.

Die Schutzmaßnahmen bestehen nicht nur in der Überwachung und Einhaltung der nach dem Naturschutzrecht vorgeschriebenen Bestimmungen zur Erhaltung des unter Naturschutz stehenden Insekts, sondern in der Praxis vor allem auch darin, die Nester vor dem Zugriff und der Zerstörung durch Schwarz-, Rot-, Damwild, Fuchs, Dachs, Marder und die besonders häufig sich dort einfindenden Schwarz- und Grünspechte zu sichern. Zu diesem Zweck werden Schutzhauben über die hügelförmig gebauten Nester gestellt. Die Wahl des Materials richtet sich nach den vorkommenden Wildarten. Dort, wo es darum geht, nur Spechte abzuwehren, genügt eine Bespannung mit Netzen. Mehr Sicherheit gewährleistet Maschendraht. Doch egal was man verwendet, es kommt in jedem Fall darauf an, die Nestschutzhauben so groß zu bauen, daß ein Berühren der Nestkuppel auch bei späterem Herauswachsen der Kuppel vermieden wird, da sonst Regenwasser eindringt, das zu Vernässung, Wärmeverlust und schließlich während der Winterruhe zum Absterben der Kolonie führt.

13.6.1 Verbreitung

Die natürliche Ausbreitung der kleinen roten Waldameise geschieht entweder durch Ableger, indem aus Mutternestern abwandernde Königinnen mitsamt einem großen Stab an Arbeiterinnen Tochternester bilden oder durch Ausschwärmen junger Königinnen, die nach Befruchtung auf eigene Faust versuchen, einen Staat zu gründen. Man kann die roten Waldameisen allerdings auch gezielt verpflanzen. Hierzu bedarf es jedoch der Genehmigung des Waldbesitzers und der Unteren Naturschutzbehörde. Wenn es z. B. darum geht, Gebiete neu zu besiedeln, werden aus großen Mutternestern gut besiedelter Biotope Ableger zur Besiedlung neuer Standorte entnommen. Allerdings lassen sich Waldameisen nur dann erfolgreich verpflanzen, wenn neben einer ausreichenden Menge Nestmaterial auch genügend der in einem intakten Staat häufig vorkommenden Königinnen und der für sie wichtigen Arbeiterinnen zur Verfügung stehen. Die Möglichkeit, vor allem die für eine Weitervermehrung absolut notwendigen Königinnen in ausreichender Zahl zu bekommen, hat man nur im frühen Frühjahr zur Zeit der sogenannten Sonnung. Diese findet nur an den ersten warmen Tagen des Spätwinters, manchmal bereits Ende Februar, wenn zum Teil noch Schnee liegt, statt. Wenn also der Vorfrühling plötzlich Sonnenschein und höhere Temperaturen beschert und alle Ameisenhaufen förmlich wimmeln, weil Arbeiterinnen und Königinnen zur Säuberung an die Oberfläche strömen, wird von den sich in sonniger Lage befindlichen Haufen etwa 1/5 des Nestes mitsamt der Ameisen in etwa 50 Liter-Metallfässer oder Plastiktonnen gefüllt. Um die einzelnen Nester möglichst zu schonen, können die für einen Ableger erforderlichen 200 Liter dichtgedrängten Ameisenmaterials aus verschiedenen Nestern des gleichen Standortes vereinigt werden. Der Transport zum Aussetzungsort muß unverzüglich vorgenommen werden. Zur Neubesiedlung sind nur Standorte geeignet, die als ameisengerecht gelten. Buchenwälder z. B. scheiden von

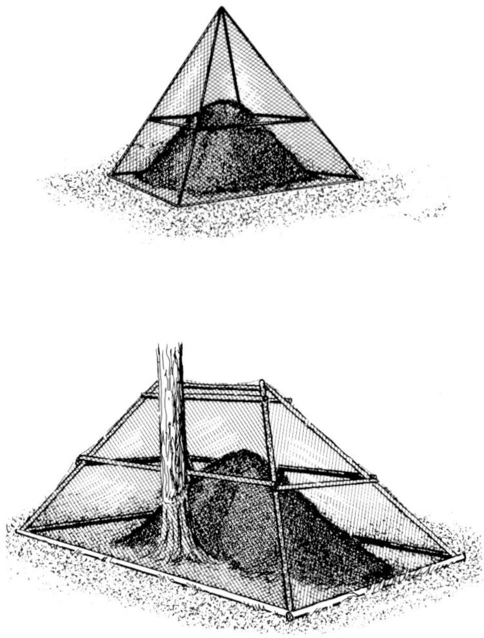

Abb. 193. Drahtschutz für Waldameisen. Die Schutzhaube darf den Haufen niemals berühren.

vornherein aus, denn auf Rotbuchen leben nicht die für rote Waldameisen lebensnotwendigen Lachniden (blattlausähnliche Insekten, die Zuckersaft spenden). Fichten- und Kiefernbestände, vor allem aber Mischwälder, die neben Nadelbäumen auch viele Eichen beherbergen, sind ideal. Auch der Platz für den neuen Staat muß sorgfältig gewählt werden. Sonnenbeschienene, d.h. nach Süden offene Freiflächen, Blößen oder wenig begangene Schneisen sind besonders geeignet. Über einem als Stützpunkt dienenden Baumstumpf von Nadelbäumen oder Eichen, notfalls kann auch ein entsprechend großer Holzkloben eingegraben werden, wird das Material auf eine vorher ausgebreitete Lage Reisig ausgeschüttet und anschließend mit Reisig leicht abgedeckt. Der Platz darf nicht staunaß, soll aber auch nicht zu trocken und möglichst frei von dichtem Bewuchs sein. Wichtig ist auch, daß die für den Nestbau erforderliche Nadelspreu reichlich vorhanden ist. Eine sofort über den Haufen gesetzte Schutzhaube trägt dafür Sorge, daß sich der neue Staat schnell vergrößert.

Literatur

Arbeitskreis Forstliche Landespflege, 1984: Biotop-Pflege im Wald. Ein Leitfaden für die forstliche Praxis. Greven: Kilda-Verlag.

Balogh, J., 1958: Lebensgemeinschaft der Landtiere. 2. Auflage. Berlin: Akademie-Verlag.

Claußen, G., 1982: Echter Wildschaden – vermeintlicher Wildschaden im Felde. Erkennen und erfolgreich verhüten. Mainz: D. Hoffmann.

Claußen, G., 1981: Fallenbuch der Praxis. 3. Aufl. Mainz: D. Hoffmann.

Claußen, G., 1977: Wie verbessere ich mein Niederwildrevier. 3. Aufl. DJV-Merkblatt. Mainz: D. Hoffmann.

Claußen, G., 1982: Das mustergültige Jagdrevier. 2. Aufl. Mainz: D. Hoffmann.

Dylla, K., *Krätzner*, G., 1985: Das Biologische in der Lebensgemeinschaft Wald. 4. Aufl. Heidelberg: Quelle & Meyer.

Eggeling, F. K. von; *Dobberstein*, G.; *Glänzer*, U., 1979: Äsung und Deckung im Revier. München: BLV.

Frevert, W., 1975: Wörterbuch der Jägerei. 4. Aufl. Hamburg und Berlin: Paul Parey.

Geiler, H., 1971: Ökologie der Land- und Süßwassertiere. Reihe WTB. Berlin: Akademie-Verlag.

Geisler, G., 1980: Pflanzenbau. Berlin und Hamburg: Paul Parey.

Graulich, R., 1981: Feldholzinseln – Stätten des Lebens. Landesjagdverband Hessen e. V.

Hofmeister, H., 1983: Lebensraum Wald. 2. Aufl. Hamburg und Berlin: Paul Parey.

Imboden, Chr., 1976: Leben am Wasser. Basel: Verlag Schweizerischer Bund für Naturschutz.

Kabisch, K.; *Hemmerling*, J., 1982: Tümpel, Teiche und Weiher – Oasen in unserer Landschaft. Hannover: Landbuch Verlag.

Kalchreuter, H., 1984: Die Sache mit der Jagd. Neuausgabe. München, Wien, Zürich: BLV-Verlagsgesellschaft.

Krüssmann, G., 1981: Die Baumschule. 5. Aufl. Berlin und Hamburg: Paul Parey.

Kurt, F., 1982: Naturschutz – Illusion und Wirklichkeit. Hamburg und Berlin: Paul Parey.

Lettow-Vorbeck, G. von, 1976: Das Jagdrevier – wie es sein sollte. 4. Aufl. bearb. von Eggeling, K. von. Hamburg und Berlin: Paul Parey.

Niemeyer-Lüllwitz, A.; *Zucchi*, H., 1985: Fließgewässerkunde.
Reihe Studienbücher Biologie. Frankfurt, Berlin, München: Verlag Moritz Diesterweg. Aarau, Frankfurt, Salzburg: Verlag Sauerländer.

Quartier, A., 1978: Bäume und Sträucher. 3. Aufl. München: BLV.

Raesfeld, F. von, 1980: Das deutsche Waidwerk. 14. Aufl., völlig neu bearb. v. Schwarz, R. Hamburg und Berlin: Paul Parey.

Raesfeld, F. von, 1978: Die Hege in der freien Wildbahn. 4. Aufl., neu bearb. v. Behnke, H. Hamburg und Berlin: Paul Parey.

Raesfeld, F. von, 1985: Das Rehwild. 9. Aufl., neu bearb. v. Neuhaus, A., Schaich, K. Hamburg und Berlin: Paul Parey.

Raesfeld, F. von, 1978: Das Rotwild. 8. Aufl., völlig neu bearb. v. Vorreyer, F. Hamburg und Berlin: Paul Parey.

Renius, W.; *Lütke-Entrup*, E., 1985: Zwischenfruchtanbau. 2. Aufl. Frankfurt: DLG Verlag.

Schaefer, M.; *Tischler*, W., 1983: Wörterbücher der Biologie – Ökologie. 2. Aufl. Reihe UTB 430. Stuttgart: Gustav Fischer Verlag.

Schlipf, 1969: Praktisches Handbuch der Landwirtschaft. 34. Aufl., völlig neu bearb. v. Zimmermann, M. Hamburg und Berlin: Paul Parey.

Schulze, H., 1984: Der waidgerechte Jäger. 22. Aufl., neu bearb. v. Grund, K.; Ramm, S. Hamburg und Berlin: Paul Parey.

Schwertfeger, F., 1978: Lehrbuch der Tierökologie. Hamburg und Berlin: Paul Parey.

Schwoerbel, J., 1971: Einführung in die Limnologie. Reihe UTB 31. Stuttgart: Gustav Fischer Verlag.

Stubbe, H., 1982: Buch der Hege – Federwild. 2. Aufl. Berlin: VEB Deutscher Landwirtschaftsverlag.

Tischler, W., 1980: Biologie der Kulturlandschaft. Stuttgart, New York: Gustav Fischer Verlag.

Ueckermann, E., 1978: Der Schwarzwildabschuß. Hamburg und Berlin: Paul Parey.

Ueckermann, E., *Scholz*, H., 1981: Wildäsungsflächen. 2. Aufl. Hamburg und Berlin: Paul Parey.

Ueckermann, E., 1981: Die Wildschadenverhütung in Wald und Feld. 4. Aufl. Hamburg und Berlin: Paul Parey.

Ueckermann, E., 1986: Die Fütterung des Schalenwildes. 3. Aufl. Hamburg und Berlin: Paul Parey.

Ueckermann, E., 1982: Der Rehwildabschuß. 5. Aufl. Hamburg und Berlin: Paul Parey.

Weinzierl, H., 1978: Reviergestaltung. München: BLV.

Wildermuth, H., 1980: Natur als Aufgabe, Leitfaden für die Naturschutzpraxis in der Gemeinde. 2. Aufl. Basel, Schweizerischer Bund für Naturschutz (SBN).

Bildnachweis

Die in diesem Buch enthaltenen Abbildungen und Zeichnungen wurden von folgenden Photographen und Zeichnern zur Verfügung gestellt:

Anneken, E. Abb. 178
Bauer, S. Abb. 20, 26, 28, 29, 32, 33, 34, 35, 36, 37, 38, 41, 43, 45
Behnke, H. Abb. 73
Buschina, G. Abb. 85
Claußen, G. Abb. 42, 46, 49, 52, 54, 55, 59–69, 71, 72, 74–76, 80, 82–84, 86, 88, 89, 92–102, 104–117, 119, 121–124, 126, 128, 130–135, 137–140, 143–145, 148–150, 155–162, 170–172, 176, 177, 183, 184, 186–189
Drechsler, H. Abb. 179
Elßmann, H. Abb. 127
Gerlach, I. Abb. 81
Herzog, S. Abb. 185
Jensterle, F. Abb. 90
Maier, R. Abb. 50, 51
Menzel, K. Abb. 57
Merz, M. Abb. 1, 53, 87, 91, 103, 120, 125, 141, 146, 147, 151–154, 163, 164, 174, 175, 180–182, 190–192, 193, 194
Meyers, S. Abb. 56, 136
Pum, H. Abb. 70
Schendel, K. Abb. 166, 167
Stegmayer, R. Abb. 2–19, 21–25, 27, 30, 31, 39, 40, 44
Thiermeyer, C. Abb. 173
Traub, M. Abb. 169
Volkmann, H. Abb. 129
Welcker, H. Abb. 77–79
Winsmann, B. Abb. 47, 48, 118, 142, 165, 168
Zweers, J. W. Abb. 58

Sachregister